Apache Pulsar
实战

Apache Pulsar in Action

［美］戴维·克杰鲁姆加德　著
（David Kjerrumgaard）

吕能　蔡正昕　孟焕丽　译

人民邮电出版社
北　京

图书在版编目（ＣＩＰ）数据

Apache Pulsar实战 / （美）戴维·克杰鲁姆加德
（David Kjerrumgaard）著；吕能，蔡正昕，孟焕丽译
. -- 北京：人民邮电出版社，2024.2
ISBN 978-7-115-63636-2

Ⅰ. ①A… Ⅱ. ①戴… ②吕… ③蔡… ④孟… Ⅲ. ①
分布式处理系统 Ⅳ. ①TP338

中国国家版本馆CIP数据核字(2024)第017831号

内 容 提 要

  Apache Pulsar 被誉为下一代分布式消息系统，旨在打通发布 / 订阅式消息传递和流数据分析。本书作者既与 Pulsar 项目创始成员共事多年，又有在生产环境中使用 Pulsar 的丰富经验。正是这些宝贵的经验成就了这本 Pulsar "避坑指南"，为想轻松上手 Pulsar 的读者铺平了学习之路。本书分为三大部分，共有 12 章。第一部分概述 Pulsar 的设计理念和用途。第二部分介绍 Pulsar 的特性。第三部分以一个虚构的外卖应用程序为例，详细地介绍 Pulsar Functions 框架的用法，并展示如何用它实现常见的微服务设计模式。本书示例采用 Java 语言，并同时提供 Python 实现。

  本书适合想开始使用 Pulsar 和流处理技术的读者阅读。

◆ 著　　　　[美] 戴维·克杰鲁姆加德（David Kjerrumgaard）
　　译　　　　吕　能　蔡正昕　孟焕丽
　　责任编辑　谢婷婷
　　责任印制　胡　南
◆ 人民邮电出版社出版发行　　北京市丰台区成寿寺路11号
　　邮编　100164　　电子邮件　315@ptpress.com.cn
　　网址　https://www.ptpress.com.cn
　　三河市中晟雅豪印务有限公司印刷
◆ 开本：800×1000　1/16
　　印张：20.75　　　　　　　　2024年2月第1版
　　字数：490千字　　　　　　　2024年2月河北第1次印刷
　　著作权合同登记号　图字：01-2022-1616号

定价：109.80元
读者服务热线：(010)84084456-6009　印装质量热线：(010)81055316
反盗版热线：(010)81055315
广告经营许可证：京东市监广登字 20170147 号

版 权 声 明

本书介绍的微服务设计模式

模式名称	页　码	节　号
分割器模式	第 195 页	8.2.1 节
动态路由器模式	第 198 页	8.2.2 节
基于内容的路由器模式	第 201 页	8.2.3 节
消息翻译器模式	第 203 页	8.3.1 节
内容增强器模式	第 206 页	8.3.2 节
内容过滤器模式	第 207 页	8.3.3 节
重试模式	第 215 页	9.2.1 节
断路器模式	第 218 页	9.2.2 节
速率限制器模式	第 222 页	9.2.3 节
时间限制器模式	第 224 页	9.2.4 节
缓存模式	第 227 页	9.2.5 节
回退模式	第 228 页	9.2.6 节
凭证刷新模式	第 230 页	9.2.7 节

献给我的父亲。谢谢您保证即使看不懂书中的内容也会读完本书。希望每次您和朋友说起自己的儿子时，都会为他出版过著作而感到骄傲。

献给我的母亲。谢谢您在别人都不相信我时仍然对我充满信心，并且一直努力为我创造最好的条件。您的勤劳、信仰和坚忍都一直鼓舞着我。谢谢您将这些美好的品德传给了我。正是因为这些美好的品德，我才能取得包括出版本书在内的所有成就。

序

  这本书是引领读者了解 Apache Pulsar 的指南，它也是之前一直欠缺的珍贵资料。我向想了解发布/订阅式消息传递的开发人员，或者任何有消息系统相关经验的人，甚至经验丰富的 Pulsar 用户推荐这本书。

  雅虎大约在 2012 年创立了 Pulsar 项目，目标是测试一种能够解决已有消息平台运维问题的新架构。正是在那段时间里，数据基础架构领域的一些转变逐渐清晰。应用程序开发人员开始更多地将可扩展和可靠的消息系统看作构建下一代产品的核心组件。与此同时，一些公司开始将大规模实时流数据分析看作系统的一个重要组件和商业优势。

  Pulsar 从设计之初就旨在将发布/订阅消息模型与流数据分析这两个经常被分开看待的系统整合起来。我们的团队努力创建一种能代表下一代实时数据平台的基础架构。这种基础架构只需一个系统就能够支持数据事件的整个生命周期中的所有使用场景。

  随着时间的推移，我们的目标变得更大了。关于这一点，从这本书所描述的各种组件就可略知一二。我们添加了轻量级处理框架 Pulsar Functions 和 Pulsar IO 连接器框架，也增加了许多特性，包括对数据 schema 的支持。但我们的终极目标一直没有变，那就是创建可扩展性、灵活性和可靠性俱佳的实时数据平台，让任何用户都能以最简单的方式处理存储在 Pulsar 中的数据。

  我与这本书的作者戴维·克杰鲁姆加德共事多年。他对 Pulsar 社区充满热情，并且总是能够帮用户解决相关的技术问题，同时展示如何通过 Pulsar 来解决用户遇到的数据问题。

  这本书将理论和抽象概念与循序渐进的示例完美结合，这是我特别欣赏的一点。这些示例是从常见的用例和消息设计模式中总结出来的，因此可以引起读者的共鸣。这本书适合所有对 Pulsar 感兴趣的人学习。每一位读者都可以通过这本书来熟悉 Pulsar 及其提供的各种功能。

Matteo Merli
StreamNative 首席技术官
Apache Pulsar 联合创始人兼 PMC 主席

前　言

早在 2012 年，雅虎团队就开始寻找一款可以支持全球化部署及跨地域复制数据的系统，以满足雅虎在众多应用程序（如雅虎邮箱和雅虎财经）之间传输数据的需求。彼时，业界主要有两种数据传输系统：用于传输关键业务事件的消息队列系统和用于为大规模、可扩展的数据管道传输数据的流系统。雅虎需要一个可以同时支持上述两种使用模式的消息系统，但是已有系统均不能满足这一需求。

在调研过已有的消息队列系统和流系统之后，雅虎的工程师团队认为已有系统均无法满足他们的要求。于是，团队开始自己研发并构建了可以同时支持上述两种使用模式的消息平台，并将其命名为 Pulsar。在之后的 4 年中，雅虎在 10 个数据中心部署并运行 Pulsar，每日处理数十亿条消息。2016 年，雅虎决定将 Pulsar 开源并贡献给 Apache 软件基金会。

我在 2017 年秋天第一次接触 Pulsar。当时，我在 Hortonworks 领导专业服务团队。该团队专注于开发被称为 Hortonworks Data Flow（HDF）的流数据处理系统，这一系统包括 NiFi、Kafka 和 Storm 等组件。我的主要工作是统筹这些组件在客户的基础架构中的部署并帮助客户熟悉流处理应用程序的开发。

在和 Kafka 相关的工作中，最大的挑战是帮助客户正确管理他们的 Kafka 集群，尤其是如何为一个主题确定合理的分区数以平衡速度和硬件使用率，同时还要兼顾未来数据量的增长。熟悉 Kafka 的读者应该能理解，即使是像确定主题分区数这样看似简单的决定，也可能对主题的可扩展性产生深远的影响。即使只是简单地将分区数从 3 个调整为 4 个，也需要漫长的再平衡过程。而在整个再平衡过程中，该主题不能被用于生产和消费消息。

使用过 HDF 的客户有理由不喜欢这种再平衡，因为在数据量增大时，这明显会成为扩展 Kafka 集群的一个障碍。根据经验，他们知道对消息平台进行扩缩容是很难的。更糟糕的是，我们不能在不对主题进行重新配置和添加新的分区以将数据导向新节点的前提下为已有的 Kafka 集群添加几个新节点，以期提高处理能力。无法在没有人工介入或严重依赖脚本的情况下横向扩展消息处理能力，这是很多客户不愿意将他们的消息平台迁移到云上并享受云服务供应商提供的动态伸缩处理能力的主要原因。

正是在此时，我了解到 Pulsar 并发现它的云原生特性格外吸引人，因为它消除了原有消息系统在可扩展性上的痛点。尽管 HDF 让我的客户可以快速上手流数据处理系统，但是随后他们就发现这个系统难以管理且在设计时就没有考虑到如何在云上运行。这时，我意识到 Pulsar 会是一个远优于当前方案的选择。于是，我试着说服产品团队将 HDF 中的 Kafka 替换为 Pulsar。我甚至为 Pulsar 编写了一个可以和我们的产品组件中的 NiFi 进行交互的连接器以加速这一过程，但最终没有成功。

当 Pulsar 的早期开发人员在 2018 年 1 月找到我并问我是否愿意加入他们的小型创业公司 Streamlio 时，我没有丝毫犹豫就同意了。那时的 Pulsar 还是一个年轻的项目，刚刚进入 Apache 孵化器。在接下来的 15 个月里，我们努力帮助 Pulsar 顺利通过 Apache 软件基金会的孵化过程并被提升为顶级项目。

那时正值流数据处理热潮的顶峰，而 Kafka 在这个领域占主导地位，因此人们自然将两者混为一谈。当时人们的共识是，Kafka 是市面上唯一的流数据平台。而根据工作经验，我已经认识到了 Pulsar 是更好的系统，即使当时还没有人这么做，我也愿意以推广这种在架构上更为先进的系统为己任。

2019 年春天，Pulsar 社区在贡献者数量和用户数量上都迎来了快速的增长，但市面上仍然缺乏与 Pulsar 相关的权威文档。当撰写本书的机会摆在面前时，我立刻意识到这是一个满足 Pulsar 社区对相关文档需求的好机会。虽然我没能说服我的同事加入，但他们在我的创作过程中提供了很多信息和指引，他们对 Pulsar 的理解也将通过本书一起传递给你。

本书的目标读者是还不了解 Pulsar 的开发人员，书中包含我在和 Pulsar 项目发起人一起工作并完善 Pulsar 的过程中及我与在生产环境中使用 Pulsar 的团队一起工作的过程中了解到的信息。

我想通过本书帮助你避开前人在使用 Pulsar 的过程中踩过的一些坑。读完本书，你将有能力用 Java 语言开发基于 Pulsar 的流处理应用程序和微服务。虽然我因为对 Java 语言更为熟悉而选择用它作为本书大部分范例程序的语言，但是我在 GitHub 上也提供了本书中所有范例程序的 Python 语言实现作为参考。

致　谢

按照自然规律，我们不能或很少能把自己所受的恩惠还给给予我们恩惠的人。但是我们必须把所受的恩惠给予别人。承诺对承诺，契约对契约，金钱对金钱。

——Ralph Waldo Emerson

我想借此机会感谢所有以各种方式为本书的出版做出贡献的人。没有你们奠定的基础，我一个人肯定无法完成如此浩大的工程。本着 Ralph Waldo Emerson 的精神，请将本书看作我传递自己所获知识和鼓励的一种方式。

我首先要感谢的是我的小学校长 Rodgers 先生。当我在一年级数学课上走神时，您没有让我留堂，而是让我坐在计算机屏幕前。这让我得以在 6 岁时就了解到编程这一奇妙的世界。您让我了解到编程带来的纯粹乐趣，并为我开启了终生学习的大门。

我要感谢创建 Pulsar 的雅虎工程师团队。你们编写了一款令人赞叹的软件并把它贡献给开源社区，让大家可以共享它。没有你们，就不会有本书。

我要感谢我在 Streamlio 的前同事，特别是 Jerry Peng、Ivan Kelly、Matteo Merli、Sijie Guo 和 Sanjeev Kulkarni。感谢你们作为 Apache Pulsar 或 Apache BookKeeper 的 PMC 成员所做的工作。没有你们的指导和付出，Pulsar 不会像今天这么成功。我还要感谢 Streamlio 的前首席执行官 Karthik Ramasamy 在我在 Streamlio 工作期间帮助我扩大 Pulsar 社区。很感谢你对我的培养。

我要感谢我在 Splunk 的所有前同事。感谢你们为了把 Pulsar 集成到如此大的组织中所作的努力，也感谢你们帮助我在组织中推广 Pulsar。面对 Pulsar 这项新技术，你们尽其所能让它能成功落地。我想特别感谢连接器团队的 Alamusi、Gimi、Alex 和 Spike。

我还要感谢本书的所有审校人。感谢你们在我创作的不同阶段于百忙中抽时间来审阅我的原稿。你们的正面评价让我知道我的写作方向没有偏离正轨，并让疲惫的我能够振奋精神。你们的负面评价总是那么有建设性，从新的视角为我提供对本书内容的全新认知。这些反馈都是无价的，你们的反馈让本书变得更好。感谢你们每一个人：Alessandro Campeis、Alexander Schwartz、Andres Sacco、Andy Keffalas、Angelo Simone Scotto、Chris Viner、Emanuele Piccinelli、Eric Platon、Giampiero Granatella、Gianluca Righetto、Gilberto Taccari、Henry Saputra、Igor Savin、Jason Rendel、Jeremy Chen、Kabeer Ahmed、Kent Spillner、Richard Tobias、Sanket Naik、Satej Kumar Sah、Simone Sguazza 和 Thorsten Weber。

　　感谢所有在线审校本书内容的读者，谢谢你们花时间通过 Manning 在线论坛为我提供宝贵的意见。特别是 Chris Latimer，他凭不可思议的直觉发现了连 Microsoft Word 都没能发现的拼写错误和语法错误。本书的所有读者都应该感谢 Chris。

　　最后不能不提我对 Manning 编辑的感谢，特别是 Karen Miller、Ivan Martinović、Adriana Sabo、Alain Couniot 和 Ninoslav Čerkez。谢谢你们和我合作完成本书并在事情进展得不顺利时保持耐心。创作本书是一个漫长的过程，没有你们的鼓励，我绝对无法坚持下来。你们对本书质量的追求让每位读者都能从中受益。也感谢所有参与本书的出版及推广工作的 Manning 工作人员。本书是团队合作的结晶。

关于本书

　　本书旨在为有批处理经历的读者介绍流处理领域常用的术语、语法和思想，以帮助他们更好地采用流处理范式。本书将首先回顾消息系统在过去 40 年间的演进历程，进而说明为什么 Pulsar 处于消息系统演变的前沿。

　　在简要介绍消息系统相关术语及两种常见的消息消费模式后，本书将介绍 Pulsar 的物理架构，并聚焦于其云原生设计，然后介绍 Pulsar 的逻辑架构，包括数据存储方式和对多租户的支持。

　　本书剩余部分将介绍如何基于 Pulsar 内置的计算框架 Pulsar Functions 提供的 API 开发应用程序。本书将以虚构的外卖微服务为例，实现一个单纯基于 Pulsar Functions 的订单处理系统，并将部署一个用于预测送餐用时的机器学习模型。

目标读者

　　本书的目标读者是还不了解 Pulsar 的开发人员。更具体地说，本书适合对流数据感兴趣的 Java 程序员和正在寻找可用于事件溯源的消息框架的微服务开发人员阅读。正在考虑部署和维护 Pulsar 集群的 DevOps 团队也可以从本书中受益。来自 Pulsar 社区的一个主要反馈是，该社区缺乏相关文档和博客文章。我希望这种情况可以很快得到改善，同时希望本书可以在一定程度上帮助填补这一空白。我还希望本书可以帮助想更深入了解流处理及 Pulsar 的读者。

本书结构

　　本书包含三大部分，共有 12 章。

　　第一部分简要介绍 Pulsar，并通过对比 Pulsar 和诸多在它之前出现的消息系统来说明它在过去 40 年间的消息系统演进历程中所处的位置。

- ❑ 第 1 章介绍消息系统的历史及 Pulsar 在消息系统长达 40 年的演进历程中所处的位置。这一章简要介绍 Pulsar 相对于其他消息系统在架构上的优势，以及为什么可以将它作为组织内部统一的消息平台。
- ❑ 第 2 章具体介绍 Pulsar 的多层架构，这是使用者可以动态地对 Pulsar 的存储层和服务层做独立扩容的关键。这一章还将介绍一些常见的消息消费模式、它们之间的异同，以及 Pulsar 是如何支持所有消息消费模式的。

❑ 第 3 章聚焦于如何借助命令行和应用程序接口与 Pulsar 进行交互。在读完这一章之后，你
　　应该能够部署一个本地化的 Pulsar 实例并与其交互。

第二部分详细介绍 Pulsar 的特性和用法，包括如何进行简单的消息收发，如何确保 Pulsar
集群的安全性，以及如何利用 schema registry 等高级特性。这一部分还将介绍 Pulsar Functions 框
架，内容包括如何构建、测试和部署 Pulsar 函数。

❑ 第 4 章介绍 Pulsar 内置的流原生计算框架 Pulsar Functions，内容包括设计思路和配置等背
　　景信息，并提供构建、测试和部署 Pulsar 函数的范例。

❑ 第 5 章介绍 Pulsar IO 连接器框架。连接器用于在 Pulsar 和关系数据库、键-值存储系统、
　　blob 存储系统（如 S3）等外部系统之间传输数据。这一章将一步步指导你开发自己的连
　　接器。

❑ 第 6 章提供详细教程，教你如何保护 Pulsar 集群，保证数据在传输过程中和在磁盘上都是
　　安全的。

❑ 第 7 章介绍 Pulsar 内置的 schema registry。你将了解为什么 Pulsar 需要 schema registry，
　　以及它如何帮助简化微服务开发。这一章还会介绍 schema 的演化过程及如何更新 Pulsar
　　Functions 所用的 schema。

第三部分聚焦于利用 Pulsar Functions 实现微服务，还会展示如何用 Pulsar Functions 实现多
种常见的微服务设计模式。这一部分将通过开发外卖应用程序来让书中的例子更接近实际开发场
景，且会关注如何解决更复杂的问题，涉及容错性、数据访问，以及如何使用 Pulsar Functions
部署使用实时数据的机器学习模型。

❑ 第 8 章展示如何实现常见的消息路由模式，如消息分割、基于消息内容的路由以及消息
　　过滤等。这一章还会展示如何实现信息提取和消息翻译等多种消息转换模式。

❑ 第 9 章强调为微服务加入容错机制的重要性，并展示如何在基于 Java 语言开发的 Pulsar
　　Functions 中借助 resilience4j 库实现容错机制。这一章介绍基于事件的程序中可能发生的
　　多种故障，以及可以将服务与故障隔离的各种处理模式，从而将应用程序的正常运行时
　　间最大化。

❑ 第 10 章主要介绍如何在 Pulsar Functions 中从多种外部系统获取数据。这一章展示在微服
　　务中获取数据的各种方式及在系统延迟方面需要做的考量。

❑ 第 11 章引导你在 Pulsar Functions 中通过多种机器学习框架来部署不同的机器学习模型，
　　还会介绍一个重要的话题，即如何通过为这些模型提供必要的信息来获得准确的预测结果。

❑ 第 12 章介绍如何在边缘计算环境中使用 Pulsar Functions 来对物联网数据进行实时分析。
　　这一章首先详细地介绍边缘计算环境，然后介绍架构中的各层，最后介绍如何通过 Pulsar
　　Functions 在边缘处理数据并只对外传输结果，而非整个数据集。

本书提供两个附录来展示高级的运维场景，包括在 Kubernetes 中运行 Pulsar，以及跨地域
复制。

❑ 附录 A 介绍通过开源项目提供的 Helm chart 来在 Kubernetes 环境中部署 Pulsar 的必要步骤，
　　其中还包括如何修改 Helm chart 来适配运行环境。

❑ 附录 B 介绍 Pulsar 内置的跨地域复制机制及目前在生产环境中常见的复制模式。此外，该附录会引导你在 Pulsar 中实现一种跨地域复制模式。

关于代码

本书包含许多源代码示例，既有代码清单，又有出现在正文段落中的代码。无论是哪种情况，源代码都以等宽字体（如 `fixed-width font`）显示，以示区别。有些代码以等宽粗体（如 **`in bold`**）突出显示，以表示代码与前面的步骤不同，例如在已有代码行中添加新特性时，就会使用等宽粗体。

许多源代码已被重新格式化。我添加了换行符和缩进，以适应有限的篇幅。在极少数情况下，即使这样做也不够。因此，一些代码清单包含续行符（➡）。此外，如果正文已经对代码有所描述，那么代码清单中不会再有注释。尽管如此，许多代码清单包含注释，以强调重要的概念。

说到底，本书是一本编程书，旨在作为学习如何使用 Pulsar Functions 开发微服务的实践指南。请从以下网址下载示例代码：ituring.cn/book/3008。[①]

其他在线资源

以下在线资源有助于获取额外帮助。
❑ Apache Pulsar 项目网站：这是有关如何配置 Pulsar 各种组件的良好信息来源。此外，你可以在这里找到实现特定功能的各种指南和最新的信息。
❑ Apache Pulsar 的 Slack 频道：这是一个活跃的论坛，来自世界各地的 Pulsar 社区成员在这里聚会、交流、分享最佳实践，并为遇到 Pulsar 问题的人提供故障排除建议。如果你遇到相关问题，那么不妨在这里寻求帮助。
❑ StreamNative 网站：我将继续以 Developer Advocate 的身份在该网站上分享更多与 Pulsar 相关的内容，包括博客文章和代码示例。

本书论坛

购买本书英文版的读者可以免费访问由 Manning 出版公司运营的私有在线论坛。你可以在论坛上就本书发表评论、提出技术问题、获得来自作者和其他用户的帮助。论坛地址为：https://livebook. manning.com/#!/book/apache-pulsar-in-action/discussion。你还可以访问 https://livebook.manning.com/ #!/discussion 了解关于 Manning 论坛和行为规则的更多信息。

Manning 承诺为读者提供一个平台，让读者之间、读者和作者之间能够进行有意义的对话。但这并不保证作者的参与程度，因其对论坛的贡献完全是自愿的（而且无报酬）。我们建议你试着问作者一些有挑战性的问题，这样他才会感兴趣。只要本书仍在销售，你都可以在 Manning

---

① 也可以访问该网址，并从"随书下载"栏获取作者提供的其他一些有用的源代码仓库链接。——编者注

网站上访问论坛和存档的过往讨论内容。

电子书

扫描如下二维码，即可购买本书中文版电子书。

关于封面

　　本书封面插画的标题为"Cosaque"。该插画选自 Jacques Grasset de Saint-Sauveur（1757—1810）的作品 *Costumes civils actuels de tous les peuples connus*。该作品展现了多个国家的服饰风格，于 1788 年在法国出版。每一幅插图都是精心手绘并上色的。Grasset de Saint-Sauveur 的作品汇集了丰富的内容。这些生动的插画不禁让我们感叹，就在两个世纪前，各个城镇和地区间的文化差异还如此之大。因为彼此相距甚远，人们说着不同的方言甚至语言。在街上或乡村里，人们可以很容易地通过一个人的衣着判断他住在哪里及以何种职业为生。

　　从那以后，着装风格已经发生变化，当时各个国家和地区非常丰富的着装多样性也逐渐消失。来自不同大陆的人，现在仅靠衣着已经很难区分开了。也许可以从乐观的角度来看，我们这是用文化和视觉上的多样性，换来了更为多样化的个人生活，或是更为多样化、更有趣的精神生活和技术生活。

　　曾经，计算机书籍也很难靠封面来区分。Manning 的图书封面呈现了两个世纪前各地丰富多彩的生活（Grasset de Saint-Sauveur 的插画让这些生活重新焕发生机），以展现计算机行业的创造性和主动性。

目　　录

第二部分　Apache Pulsar开发基础

## Part 1

## 第一部分

Apache Pulsar 入门

企业级消息系统的设计目的是推广松耦合架构。在松耦合架构中，跨地域的多个系统可以通过支持发布消息和订阅主题（读取消息）这两种基本操作的应用程序接口（application program interface，API）来交换消息，从而进行通信。在长达 40 年的历史中，企业级消息系统已经演化出很多重要的分布式软件架构类型，举例如下。

❑ 远程过程调用（remote procedure call，RPC）编程：利用 COBRA 和亚马逊云服务等技术，让用不同语言开发的程序可以直接相互通信。

❑ 面向消息的中间件（messaging-oriented middleware，MOM）编程：用于企业级应用程序集成，以 Apache Camel 为代表。利用 XML 或其他类似的自描述格式，Apache Camel 使不同的系统可以通过统一的消息格式来交换信息。

❑ 面向服务的体系结构（service-oriented architecture，SOA）：旨在推广依照约定的模块化编程，让完成必要业务逻辑的应用程序可以由不同的服务以特定的方式组合而成。

❑ 事件驱动架构（event-driven architecture，EDA）：旨在推广独立状态变更（称为"事件"）的生产、捕获和处理，并编写程序来捕获和处理这些独立事件。用户选择这种架构的部分原因是需要处理如服务器日志这样的持续产生的互联网级数据流，或者如点击流这样的数字化事件。

企业级消息系统在上述所有架构类型中都起到了关键作用。作为这些架构类型的基础技术，它存储中间消息并会及时把这些消息发送给消费者。这样一来，分布式组件便可以相互通信。与通过其他机制通信相比，通过企业级消息系统通信最大的不同是，企业级消息系统是以确保消息成功投递为目标而设计的。当一个事件被发布到企业级消息系统中之后，它先会被妥善存储，然后被转发给所有预期的接收者。相反，基于 HTTP 的微服务间调用，可能因为网络故障而丢失。

对公司来说，存储在企业级消息系统中的消息是宝贵的信息来源。分析这些消息可以为公司提供更大的商业价值。以点击流为例，它为公司提供了宝贵的消费者行为信息。对这类数据进行处理通常被称为**流处理**，因为这实际上是在处理无界数据流。许多公司对使用 Apache Flink 或 Apache Spark 等分析工具处理这类数据流抱有极大的兴趣。

本书的第一部分概览企业级消息系统的演进历程，重点关注每次革新所新增的核心功能。了解每一代消息系统的优缺点及其相对于上一代消息系统所做的增强工作，有助于更好地理解各个消息系统的优劣。我希望你在读完第一部分后能理解为什么 Apache Pulsar 处于企业级消息系统演进的前沿，并考虑将它作为公司基础架构中的重要组件。

第 1 章概述 Apache Pulsar，并通过与之前的消息系统对比来说明 Apache Pulsar 在长达 40 年的消息系统演进历程中所处的位置。第 2 章深入介绍 Apache Pulsar 的物理架构，并解释为什么它的多层架构可以让存储层和服务层独立扩展。此外，这一章还将介绍一些常见的消息消费模式，以及 Apache Pulsar 是如何支持所有消息消费模式的。第 3 章展示如何借助命令行和 API 与 Apache Pulsar 进行交互。在读完这一章之后，你应该能够部署一个本地化的 Apache Pulsar 实例并与其交互。

第 1 章

走近 Pulsar

1

本章内容
- ❏ 企业级消息系统的演进历程
- ❏ 对比 Apache Pulsar 与其他已有企业级消息系统
- ❏ 对比 Apache Pulsar 以分片为中心的存储架构与 Apache Kafka 以分区为中心的存储架构
- ❏ 使用 Apache Pulsar 做流处理的案例，以及为何应该考虑使用 Apache Pulsar

Pulsar 项目由雅虎在 2012 年创立并于 2016 年开源。在加入 Apache 软件基金会仅 15 个月后，它就从孵化器毕业并成为顶级项目。Apache Pulsar（以下简称 Pulsar）在设计之初就以弥补已有开源消息系统的不足为目的，例如提供对多租户的支持、跨地域复制，以及提供强大的数据持久化保证。

Pulsar 的项目网站将它描述为分布式发布/订阅消息系统。Pulsar 提供的特性包括极低的发布与端到端延迟、确保消息成功传递、绝不丢失数据。此外，它还提供了一个无服务器、轻量级、支持流处理的计算框架。为了处理大型数据集，Pulsar 提供了以下 3 个关键功能。

- ❏ **实时传递消息**：Pulsar 让跨地域的分布式系统可以通过交换消息来进行异步通信。Pulsar 的设计目标是通过支持多种编程语言和二进制消息协议为尽可能多的客户提供上述通信能力。
- ❏ **实时计算**：Pulsar 提供了在其内部以用户自定义的方式处理消息的能力，而无须依赖外部处理系统。Pulsar 可以做基本的转换操作，包括数据的富化、过滤和聚合。
- ❏ **可扩展存储**：Pulsar 的独立存储层及对分层存储的支持使得用户可以把数据保留任意长的时间。Pulsar 所能保留和访问的数据量不受物理节点的限制。

1.1 企业级消息系统

消息传递是一个宽泛的概念，用来描述在生产者和消费者之间传递数据。近年来，各种提供消息传递功能的技术和协议不断演进。大部分读者可能很熟悉邮件和短信，以及如 WhatsApp 和 Facebook Messenger 这样的即时消息应用程序。这类消息系统一般用于在互联网上为两个或更多参与者传递文本数据和图像。更复杂的即时消息系统还提供互联网电话（voice over IP，VoIP）

和视频聊天等功能。上述系统的设计目标都是支持特定信道上的人际沟通。

人们已经很熟悉的另一种消息系统是如 Netflix 和 Hulu 这样的流媒体视频点播系统。这种系统可以同时向多个订阅者传输视频内容。Netflix 和 Hulu 等流媒体视频服务是单向广播（把同一条消息发送给多个订阅者）的典型代表。单向广播向订阅已有信道以接收消息的订阅者传输数据。虽然人们在提到消息系统或流媒体时通常会想到上述服务，但是本书主要关注企业级消息系统。

企业级消息系统是实现了数据分发服务（data distribution service，DDS）、高级消息队列协议（advanced message queuing protocol，AMQP）、微软消息队列（Microsoft message queuing，MSMQ）等众多消息传递协议的软件。这些协议支持以异步方式在分布式系统间发送和接收消息。然而，异步传输并不总是可行的，特别是在分布式系统发展的初期，客户–服务器结构和 RPC 还占主导地位。基于简单对象访问协议（simple object access protocol，SOAP）和描述性状态迁移（representational state transfer，REST）并通过固定端口进行交互的 Web 服务是应用 RPC 的典型示例。在这两种实现中，当进程想与远程服务交互时，首先要通过服务发现确定远程服务的地址，然后使用恰当类型的参数远程调用目标服务，如图 1-1 所示。

图 1-1　在 RPC 架构中，应用程序调用运行在远程主机上的服务暴露的过程，并且必须
等待远程调用结果返回才能继续执行后续逻辑

调用远程过程的应用程序必须等待调用结果返回才能继续运行。这一同步属性使得基于这种架构的应用程序天生就运行缓慢。此外，远程服务还可能在某段时间内处于不可用的状态。开发人员需要采用防御式编程手段来检测远程服务的状态并采取相应的对策。

RPC 编程所使用的点对点信道要求应用程序必须等待过程调用结果返回。与之不同，企业级消息系统让远程应用程序和服务可以通过中间服务进行通信，而不必使用点对点的方式通信。相比在调用者与被调用者之间直接建立网络连接，企业级消息系统可以将需要传递的信息以消息的形式保存下来，同时保证预期接收者能收到并处理这些消息。这样一来，调用者便能以异步的方式发送请求并期待在之后收到被调用服务的响应。被调用服务也能以异步的方式响应并向企业级消息系统发布结果。企业级消息系统提供了标准化且可靠的组件间信道。即使有组件离线，这种信道也可以提供持久化的数据缓冲区并使调用者和被调用者之间的通信得以解耦，如图 1-2 所示。这种解耦有利于推广异步应用程序开发。

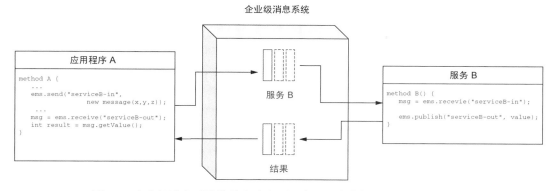

图 1-2　企业级消息系统使分布式应用程序和服务能够以异步的方式通信

　　通过允许分布在不同系统间的独立组件利用结构化的消息相互通信，企业级消息系统推广了松耦合架构。这些消息结构通常由广泛适用于多种语言的格式定义，如 XML、JSON 和 Avro IDL。这样一来，组件可以用任何支持这类格式的编程语言开发。

关键能力

　　既然了解了企业级消息系统的概念和使用场景，让我们基于它的几个关键能力来进一步定义企业级消息系统。

1. 异步通信

　　消息系统让应用程序和服务能以非阻塞的方式相互通信。这意味着消息的发送者和接收者无须同时与消息系统交互。消息系统会在预期消费者消费消息之前保留消息。

2. 保留消息

　　不同于 RPC 等基于网络的消息系统（消息仅存在于网络中），企业级消息系统可以将收到的消息保留在磁盘上，直到消息被投递给消费者。未投递的消息可以在系统中保留数小时、数天甚至数周。同时，大多数企业级消息系统可以让用户自定义消息保留策略。

3. 确认

　　消息系统需要在所有预期接收者收到消息之前保留消息。因此，消息接收者需要一种机制来向消息系统确认已收到所需的消息。这样一来，消息系统便可以清除已经成功投递的消息，并尝试向未确认的消息接收者重新投递消息。

4. 消费消息

　　如果不能提供让预期接收者消费消息的机制，那么消息系统的价值会大打折扣。企业级消息系统的首要要求是必须保证它收到的所有消息都能够被投递给相应的接收者。一条消息常常需要投递给不止一个接收者，企业级消息系统必须知道消息已经被投递给了哪些接收者。

1.2　消息消费模式

在企业级消息系统中，用户可以选择将消息发布到一个主题或一个队列中。这两者之间有本质的区别。一个主题可以支持多个消费者同时消费同一条消息。发布到一个主题中的消息会被自动广播给所有订阅了该主题的消费者。就像任意数量的用户可以订阅 Netflix 并收看它的串流内容一样，任意数量的消费者也可以订阅一个主题并接收发布到这个主题中的消息。

1.2.1　消息发布和订阅

在发布/订阅模式下，生产者向一个被称为**主题**的具名信道发布消息。之后，消费者可以订阅主题以获取被发布到该主题中的消息。发布/订阅消息信道接收多个生产者生产的消息并以接收顺序存储消息。在消息消费方面，主题与队列不同。一个主题允许多个消费者通过订阅机制获取每一条消息，如图 1-3 所示。

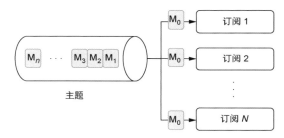

图 1-3　在发布/订阅模式下，主题中的每一条消息都会被投递给所有订阅该主题的消费者。
在本图所示的例子中，消息 M_0 会被投递给从订阅 1 至订阅 N 的所有消费者

发布/订阅消息系统很适合需要多个消费者获取每一条消息的场景，或者保证消息接收和处理顺序对保持正确的系统状态非常关键的场景。以一个会被广泛使用的股票价格系统为例。收到所有股票价格与保证以正确的顺序收到股票价格变化同等重要。

1.2.2　消息队列

队列为一个或多个彼此竞争的消费者提供先进先出（first in first out，FIFO）的消息投递语义，如图 1-4 所示。队列以接收消息的顺序将消息投递给消费者，并且每一条消息仅会被投递给一个消费者，而不是所有消费者。这一特性使得队列完美适用于需要有序排列消息的场景，其中每一条消息都代表一个会触发某些后续工作的事件。以发送给物流中心的派送订单为例。在这个场景中，你肯定希望每个订单只被处理一次。

在消息大量堆积的情况下，消息队列可以通过增加消费者的数量来轻松地提高消费速度。为了保证一条消息只被处理一次，在消费者确认成功接收并处理了一条消息后，必须将这条消息从队列中移除。因为提供这种正好处理一次的保证，所以消息队列非常适合任务队列场景。

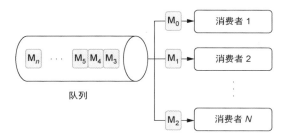

图 1-4 在基于队列的消息消费模式下，每一条消息只会被投递给一个消费者。在本图所示的例子中，消息 M_0 会被消费者 1 消费，消息 M_1 会被消费者 2 消费，以此类推

在消费失败时（这意味着消费者在一定时间内没有确认它接收到了某条消息），没有被成功消费的消息会被重新发送给另一个消费者。在这种情况下，消息处理顺序很可能与最初的顺序不同。因此，消息队列很适合需要保证每一条消息仅被处理一次而消息处理顺序并不重要的场景。

1.3 消息系统的演进

现在，我们已经明确定义了企业级消息系统及其关键能力。接下来，我想简要描述一下消息系统的演进历程。消息系统已经存在了很多年，并且在众多组织中得到了实际的应用。也就是说，Pulsar 并不是突然出现的全新技术，而更像是消息系统演进历程中的一个新的阶段。通过介绍消息系统的演进历程，我希望你能够更好地理解 Pulsar 与现有的其他消息系统有何异同。

1.3.1 通用消息系统

在介绍具体的消息系统之前，我想先描述简化的消息系统结构，以此强调所有消息系统都拥有的底层组件。了解这些核心组件可以为对比不同时期的各种消息系统提供基础。

如图 1-5 所示，每种消息系统都主要有两层。我们将在接下来的内容中探索每一层的特定功能，并审视消息系统在不同层上的演进历程，从而对包括 Pulsar 在内的各种消息系统进行恰当的分类和比较。

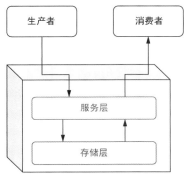

图 1-5 每种消息系统都可以从架构上被分为两层

1. 服务层

服务层是直接与生产者和消费者交互的一层。服务层的主要目的是接收消息并将消息发送给一个或多个消费者。服务层通过它所支持的一种或多种消息传递协议进行通信。这些消息传递协议包括 DDS、AMQP 和 MSMQ。因此，服务层很依赖网络带宽和中央处理器（central processing unit， CPU）来分别进行通信和协议转换。

2. 存储层

存储层是负责持久化存储和读取消息的一层。存储层直接与服务层交互并提供服务层所需的消息，同时保证消息读取顺序的正确性。因此，存储层很依赖磁盘来存储消息。

1.3.2　面向消息的中间件

第一代消息系统通常被称为面向消息的中间件（MOM），旨在提供进程间通信并为运行在不同的网络中和不同的操作系统上的分布式系统提供应用集成。最知名的 MOM 实现是于 1993 年诞生的 IBM WebSphere MQ。

最早的 MOM 系统部署在公司数据中心里的单台计算机上。这不光带来了单点故障问题，也意味着系统的可扩展性受限于单台计算机的硬件性能。这是因为，搭载 MOM 系统的计算机要负责处理所有用户请求并存储所有消息，如图 1-6 所示。运行在单台服务器上的 MOM 系统所能同时服务的生产者数量和消费者数量会被网卡的带宽限制，所能存储的消息数量也会被服务器的磁盘大小限制。

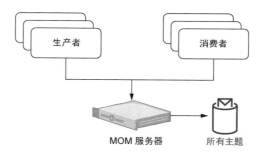

图 1-6　面向消息的中间件运行在单台服务器上，旨在存储所有主题的消息并处理所有
　　　　用户请求

不仅是 IBM WebSphere MQ，所有运行在单台服务器上的消息系统都有类似的限制，包括 RabbitMQ 和 RocketMQ。事实上，这种限制不仅出现在消息系统中，所有运行在单台服务器上的企业级软件都有这个限制。

集群化

MOM 系统最终通过集群化解决了可扩展性问题。集群化允许多个实例同时处理消息并提供一定的负载均衡能力，如图 1-7 所示。即使 MOM 系统通过集群提供服务，实际上单台服务器也只负责处理和存储部分主题的消息。在这个阶段，关系数据库采用了一种叫作**分片**的类似方法来解决可扩展性问题。

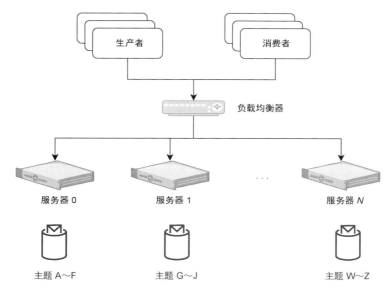

图 1-7　集群化使服务负载分散到多台服务器上。集群中的每台服务器仅负责处理针对一部分主题的请求

　　如果某个主题成为"热点"，那么不幸被分配到处理该主题的服务器还是可能成为系统的瓶颈，或者用尽所有磁盘空间。单台服务器出现故障意味着这台服务器所负责的所有主题都将不可用。虽然单台服务器出现故障对整个集群的影响有限（集群仍在运行），但对该服务器负责的主题或队列而言，这还是单点故障。

　　这一单点故障的局限性使得组织必须细心地监控系统中的消息分布情况，以平衡主题分布并使主题的分布与硬件规格相匹配，保证负载均衡地分布到集群中的每一台服务器上。即便如此，单个主题也可能带来麻烦。假设你在一个大型金融机构工作，你需要一个主题来存储特定股票的所有交易信息并将这些信息提供给机构内部的所有交易程序。巨大的消费者数量及数据量会轻易超出单台服务器的能力范围，即使这台服务器只负责这一个主题也是如此。我们稍后会看到，分布式消息系统的诞生正是为了解决这种问题，因为它可以将单个主题的负载分配给多台服务器。

1.3.3　企业服务总线

　　企业服务总线（enterprise service bus，ESB）在 21 世纪初开始崭露头角。那时，XML 是以基于 SOAP 的 Web 服务来实现的 SOA 应用程序的首选消息格式。ESB 的核心概念是消息总线，它用作所有应用程序和服务的信道，如图 1-8 所示。这种集中式架构与面向消息的中间件所采用的点对点集成完全相反。

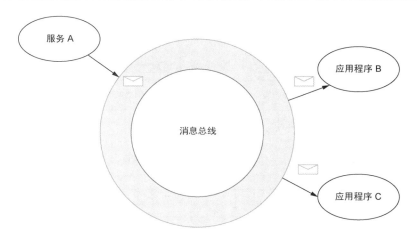

图 1-8 ESB 的核心是使用消息总线来消除点对点通信。服务 A 仅需要向消息总线发送
消息，消息会自动被路由到应用程序 B 和 C

有了 ESB，每个应用程序或服务都通过单一的信道发送和接收所有消息，而无须指明主题的名称。每个应用程序都把自己注册到 ESB 中，并通过设置一系列规则来筛选出它所需的消息。ESB 负责根据这些规则从总线中把一个应用程序所需的消息筛选出来并动态地路由给它。同样，服务在发送消息时也不再需要提前知道预期的接收者，而只需要把消息发送到总线中并让它做消息路由即可。

假设你有一份大型 XML 文档，其中包含一个客户订单中的数百个条目。你想根据消息内容本身所包含的一些规则（例如根据产品种类或部门）将一部分条目发送给某个服务。ESB 可以获取每一条消息（根据 XQuery 的结果）并根据消息内容将它们路由到不同的消费者。

除了这种动态路由能力，ESB 还通过强调在消息系统内部（而不是依赖消费消息的应用程序）对消息进行处理。因此，它在流处理这条路上迈出了革命性的一步。大部分 ESB 提供消息转换服务，往往通过 XSLT 或 XQuery 在发送和接收消息的服务间转换消息格式。ESB 还在消息系统内部提供了数据富化和处理能力，这些工作在之前都是由接收消息的应用程序来做的。这是对消息系统的全新认识。在这之前，消息系统一直都只被用作一种消息传输机制。

有人认为 ESB 是第一类在消息系统基本架构中引入第三层的企业级消息系统，如图 1-9 所示。实际上，如今的大部分新一代 ESB 具有很强的计算能力，如支持过程编排来管理业务流程，支持复杂事件处理来进行事件关联和模式匹配，有"开箱即用"的企业集成模式的实现。

ESB 对消息系统演进所做的另一个重要贡献是重视对外部系统的集成。这使消息系统开始支持除消息协议之外的大量其他协议。除了完全支持 AMQP 和其他发布/订阅消息协议，ESB 与之前的消息系统的一个重要区别就是能够与如电子邮件收发系统、数据库和其他第三方系统这样不以消息为中心的系统交互并发送或接收数据。ESB 通过提供软件开发工具包（software development kit，SDK）让开发人员能自己实现与外部系统集成的适配器。

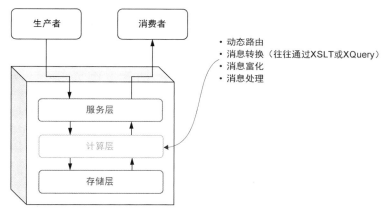

图 1-9 ESB 重视动态路由和消息处理，代表流处理能力首次被加入消息系统。这为消息系统的基本架构引入了全新的一层

　　如图 1-10 所示，ESB 与第三方系统的集成让系统间的数据交换更加便捷，并且降低了在不同系统间进行整合的难度。ESB 同时扮演了两个角色：传递消息的基础设施及在不同系统间斡旋的协议转换者。

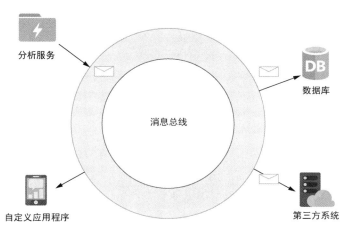

图 1-10 ESB 支持与不以消息为中心的系统集成，将消息传递能力扩展到使用 ESB 的应用程序以外的第三方系统，如数据库

　　毫无疑问，ESB 通过这些创新和特性推动了企业级消息系统的发展，而且直到今天仍被广泛使用。不过，ESB 是运行在单台服务器上的集中式系统。正因为如此，ESB 也面临和它的前辈 MOM 一样的可扩展性问题。

1.3.4　分布式消息系统

　　分布式系统是通过协作来提供服务或特性的一组计算机，比如文件系统、键–值存储系统和

数据库。在最终用户看来，分布式系统就像运行在单台服务器上一样。换句话说，最终用户完全
不会意识到他所使用的服务是由一组计算机共同提供的。分布式系统的服务器彼此共享状态、并
行运行，并且可以在发生硬件故障时不影响整体系统的可用性。

在分布式计算范式被 Hadoop 推广并被广泛采用后，单台服务器的限制不复存在。这开启了
一个新时代——新系统将处理工作和存储工作分布到多台服务器上。分布式计算最大的优点是系
统可以被水平地扩展，只需为系统增加服务器即可。不像被单台服务器硬件能力所限制的非分布
式系统，新的分布式系统可以轻松利用数百台低成本服务器的资源。

如图 1-11 所示，就像数据库和计算框架一样，消息系统也向着分布式计算的方向发展。新
的消息系统（如 Kafka 和在其后出现的 Pulsar）都采用了分布式设计，以提供现代企业所需的高
性能和可扩展性。

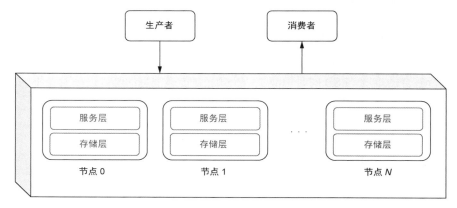

图 1-11   在分布式系统中，数个节点像一个系统一样为最终用户提供服务。在系统内，
数据存储和消息处理都被分布到每一个节点上

在分布式消息系统内部，单个主题的数据被分布到多台服务器上，以便在存储层提供可水平
扩展的存储能力。这在之前的消息系统中是无法实现的。将数据分布到集群中的多个节点上也
可以提供数据冗余和高可用性，并通过增加服务节点来提高消息吞吐量，同时消除系统中的单点
故障。

分布式消息系统和集群化的单节点系统最关键的不同在于存储层的设计。在单节点系统中，
一个主题的所有消息数据都被存储在单台服务器上。这样一来，服务器便可以迅速地从本地磁盘
上获取数据。但正如我们之前提到的，单个主题的大小受限于负责处理该主题的服务器的本地磁
盘容量。而在分布式系统中，一个主题中的数据会被分布到集群中的多台服务器上。这种将数据
分布存储在多台服务器上的做法使一个主题保留的消息量可以超过单台服务器的磁盘容量。让数
据能够被分布到多个节点上的关键架构抽象是**预写日志**。它将消息队列抽象为一个存储消息且只
可追加的数据结构。

如图 1-12 所示，从逻辑角度看，当一条新消息被发布到主题中时，它被追加到日志的末尾。
然而实际上，从物理角度看，消息可以被写到集群中的任意一台服务器上。

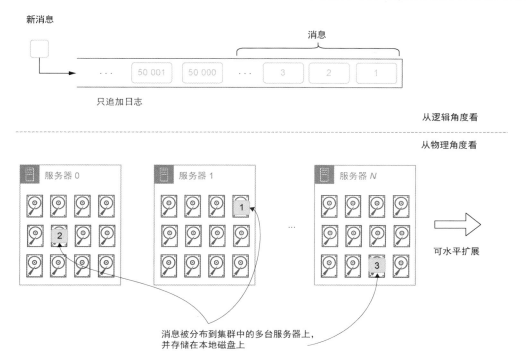

图 1-12　分布式消息系统的核心底层架构是只追加日志（又叫预写日志）。从逻辑角度看，一个主题的所有消息都被顺序存储，而实际上消息被分布存储在多台服务器上

这为分布式消息系统提供了远超上一代消息系统的可扩展存储能力。分布式消息架构的另一个优点是可以有多个 broker 同时负责一个主题。这样可以通过把负载分布到多台服务器上来提高消息生产和消费的吞吐量。如图 1-12 所示，被发送到一个主题中的消息由 3 台服务器负责处理，每台服务器都有独立的磁盘来存储数据。这样可以支持更高的写入速率，因为负载被分布到不同的磁盘上，而不像上一代消息系统中所有数据都写入单块磁盘。关于数据如何被分布到集群中的不同节点上，有两种完全不同的方法：基于分区和基于分片。

1. Kafka 中以分区为中心的存储

当消息系统采用基于分区的策略时，主题会被分成固定数量的结构。这种结构被称作**分区**。向这个主题发送的数据会被分布到各个分区中，如图 1-13 所示。每个分区会收到发送给该主题的一部分消息。一个主题的存储空间大小是其所有分区存储空间大小之和。一旦存储空间被用尽，主题将不能再接收更多数据。只是简单地向集群中增加更多 broker（服务器）并不能缓解问题，因为用户还必须增加主题的分区数，而这是一个必须手动执行的过程。此外，增加主题的分区数还需要对分区中的数据做再平衡。这是一个开销巨大且耗时的过程，后文会详细描述。

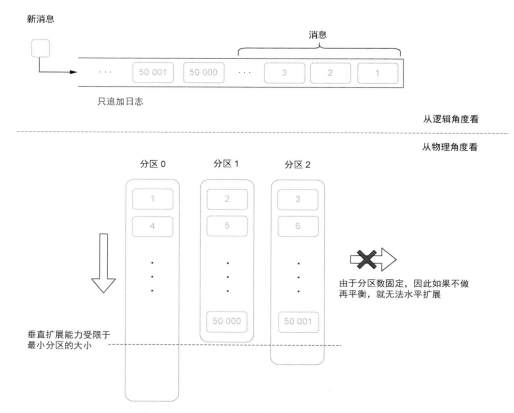

图 1-13 基于分区的消息系统中的消息存储模型

在基于分区的消息系统中，主题的分区数是在创建主题时就确定的。这样一来，系统便可以决定哪个节点存储某个分区。但是，提前确定分区数其实有一些意想不到的副作用，如下所述。

- 由于单个分区只能被存储在集群中的单个节点上，因此分区的大小受限于所在服务器的可用磁盘空间。
- 因为数据被均匀分布在所有的分区上，所以每个分区的大小受限于该主题中的最小分区。假设一个主题被分布到 3 个节点上。这 3 个节点分别有 4 TB、2 TB、1 TB 的磁盘空间可供使用。因为在第 3 个节点上的分区大小不能超过 1 TB，所以这一主题的所有分区大小都不能超过 1 TB。
- 虽然并非必需，但为了实现数据冗余，主题中的每个分区通常会被复制到多个节点上。因此，所有分区的大小还会被进一步限制为所有副本中最小的可用磁盘空间。

当用户遇到上述问题时，唯一的选择就是增加分区数。但是，扩展分区的过程需要对主题的所有数据做再平衡，如图 1-14 所示。在再平衡过程中，主题中的已有数据会被重新分布到所有分区中，让存储原有分区的节点可以释放一些磁盘空间。因此，如果用户为该主题加入第 4 个分区，那么当再平衡结束时，每个分区大概会存储所有消息的 25%。

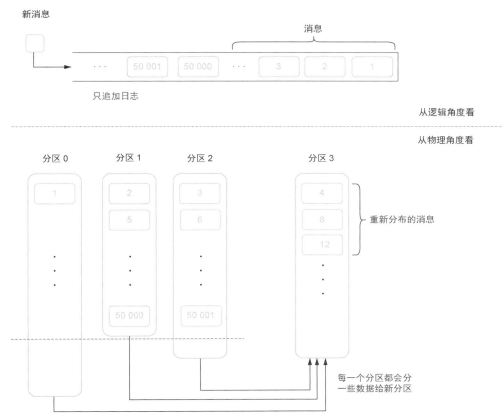

图 1-14 为基于分区的主题扩展存储能力需要做数据再平衡。原有数据的一部分会被
复制到新分区中，使原有节点可以释放一些磁盘空间

复制并移动数据是开销巨大且容易出错的操作，因为这个过程需要视主题大小占用网络带宽和磁盘 I/O 带宽。比如，再平衡一个 10 TB 的主题会导致 10 TB 的数据从磁盘上读出并通过网络传输给目标 broker，最终写入其磁盘。而且，只有再平衡过程结束后，主题才能重新恢复可用状态且原有主题数据才能被删除。用户需要谨慎地确定分区数，因为再平衡的代价是不能轻易忽视的。

要为数据提供冗余和失效转移，用户可以配置分区，使其能够被复制到多个节点上。这样做可以保证即使集群中有节点发生故障，数据也至少有一个可用的副本。默认的副本配置是 3，这意味着消息系统会为每条消息保存 3 个副本。虽然以空间换取冗余性是不错的折中方法，但也意味着用户在确定 Kafka 集群大小时必须把存储副本所需的额外空间考虑进去。

2. Pulsar 中以分片为中心的存储

Pulsar 依赖 BookKeeper 持久化存储消息。BookKeeper 的逻辑存储模型基于存储为有序日志的无界 entry 流。如图 1-15 所示，在 BookKeeper 中，每个日志被分割为称作**分片**的小数据块。

每个分片由多个日志条目组成。分片被写入称作 bookie 的存储层节点中，以实现数据冗余和可扩展性。

从图 1-15 中可以看到，分片可以被存储在存储层中的任意一个有足够磁盘空间的节点上。当存储层没有足够的空间存储新的分片时，可以向集群中加入新节点来存储数据。以分片为中心的存储架构的一个重要优势是真正实现水平可扩展性，因为可以无限地在有足够磁盘空间的任意节点上创建并存储分片。而在以分区为中心的存储架构中，水平可扩展性和垂直可扩展性都受限于分区数。

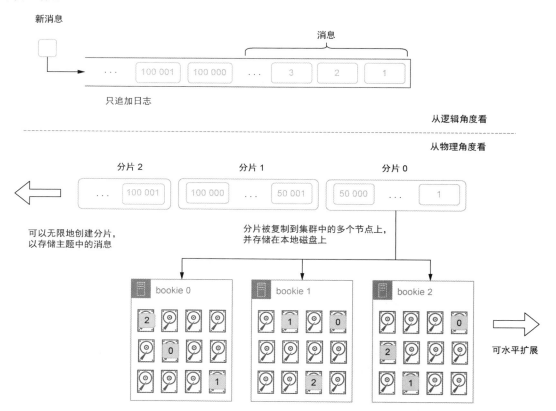

图 1-15　在基于分片的消息系统中，将一定数量的消息写入分片，然后将分片存储在存储层的不同节点上

1.4　对比 Pulsar 和 Kafka

Pulsar 和 Kafka 都是分布式消息系统，它们有着相似的消息传递理念。用户通过主题这一逻辑上无界且只可追加的数据流与这两个系统交互。不过，Pulsar 和 Kafka 在可扩展性、消息消费模式、数据持久化和消息保留等方面有一些本质的区别。

1.4.1 多层架构

Pulsar 选用的多层架构将服务层和存储层完全解耦，使每一层可以独立扩展。传统的分布式消息系统（如 Kafka）选择让数据处理组件与数据存储组件在同一个节点上共存。这种设计让结构更简洁，同时因为减少了网络数据传输，可以带来一定的性能提升。然而，这样做牺牲了可扩展性、快速的故障恢复速度，以及系统运维便利性。

Pulsar 的架构采用了截然不同的存储分离实现。这是一种在一些云原生解决方案中获得关注的实现，因为网络带宽普遍得到了极大提升。Pulsar 的架构将数据服务和数据存储解耦到不同层上，数据服务由无状态的 broker 节点负责，数据存储由 bookie 节点负责，如图 1-16 所示。这种解耦有诸多优点，包括动态可扩展性、零停机升级，以及可无限扩展的存储空间等。此外，这种设计很适合容器化，这让 Pulsar 成为提供云原生流式服务的理想选择。

图 1-16　单体架构让服务层和存储层在同一节点上共存。Pulsar 则采用了将存储层和服务层分离的多层架构，让每一层可以独立扩展

1. 动态伸缩

假设我们有一个 CPU 密集型服务，其性能在请求数量超过特定阈值时会开始下降。在这种情况下，我们需要在 CPU 使用率超过 90% 时水平扩展基础设施，从而提供额外的服务器来运行服务以分担负载。相比于依赖监控工具在出现这种情况时提醒运维团队并由运维团队手动扩容，更好的做法是把整个扩容过程自动化。

动态伸缩是所有公有云（如 AWS、Microsoft Azure 和 Google Cloud）都提供的功能。动态伸缩可以基于如 CPU 或内存这样的资源使用指标动态地水平扩展或缩小基础设施规模，完全不需要人工介入。虽然动态伸缩不是独属于 Pulsar 的功能，任何消息系统都可以依赖云的动态伸缩能力在大流量期间进行扩容，但是因为我们稍后将讨论的两个原因，动态伸缩对 Pulsar 这样的多层架构更有利。

Pulsar 服务层的无状态 broker 使用户在流量高峰过去之后可以对基础设施进行缩容。在公有云环境中，这可以直接降低使用成本。采用单体架构的消息系统并不能简单地减少节点数，因为数据存储在节点的磁盘上。只有在磁盘上的数据都被处理完或者被移动到集群中的其他节点上之后，多余的节点才能被移除。然而，将这两种操作自动化并非易事。

另外，在 Kafka 的单体架构中，broker 只能响应对存储在其磁盘上的数据的请求。这限制了在流量高峰期间对集群进行扩容的实用程度。由于新加入 Kafka 集群中的节点本身并没有存储任何数据，因此不能响应对主题中已有数据的读请求。新加入的节点一开始只能处理对主题的写请求。

在 Kafka 的单体架构中，水平扩展需要通过增加新节点来实现。无论采用哪种指标，新节点都会同时提供存储能力和处理能力。这样一来，当用户针对高 CPU 使用率扩展处理能力时，也被迫扩展了存储能力，不管额外的存储能力是否是集群所需的，反之亦然。

2. 自动修复

在将消息平台部署到生产环境中之前，需要理解如何从众多故障场景（如单点故障）中恢复。在 Pulsar 的多层架构中，这一过程很简单，因为 broker 节点是无状态的，失效节点可以直接被新节点替换，而不会导致服务中断或数据问题。在存储层，数据的多个副本被分布在不同节点上，节点发生故障时也可以被新节点替换。在这两种场景中，Pulsar 都可以依赖云服务供应商提供的机制（如自动伸缩组）来保证以尽可能少的节点数运行。Kafka 的单体架构会受限于新加入集群的节点并未存储任何数据来响应读请求，因此新加入的节点只能响应写请求。

1.4.2　消息消费模式不同

从分布式消息系统中读取消息与从传统的消息系统中读取消息不太一样。这是因为，分布式消息系统旨在支持大量并发的消费者。数据的消费方式在很大程度上取决于它在系统中的存储方式。以分区为中心和以分片为中心的系统各自有独特的方式来支持发布/订阅语义。

Kafka 中的消息消费模式

在 Kafka 中，所有消费者都属于被称作**消费者组**的结构，并构成主题的一个**逻辑上的订阅者**。为了实现可扩展性和容错性，每个消费者组由多个消费者实例组成，当一个消费者实例出现故障时，剩余的消费者会接替它继续工作。在默认情况下，当应用程序订阅一个 Kafka 主题时，会新建一个消费者组。应用程序也可以通过 `group.id` 使用已有的消费者组。

根据 Kafka 官方文档，Kafka 实现消息消费的方式是将日志的分区在消费者实例间均分，一个消费者实例在某个时间点独占一定数量的分区。通俗地说就是，主题中的每个分区在某个时间点只能有一个消费者，并且一个主题的分区会被平均分配给消费者组中的消费者。如图 1-17 所示，如果一个消费者组中的消费者数量少于分区数，则有些消费者会从多个分区中消费。如果消费者组中的消费者数量多于分区数，则一部分消费者会保持空闲状态，直到其他消费者发生故障。

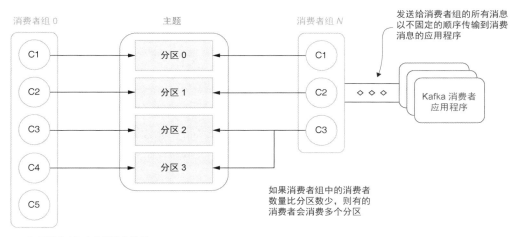

图 1-17　Kafka 的消费者组与分区联系紧密。这将主题的并发消费者数量限制为主题
　　　　的分区数

　　独占分区的一个重要副作用是，在一个消费者组中，活跃消费者的数量不能超过主题的分区数。这个限制可能是一个问题，因为提升 Kafka 主题消费能力的唯一办法是增加消费者组中的消费者数量。消费并行度受到分区数的限制，事实上限制了消费者的消费速度无法跟上生产者的生产速度时提高数据消费速度的能力。遗憾的是，解决办法只有增加主题的分区数。而如前所述，这并不是一个开销很小的简单操作。

　　从图 1-17 中还能看出，所有的消费者收到的消息都被合并，然后被发送给 Kafka 消费者应用程序。因此，消费者组不能保留原有的消息顺序。Kafka 只在单个分区内保证消息有序，而不能在不同分区间保证消息有序。

　　如前所述，消费者组像集群一样提供可扩展性和容错性。这意味着它们可以自动应对组内消费者的增加和减少。当新的消费者被加入组中时，它开始消费本来由另一个消费者所负责的分区中的消息。当一个消费者被关闭或者崩溃时，它会退出消费者组，原本由它负责消费的分区将由组内其余消费者负责。这种消费者组内分区所有权的变动被称为**再平衡**。再平衡有一些负面的影响。举例来说，如果消费者没有在再平衡发生之前保存消费位置偏移量，就可能丢失数据。

　　一个很常见的应用场景是，多个应用程序需要从同一个主题中读取数据。事实上，这也是消息系统的一个主要特性。因此，主题是多个消费消息的应用程序共享的资源，而这些应用程序可能有各自不同的消费需求。比如，一家金融服务公司将实时股市行情信息收集到名为"股市行情"的主题中，并将信息在整个公司范围内共享。一些重要的应用程序（如内部交易平台、算法交易系统和面向客户的网站）需要尽可能快地处理主题中新增的数据。这需要主题有大量分区来支持必要的吞吐量以满足严格的服务等级协定。

数据科学团队可能需要把股票价格数据导入他们的一些机器学习模型中,以便用真实的数据训练或验证模型。这需要严格以数据被接收时的顺序处理数据,而这又需要拥有单一分区的主题来保证全局的消息顺序。

商业分析团队要用 KSQL 生成报告,需要将股票主题和其他主题根据特定的键(如股票代码)做连接。这类应用又可受益于以股票代码来分区的主题。

将股票主题的数据高效地提供给这些消费模式有很大差异的应用程序,实现这一点虽并非不可能,但极其困难,特别是在消费者组与主题的分区数联系得如此紧密的情况下,而分区数又不是可以随意改变的。通常在这种情况下,唯一现实的解决方法就是把数据复制到多个主题中,根据应用程序的需要为每个主题配置不同的分区数。

1.4.3　数据持久化

在消息系统中,**数据持久化**这个词指保证被系统确认收到的消息即使在系统发生故障的情况下也不会丢失。在像 Pulsar 和 Kafka 这样的多节点分布式系统中,故障可能在任何层面发生。因此,有必要了解数据是如何存储的,以及系统提供怎样的数据持久化保证。

当生产者发布一条消息时,消息系统会返回确认信息,表示主题已经收到该消息。确认信息向生产者确认,消息已经被持久化,生产者可以将它移除而不用担心消息会丢失。正如我们将看到的,Pulsar 可以提供比 Kafka 强得多的数据持久化保证。

1. Kafka 中的数据持久化

我们已经提到过,Kafka 采用了一种以分区为中心的存储方式来存储消息。为了实现数据持久化,集群会维护每个分区的多个副本以保证预设的数据冗余等级。

当 Kafka 收到一条消息时,它会利用一个哈希函数决定将该消息写入哪个分区。然后,消息内容就会被写入分区**首领副本**的页缓存中(而非磁盘上)。消息一旦被首领副本确认,每个**跟随副本**就会负责从首领分区中以拉取的方式获取消息内容(就像消费者从首领分区中读取消息一样),如图 1-18 所示。这种数据复制方式被称为**最终一致策略**。在这种策略中,分布式系统中的一个节点拥有最新的数据副本。而新数据最终会被传递给集群中的其他节点,直到所有节点都拥有最新的数据。这种方法的优势在于可以缩短存储消息所需的时间,但是也引入了两种可能造成数据丢失的情况。第一种情况是断电或者首领分区所在节点被终止。在这种情况下,所有已经写入页缓存但还没被持久化写入磁盘的数据将丢失。第二种情况是当前的首领分区发生故障,而某个分区成为新的首领分区。在这一首领切换过程中,所有被上一任首领确认但还没有被复制到新首领分区中的消息都会丢失。

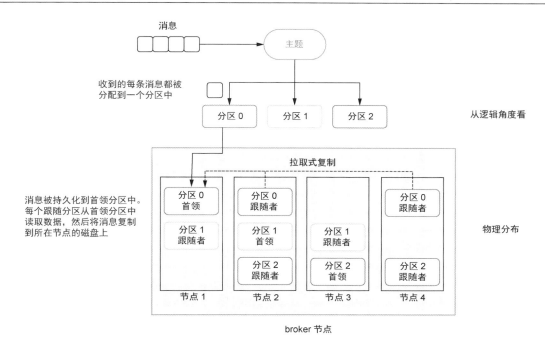

图 1-18　Kafka 的分区复制机制

默认情况下，在首领将消息写入内存后，就会发送确认信息给生产者。不过，也可以通过配置让首领在所有副本节点都收到消息之后才发送确认信息。这样做并不会改变底层的分区复制机制，仍然是跟随者通过网络从首领那里拉取消息并确认收到消息。显然，这样做会降低性能，而这是很多已经发布的 Kafka 性能测试中没有提到的。因此，我推荐用户自己开启相关配置并进行性能测试，从而更好地了解实际性能数据。

分区复制机制的另一个副作用是，只有首领副本可以同时处理生产者和消费者的请求。这是因为，只有首领副本拥有最新且准确的数据。所有跟随副本都是被动节点，在流量高峰期间无法分担首领副本的任何负载。

2. Pulsar 中的数据持久化

当收到消息时，Pulsar 会将消息复制一份保留在内存中，同时将数据写入预写日志。在向生产者发送确认信息之前，数据会被强制写入磁盘，如图 1-19 所示。这种方法仿照的是传统关系数据库的原子性、一致性、隔离性和持久性（ACID）的事务语义，保证了即使在服务器发生故障后重新上线的情况下，数据也不会丢失。

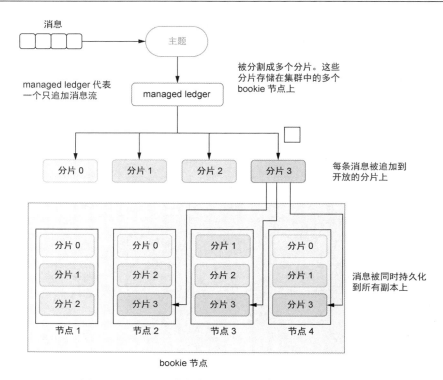

图 1-19　Pulsar 的数据复制发生在消息最初写入主题时

　　Pulsar 主题所需的副本数量可以基于应用程序的需求来配置。Pulsar 保证在发送确认信息给生产者之前，消息已经被接收且经过一组服务器确认。这样的设计保证只有在数据被写入所有 bookie 节点且出现故障时才会发生数据丢失，而这种情况是极其罕见的。正因为如此，我们推荐将 bookie 节点分布在不同的可用区域中并配置基于机架的分布策略来保证数据的副本存储在多个可用区域或数据中心中。

　　更重要的是，这种设计不需要额外的复制过程来保证副本间保持同步，并且副本间不会因为复制的延迟出现数据不一致的情况。

1.4.4　消息确认

　　在分布式消息系统中，发生故障是很常见的事。在像 Pulsar 这样的分布式消息系统中，消费者和处理请求的 broker 都可能发生故障。当故障发生时，能保证系统恢复时消费者可以从故障发生时的那个位置继续消费是非常重要的。这样就可以保证消息不会被跳过，也不会被重复消费。这个消费者需要重新开始消费的位置被称为**主题偏移量**。Kafka 和 Pulsar 采取了不同的方式记录偏移量。这一选择直接影响了数据持久化。

1. Kafka 中的消息确认

重新开始消费的点在 Kafka 中被称为**消费者偏移量**。消费者偏移量完全由消费者自己控制。一般来说，消费者在从主题中获取数据时，会不断地顺序增加它的偏移量，以表示确认消息。但是，只把偏移量保存在消费者的内存中是很危险的，因此偏移量也被存储在名为 __consumer_offsets 的主题中。每个消费者将周期性提交包含其当前偏移量的消息，如果使用 Kafka 的自动提交功能，则默认每 5 秒提交一次。虽然这种策略比只把偏移量保存在消费者的内存中要可靠一些，但也会带来一些不良的后果。

考虑只有一个消费者的场景。偏移量每 5 秒被自动提交一次，但消费者在最近一次提交偏移量后的第 3 秒发生了故障。在这种情况下，消费者从主题中获取的偏移量比实际的偏移量早了 3 秒。因此，在这 3 秒的窗口内被上一个消费者消费过的消息会被再次消费。虽然可以将偏移量提交间隔调整为更小的值，以缩短消息可能被重复处理的窗口，但是不能完全消除这种可能性。

Kafka 的消费者 API 提供了一个方法，让应用程序开发人员在恰当的时候提交当前的主题偏移量，而不是由消费者自动提交。因此，如果真的想避免重复处理消息，用户需要利用上述 API 在成功消费消息后提交偏移量。但是，这样做就将准确恢复偏移量的重担转移到了应用程序开发人员身上，同时在消费消息时引入了额外的延迟，因为需要将偏移量提交给 Kafka 主题并等待确认信息。

2. Pulsar 中的消息确认

Pulsar 在 BookKeeper 中为每个订阅者维护一个游标 ledger 来追踪消息确认情况。当一个消费者已经读取并处理了一条消息后，它会向 broker 发送确认信息。一旦收到这一确认信息，broker 便会立即更新这个消费者所属订阅的游标 ledger。因为该信息被存储在 BookKeeper 中的一个 ledger 上，所以我们知道对 ledger 的更新会被同步到磁盘上并保存在集群中的多个 bookie 节点上。将偏移量信息保存在磁盘上可以保证消费者即使在发生故障并重启后也不会收到重复的消息。

在 Pulsar 中有两种消息确认方式：逐条确认和批量确认。在批量确认消息时，消费者只需要确认它处理完的最后一条消息。在那个主题分区中的所有 ID 小于或等于被确认消息的消息都会被认为已经确认，并不会再被投递给消费者。批量确认与 Kafka 中的更新偏移量具有相同的效果。

Pulsar 的特点是，消费者能够确认单条消息（逐条确认）。这种能力在支持多个消费者消费同一个主题时非常重要，因为可以保证某个消费者发生故障时重新投递没有被该消费者确认的消息。

让我们再次考虑单个消费者发生故障的场景。这一次，消费者在处理完消息后逐条确认消息。当故障发生时，消费者可能只能成功处理它收到的一部分消息。图 1-20 展示了一个示例，其中只有两条消息（4 和 7）被成功处理并确认了。

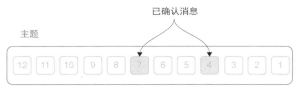

图 1-20　在 Pulsar 中逐条确认消息

因为 Kafka 中的偏移概念将消费者组的偏移量作为高水位线,所以标记到该位置为止的所有消息都已经被确认了。在这个例子中,偏移量只能被更新为 7,因为这是已经确认的消息中 ID 最大的。当 Kafka 消费者从故障中恢复后,它会从 ID 为 8 的消息开始向后继续消费,而跳过消息 1、2、3、5 和 6。消费者并没有处理这几条消息,因此它们就丢失了。

在同样的场景中,Pulsar 可以逐条确认消息。当消费者从故障中恢复后,所有未确认的消息都会被重新投递,包括消息 1、2、3、5 和 6。这样一来,Pulsar 就可以保证没有消息会因为消费者的偏移局限性而丢失。

1.4.5　消息保留

与 ActiveMQ 等传统消息系统不同,分布式消息系统不会在消息被确认后立即将其删除。传统消息系统会在消息被确认后立即将其删除,以尽可能多地回收磁盘空间,因为磁盘空间对单节点系统来说是很有限的资源。而像 Kafka 和 Pulsar 这样的分布式消息系统,因为可以水平扩展消息存储空间,所以在某种程度上不受这个限制。尽管如此,这些系统还是提供了可以回收磁盘空间的机制。理解系统如何自动删除消息是很重要的,因为不正确的配置可能导致数据丢失。

1. Kafka 中的消息保留

Kafka 将发布到主题中的所有消息根据可配置的保留周期进行保留。假设将保留周期配置为 7 天,则用户在消息被发布到主题中后的 7 天内可以消费这条消息。一旦保留周期过了,消息就会被删除以回收磁盘空间,不管消息是否被消费了或确认了都会如此。显然,这样做可能会导致数据丢失。比如,在消费者程序发生长时间故障时,如果保留周期比所有消费者消费消息所需的时间要短,就会发生数据丢失。根据时间长度保留消息的另一个缺点是,系统可能过长地保留消息(消息已经被所有消费者消费并确认后)。这是对存储系统的低效使用。

2. Pulsar 中的消息保留

在 Pulsar 中,当消费者成功处理完一条消息后,它会向 broker 发送确认信息,告诉 broker 可以删除这条消息了。在默认情况下,Pulsar 会立即将主题中被所有订阅者都确认的消息删除并在 backlog 中保留所有未被确认的消息。Pulsar 只会在所有的订阅者都消费了一条消息后才会删除它。此外,Pulsar 也允许通过设置消息保留周期让消息在被消费后继续被保留更长的时间。第 2 章将更深入地介绍这一配置。

1.5　为什么需要 Pulsar

如果想开始使用消息传输应用程序或流数据应用程序,那么你绝对应该考虑使用 Pulsar 作为消息基础架构中的一个核心组件。但值得注意的是,有很多类似的系统可供选择,其中一些已经在软件社区中相当流行了。本节将描述 Pulsar 表现突出的一些场景,同时消除对已有消息系统的一些误解并指出此类系统的用户面临的挑战。

在技术采用周期中,人们往往对已经因为各种原因在社区中被广泛使用且已地位稳固的技术产生一些误解。说服人们替换已经在软件架构中占据重要位置的技术实属不易。举例来说，直到认识到传统的关系数据库系统的限制让它无法处理用户日渐增长的数据量，我们才认识到需要完全重新构建一个像 Hadoop 这样的存储和处理数据的框架。而直到将商业分析平台从传统的数据仓库迁移到 Hive、Tez 和 Impala 等基于 Hadoop 的 SQL 引擎后，我们才意识到这些工具的响应时间在习惯了亚秒级响应时间的用户看来太长了。这让 Spark 作为低延迟大数据分析工具迅速地得到广泛应用。

我想通过强调上述两个例子来提醒你，我们不能被现状蒙蔽了双眼，以致看不到核心架构系统中潜藏的问题。我们需要重新思考对消息系统的使用，因为 RabbitMQ 和 Kafka 等现有消息系统都存在关键的架构缺陷。开发 Pulsar 的雅虎团队本可以简单地选择使用一个已有系统，但经过慎重考虑后，他们并没有这样做。这是因为，他们需要已有的单体架构所无法提供的功能。关于这一点，下面几节会详细讨论。

1.5.1 保证消息投递

基于前文提到过的数据持久化机制，Pulsar 可以保证将消息投递给应用程序。如果一条消息成功到达 Pulsar broker，那么这条消息一定会被投递给该主题的所有消费者。为了提供这种保证，未被消费者确认的消息需要被持久化地存储，直到消费者收到并确认它们。这种消息使用模式通常称作"持久化的消息投递"。在 Pulsar 中，消息以可配置的副本数量被存储在磁盘上。

默认情况下，Pulsar broker 保证在向生产者确认收到一条消息之前将其持久化保存在存储层的磁盘上。消息被存储在 Pulsar 可无限扩展的存储层中，直到被消费者确认。因此，Pulsar 可以保证消息投递。

1.5.2 无限可扩展性

为了更好地理解 Pulsar 的可扩展性，我们来看一个典型的 Pulsar 部署示例。如图 1-21 所示，一个 Pulsar 集群由两层组成：由一组 broker 组成的处理客户端请求的无状态服务层和由一组 bookie 组成的持久化存储消息的有状态存储层。

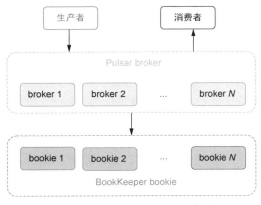

图 1-21 一个典型的 Pulsar 集群

这种将消息存储和服务层分离的架构模式与让两种服务共存的传统消息系统有很大的不同。这种解耦方式在可扩展性上有一些优势,比如将 broker 设计为无状态可以让用户动态地增加或减少 broker 的数量,以满足客户端应用程序的需求。

1. 集群的无缝扩展
加入存储层的任意 bookie 节点都会自动被 broker 发现。broker 会立即开始使用新加入的 bookie 节点进行消息存储。这与 Kafka 不同。在 Kafka 中,需要对主题进行重新分区来让消息分布到新加入的 broker 上。

2. 无限的主题分区存储
与 Kafka 不同,Pulsar 中的主题分区容量不受存储该分区的节点中最小的可用磁盘空间的限制。主题分区可以扩展至整个存储层,存储层本身又可以通过简单地增加额外的 bookie 节点来扩展。如前所述,Kafka 中的分区有数个限制其大小的因素,而 Pulsar 中的分区则没有这些限制。

3. 实时扩展而无须做数据再平衡
由于服务层和存储层彼此独立,因此可以实时将主题分区从一个 broker 移动到另一个 broker,而无须做数据再平衡(将分区中的数据从一个节点重新复制到另一个节点)。要扩展集群和快速从 broker 故障或 bookie 故障中恢复,这一特性至关重要。

1.5.3   容错性

Pulsar 的多层架构通过保证系统中没有单点故障来提高容错性。通过将服务层和存储层分离,Pulsar 能够限制故障的影响范围,同时让故障恢复过程更顺利。

1. broker 的无缝故障恢复
Pulsar 中的 broker 组成无状态的服务层。服务层之所以是无状态的,是因为 broker 不在节点上存储任何消息数据。这让 Pulsar 可以承受 broker 故障。当检测到一个 broker 发生故障时,Pulsar 会立即将生产者和消费者的请求转移到其他 broker 节点上。因为数据存储在存储层中,所以不需要像在 Kafka 中那样将数据复制到新的 broker 节点上。由于 Pulsar 不需要重新复制数据,因此 broker 故障恢复是实时的,且不会牺牲主题中数据的可用性。

相反,在 Kafka 中,所有客户端请求都由分区的首领副本负责。这样一来,首领副本有最新的数据。分区首领负责将数据分发给副本集中的跟随者,让数据最终复制到其余节点上,以实现数据冗余。但是,因为首领与其余副本间始终存在延迟,所以在数据被复制到其余副本之前可能丢失数据。

2. bookie 的无缝故障恢复
在 Pulsar 中,有状态存储层由 BookKeeper bookie 节点组成,提供以分片为中心的存储。当一条消息发布到 Pulsar 中时,在向生产者返回确认信息之前,数据会被持久化存储到全部 N 个副本的磁盘上。这样的设计保证了数据冗余性,可以承受 $N-1$ 个节点的故障而不丢失数据。

同时，Pulsar 的存储层是"可自愈"的。如果节点故障或磁盘故障导致分区副本数不足，那么 BookKeeper 会自动检测到这种情况并在后台运行副本修复程序。BookKeeper 中的副本修复是多对多的分片级快速修复。它的粒度比 Kafka 中的重新复制整个主题分区更细。

1.5.4　支持百万级主题

假设需要根据客户对应用程序进行建模，且需要为每个客户使用不同的主题。有关客户活动的事件会被发送到相应的主题中，如创建账户、下订单、完成支付、退货、更新地址等。

通过把事件放在同一个主题中，用户可以保证以正确的时间顺序处理这些事件，同时通过快速扫描整个主题中的事件来确定客户账户的正确状态。但是，随着业务的增长，需要支持百万级的主题数。这种需求是传统消息系统无法满足的。此外，创建很多主题需要付出很大的代价，包括端到端延迟更长、文件描述符更多、内存开销更大，以及故障恢复时间更长。

在 Kafka 中，根据经验，如果用户在意延迟，那么集群中的主题总数应该保持在数百个。用户可以遵循一些指南来重构基于 Kafka 的应用程序，以避免超过这一限制。如果不想因为消息系统的制约而影响应用程序组织主题的方式，那么你应该考虑使用 Pulsar。

Pulsar 集群能支持多达 280 万个主题，同时保持稳定的性能[1]。扩展主题数的关键在于存储层如何组织底层数据。如果像在 Kafka 等传统消息系统中那样，每个主题的数据被存储在单独的文件或目录中，则扩展主题数的能力会受到限制。这是因为，随着主题数的增长，I/O 操作会被分散到磁盘的不同区域，这会导致磁盘颠簸并使系统吞吐量降低。为了避免这种情况，Pulsar 将不同主题中的消息聚合起来，排序后存储在大文件中并进行索引。这种方式避免了在主题数增加时创建大量的小文件并导致性能问题。

1.5.5　跨地域复制及主动故障切换

Pulsar 既支持集群内部的同步跨地域复制消息，也支持在多个集群间异步跨地域复制消息。从 2015 年开始，Pulsar 就被雅虎部署在超过 10 个数据中心中，并在所有集群间实现了消息复制以支持雅虎邮箱和雅虎财经等关键应用程序。

通过将数据副本分布在不同的地理位置，跨地域复制成为给企业级系统提供灾难恢复能力的常规手段。这样做保证了数据和系统能够抵御自然灾害等不可预见的灾难。不同系统所采用的跨地域复制机制可以分为同步和异步两种。Pulsar 让用户能够通过简单的配置轻松地开启集群间异步跨地域复制。

有了异步跨地域复制，消息生产者不需要等待其他数据中心确认收到了消息。生产者在消息被成功持久化保存到本地数据中心的 BookKeeper 集群中后就会收到确认信息。然后，数据才从本地集群异步地被复制到其他数据中心，如图 1-22 所示。

异步跨地域复制可以提供更低的延迟，因为发送消息的客户端不需要等待异地数据中心的响应。但是，这也削弱了一致性保证。因为异步复制总是存在延迟的，所以总会有一部分数据还没

---

① 这主要受限于 ZooKeeper 的性能。——译者注

被复制到远程数据中心。

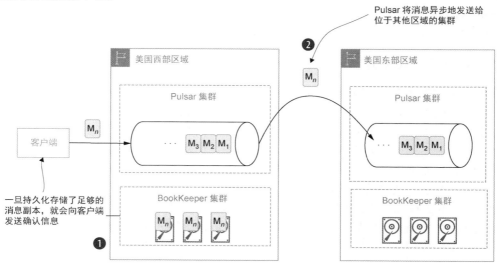

图 1-22　当使用 Pulsar 的异步跨地域复制功能时，消息被存储在收到消息的本地 BookKeeper
　　　　集群中。这条消息会在后台被异步地发送给位于其他区域的 Pulsar 集群

　　Pulsar 的同步跨地域复制比异步跨地域复制稍微复杂一些，因为需要手动配置，以保证一条消息只有在大部分数据中心确认将其持久化存储到磁盘上之后才会被确认。附录 B 详述了如何配置 Pulsar 以实现同步跨地域复制。同步跨地域复制主要依赖 Pulsar 的多层架构及 BookKeeper 集群能同时包含本地节点和远程节点，特别是分布在不同区域的节点，如图 1-23 所示。

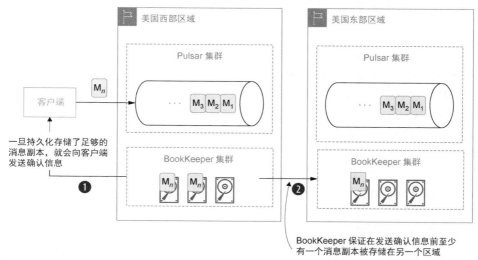

图 1-23　用户可以通过 BookKeeper 使用远程节点的能力实现同步跨地域复制，以保证数据副
　　　　本被存储在另一个区域

同步跨地域复制提供了最高级别的可用性。分布在不同地域的可用数据中心共同构成一个数据系统的逻辑实例。这也在不同的数据中心间提供了更强的数据一致性保证。用户的应用程序可以在数据中心发生故障时依赖这一保证而无须进行手动操作。

与其他依赖外部服务的消息系统不同，Pulsar 本身自带跨地域复制功能。用户可以轻松地启用这个功能，让消息数据被复制到分布在不同地域的 Pulsar 集群中。在成功配置跨地域复制功能后，无须对生产者和消费者做任何改动，数据就会持续地被复制到远程集群中。附录 B 详细描述了跨地域复制配置。

1.6　实际案例

如果你是需要在产品中运用大量数据来实时向用户提供新的体验或信息的产品经理，那么 Pulsar 可以成为你解锁实时数据价值的关键。Pulsar 之美在于它能在一些特殊的使用场景中脱颖而出。在深入了解 Pulsar 的技术细节之前，让我们先来看 Pulsar 的一些实际使用案例。

1.6.1　统一的消息系统

你可能对"保持简单直白"这一原则很熟悉，这常被用来提醒架构师简单的设计方案是很有意义的。一个包含更少组件的系统更容易部署、维护和监控。如前所述，有两种消息传递模式。以往若想在基础架构中同时支持两种消息传递模式，用户需要同时部署两套系统。

作为一个双语招聘平台，智联招聘拥有很全的职位招聘信息，包括本土公司和外企的岗位。智联招聘有超过 220 万用户，日均访问量达 6800 万。随着公司的发展，同时维护用于队列的 RabbitMQ 和用于发布/订阅的 Kafka 这两套系统的难度越来越大。通过用基于 Pulsar 的统一的消息平台替换之前的两套系统，公司节省了近一半的运维费用和硬件维护费用，同时仍然保持了高数据持久性、高吞吐量及低延迟。

1.6.2　微服务平台

Narvar 为全球电子商务客户提供供应链管理和客户服务平台，功能包括订单追踪和提醒、便利的退货流程和客户关怀。Narvar 平台通过处理数据和事件来保证与客户及时、有效地沟通，从而帮助品牌和零售商服务全球超过 4 亿用户。

在使用 Pulsar 之前，Narvar 平台是基于多种消息传递和处理技术构建的，包括 Kafka、Amazon SQS、Kinesis Streams、Kinesis Firehose、RabbitMQ 和 AWS Lambda。随着流量的增长，维持并扩展系统所需的运维资源及开发资源变得越来越困难。这些技术大部分没有实现容器化，这增加了基础设施配置和管理负担，并且经常需要人工介入。

Kafka 这样的系统虽然是开源、流行且可靠的，但在扩容时有着非常高的维护成本。提高系统吞吐量需要增加分区数、调校消费者，还需要开发人员进行大量人工管理和运维工作。同样，像 Kinesis Streams 和 Kinesis Firehose 这样的云原生解决方案与特定的云服务供应商密切相关，这使用户难以将功能和云服务供应商解绑，让用户很难利用其他云服务供应商提供的服务，也无法为想运行在其他云上的客户提供该服务。

Narvar 最终决定将其基于微服务的平台迁移到 Pulsar 中。和 Kafka 一样，Pulsar 也是开源、可靠且不与特定云服务供应商绑定的。但与 Kafka 不同的是，Pulsar 所需的运维成本很低，且扩容时只需要很少的人工介入。Pulsar 从设计之初就为容器化考虑。这让 Pulsar 更易扩展和维护。对 Narvar 更重要的是 Pulsar Functions，该框架让其可以开发在消息平台内消费和处理事件的微服务，从而舍弃昂贵的 AWS Lambda 或其他额外服务。

在微服务架构中，每个微服务都被设计为完整且独立的软件组件。这些彼此独立的软件组件在多台服务器的多个进程中运行。一个基于微服务的应用程序需要通过某种进程间通信方式让多个微服务能互相通信。最常见的两种微服务通信模式是 HTTP 请求/响应模式和轻量级消息传递模式。Pulsar 是提供 Narvar 所需的轻量级消息传递及异步消息传递的理想系统。

1.6.3　车联网

北美地区的一家主要的汽车制造商基于 Pulsar 构建了一个车联网服务。该服务从 1200 万辆车辆的车载系统上收集数据，每天收集数十亿份数据，用于在全球提供实时监控和远程诊断。这些数据还可以提供车辆的性能信息来提前定位车辆故障，让制造商可以提供保护性的预警。

1.6.4　反欺诈

作为来自中国的移动支付平台，甜橙金融每天为 5 亿用户分析 5000 万笔交易，帮助用户预防金融诈骗。甜橙金融每天都面临金融诈骗风险，包括身份盗用、洗钱、关联欺诈和商品欺诈。甜橙金融的风控平台对每笔交易应用上千个反欺诈模型，以应对上述风险。

甜橙金融希望找到一种在数据存储、计算引擎和编程语言上都能统一的方案来构建风控平台的决策系统。从用户的角度来说，反欺诈扫描不应该影响应用程序的延迟。因此，甜橙金融需要一个能尽可能快地处理数据的平台。Pulsar 通过 Pulsar Functions 让交易相关数据能在消息平台层内被处理。

虽然一些反欺诈处理已经被转移到 Pulsar Functions 框架中，但甜橙金融还是可以通过 Pulsar 内置的 Spark 连接器利用 Spark 运行更复杂的反欺诈算法。这让用户可以根据要运行的模型选择最合适的数据处理框架。

1.7　补充资料

Pulsar 有活跃且快速增长的社区，并于 2018 年 8 月从 Apache 软件基金会孵化器毕业。你可以在 Pulsar 项目的官方网站上找到 Pulsar 的最新文档。

最后还要推荐 Pulsar 的官方 Slack 频道。我自己和其余一些 Pulsar 项目维护者每天都会关注这个频道。这个频道为 Pulsar 初学者提供了丰富的信息及由 Pulsar 活跃用户组成的社区。

1.8　小结

- ❑ Pulsar 是一个能同时提供高性能传统队列和流式消息传递的现代消息系统。
- ❑ Pulsar 提供了被称为 Pulsar Functions 的轻量级计算引擎，让用户可以对每条消息执行简单的处理逻辑并将结果发布到另一个主题中。
- ❑ Pulsar 的存储与服务分离的架构提供了无限存储扩展并保证了不会丢失数据。
- ❑ Pulsar 在生产环境中的一些使用场景包括物联网数据分析、微服务间通信及统一的消息系统。

## 第 2 章

Pulsar 的架构和相关概念

本章内容
- ❏ Pulsar 的物理架构
- ❏ Pulsar 的逻辑架构
- ❏ Pulsar 提供的消息消费模式和订阅类型
- ❏ Pulsar 的消息保留策略、消息过期策略和 backlog 策略

你已经对 Pulsar 这个消息系统有了一定的了解，也知道了 Pulsar 与其他消息系统相比有何异同。接下来，我们将深入了解 Pulsar 的底层架构并学习 Pulsar 中特有的一些术语。如果不熟悉消息系统和分布式系统，那么你可能认为 Pulsar 的一些概念和术语理解起来有些困难。在深入介绍 Pulsar 在逻辑上如何组织消息之前，我首先会概述 Pulsar 的物理架构。

2.1　Pulsar 的物理架构

有的消息系统将集群作为管理和部署层面最高级的资源。这意味着将每个集群作为一个独立的系统来管理和配置。但是 Pulsar 提供了更高一级的抽象，即 **Pulsar 实例**。一个 Pulsar 实例由一个或多个 Pulsar 集群组成。这些 Pulsar 集群作为一个整体提供服务并统一管理，如图 2-1 所示。

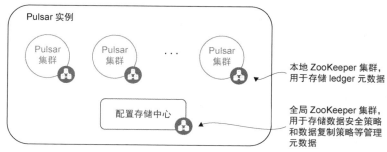

图 2-1　一个 Pulsar 实例可由多个部署在不同区域的 Pulsar 集群组成

使用 Pulsar 实例的一个重要原因是启用跨地域复制功能。事实上，只有同一个 Pulsar 实例内的 Pulsar 集群才可以互相复制数据。

　　一个 Pulsar 实例拥有被称为**配置存储中心**的 ZooKeeper 集群。这个 ZooKeeper 集群用于存储跨地域复制、租户级别的数据安全策略等在多个 Pulsar 集群间共享的配置信息。这样一来，用户便可以在一个地方配置和管理这些策略。为了给配置存储中心提供容错性，Pulsar 实例的 ZooKeeper 集群中的节点应该部署在不同区域，以保证即使一个区域整体发生故障，ZooKeeper 集群依然可用。

　　需要注意，在启用跨地域复制功能的情况下，Pulsar 实例中的 Pulsar 集群需要在实例级别的 ZooKeeper 可用的情况下才能正常实现跨地域复制。当启用跨地域复制功能后，如果 Pulsar 实例的配置存储中心不可用，那么每个 Pulsar 集群收到的消息都会被缓存在本地，直到配置存储中心恢复正常才会将消息转发给运行在其他区域的集群。

2.1.1　Pulsar 的分层架构

　　如图 2-2 所示，每个 Pulsar 集群包含一个无状态服务层（由多个 broker 组成）、一个有状态存储层（由多个 bookie 组成）和一个可选的智能路由层（由多个 proxy 组成）。当部署在 Kubernetes 环境中时，这种分层架构让运维团队可以动态地增加 broker 节点、bookie 节点和 proxy 节点的数量，以应对流量高峰时的需求并在流量降低时减少节点数，从而节省成本。流量被尽可能平均地分散到所有可用的 broker 上，以最大化吞吐能力。

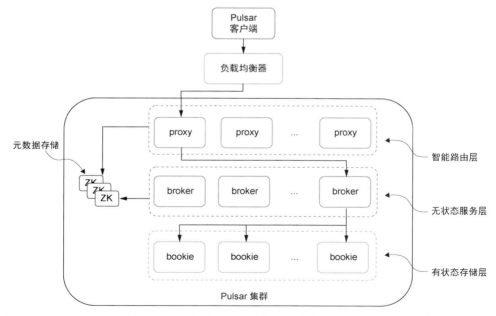

图 2-2　一个 Pulsar 集群有多层：一个可选的智能路由层（由多个 proxy 组成，将客户端请求路由到正确的 broker）、一个无状态服务层（由多个 broker 组成，处理客户端请求），以及一个有状态存储层（由多个 bookie 组成，存储消息的多个副本）

当客户端访问一个主题时，如果这个主题还未被加载到系统中，则会触发这样一个过程：选择最合适的 broker 来加载并作为主题所有者。一旦某个 broker 成为主题的所有者，它就将负责处理和这个主题有关的所有请求。想向该主题发布消息或从该主题消费消息的客户端也需要与该主题的所有者 broker 进行交互。因此，如果用户想向某个主题发送数据，那么首先需要知道哪个 broker 是该主题的所有者，然后进行连接。但是，broker 的主题分配情况只保存在 ZooKeeper 中，且会因为 broker 故障或负载均衡等原因而随时变化。因此，如果用户直接连接 broker，那么可能并不会连接上所期望的那个 broker[①]。这正是 Pulsar proxy 存在的原因，它可以作为集群中所有 broker 的"中间人"。

Pulsar proxy

如果用户将 Pulsar 集群部署在类似 Kubernetes 的私有云或虚拟网络中，且想为 Pulsar broker 提供对外的连接，就需要将 broker 的私有 IP 地址转换为公网 IP 地址。虽然可以采用传统的负载均衡手段（如负载均衡器、虚拟 IP 地址或基于 DNS 的负载均衡技术）来将请求分发给一组 broker，但这并不是为客户端提供冗余和容错能力的最佳方式。

传统的负载均衡方式并不高效。因为负载均衡器并不了解主题在 broker 上的分配情况，所以可能将请求随机转发给集群中的任意一个 broker。如果一个 broker 收到了对它自己并没有所有权的主题的请求，它会自动将请求转发给这个主题的所有者。但是这会增加不小的延迟。这就是我推荐使用 Pulsar proxy 的原因，它可以为 Pulsar broker 提供智能负载均衡。

当使用 Pulsar proxy 时，所有客户端连接都先通过 proxy，而不是直接连接到 broker。proxy 会利用 Pulsar 内置的服务发现机制来确定拥有被请求主题的 broker，并将客户端请求转发给它。此外，proxy 还会将主题和 broker 的对应关系在内存中缓存，以加速之后的服务发现请求。基于性能和容错考量，一般推荐在传统的负载均衡器之后运行多个 proxy。因为与 broker 不同，proxy 可以处理针对任何主题的请求，所以可以将 proxy 部署在负载均衡器之后。

2.1.2　无状态服务层

Pulsar 的分层架构确保消息数据被存储在 broker 之外，从而保证了一个主题可以随时被任意 broker 所有并提供服务。这一点不同于其他消息系统。在其他消息系统中，broker 及其主题数据存储在一起，而 Pulsar 集群可以随时将一个主题分配给任何一个 broker。我们说 Pulsar 的服务层是无状态的，因为 broker 没有存储任何响应请求所必需的信息。

broker 的无状态特性不光让用户可以根据需要动态扩缩容，也让集群可以承受多个 broker 发生故障。Pulsar 同时还有内部负载减少机制来根据不同主题的流量变化情况在所有在线的 broker 中平衡负载。

---

① 主要原因是，在云环境或 Kubernetes 中，一般无法为每个 broker 暴露独立的地址。通过统一网关连接请求通常会以轮询方式被转发至任意 broker。——译者注

1. bundle

给 broker 分配主题的过程是在被称为 bundle 的层面上完成的。Pulsar 集群中的所有主题都属于某个特定的 bundle，每个 bundle 则被分配到某个 broker 上，如图 2-3 所示。这可以确保一个名字空间中的所有主题被均匀地分配到所有 broker 上。

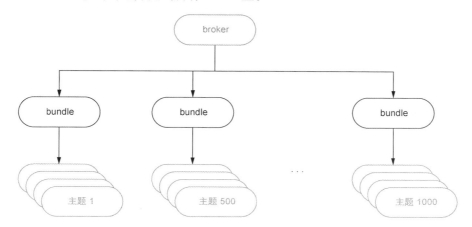

图 2-3　从服务角度看，每个 broker 分配一组包含多个主题的 bundle。bundle 的分配由主题名称和一个哈希函数决定，让用户可以在不借助 ZooKeeper 存储的元数据的情况下决定主题属于哪个 bundle

一个名字空间的初始 bundle 数由 broker 配置文件中的 `defaultNumberOfNamespaceBundles` 配置项决定，默认值为 4。用户可以通过在使用 Pulsar Admin API 创建名字空间时提供不同的值来修改默认的 bundle 数。通常来说，用户希望 bundle 数是 broker 数的整数倍，这样可以保证 bundle 被平均分配到 broker 上。假设有 3 个 broker 和 4 个 bundle，则有一个 broker 会被分配到 2 个 bundle，而其余 broker 只会分配到 1 个。

2. 负载均衡

虽然消息流量在一开始或许尽可能均匀分布在所有 broker 上，但是随着时间的推移，负载可能变得不再均衡。消息流量的变化可能导致有的 broker 负载很重，而其他 broker 的资源使用率很低。当已有 bundle 超过如下所列出的 broker 配置文件中某个预设的阈值时，bundle 会被分割成两个新的 bundle。每个新 bundle 将拥有旧 bundle 一半的主题。

❑ `loadBalancerNamespaceBundleMaxTopics`

❑ `loadBalancerNamespaceBundleMaxSessions`

❑ `loadBalancerNamespaceBundleMaxMsgRate`

❑ `loadBalancerNamespaceBundleMaxBandwidthMbytes`

这种机制可以通过检测并将高负载 bundle 分割成 2 个 bundle 来改善某些 bundle 负载过高的情况。这样一来，其中一个新 bundle 可以被卸载到集群中的另一个 broker 上。

3. 负载减少

Pulsar 还有另一个机制来确定某个 broker 过载，并自动将其上的一些 bundle 卸载到集群中的其他 broker 上。当一个 broker 的资源使用率超过 broker 配置文件中的 `loadBalancerBroker-OverloadedThresholdPercentage` 的预设阈值时，broker 会将一个或多个 bundle 卸载到其他 broker 上。这一配置项定义 broker 可以使用的 CPU 资源、网络带宽或内存资源的最大比例。任何一个资源的使用率超过阈值，都会触发 bundle 卸载。

被选中的 bundle 会被完整地卸载到另一个 broker 上。这是因为，负载减少机制与负载均衡机制针对的场景是不同的。通过负载均衡机制，Pulsar 可以修正负载在 bundle 间的分布。如果一个 bundle 的负载超过其余 bundle 太多，Pulsar 就会尝试将负载分布到所有 bundle 上。

负载减少机制则根据为 bundle 提供服务所需的资源来修正 broker 间的 bundle 分布。即使每个 broker 会被分配同样数量的 bundle，而因为 broker 间负载不均衡，也可能导致每个 broker 所要处理的流量差异很大。

以 3 个 broker 和 60 个 bundle 的场景为例，其中每个 broker 负责 20 个 bundle。假设 20 个 bundle 承载了总流量的 90%。如果这 20 个 bundle 中的大部分被分配给了同一个 broker，则这个 broker 的 CPU 资源、网络带宽及内存资源可能很快会被耗尽。因此，将一些 bundle 卸载到其他 broker 上可以缓解这种情况。然而，如果将高流量 bundle 分割，那么或许只能将该 broker 上大约一半的流量分配到其他 broker 上。这意味着总流量的约 45%仍然会由这个 broker 负责。

4. 数据访问模式

总体来说，流系统中有 3 种 I/O 模式：**写**，即把新数据写入系统；**尾部读**，即消费者在消息发送到系统中后立即进行消费；**追赶读**，即消费者从主题的头部开始读取大量数据以追赶生产者最新生产的消息，这种情况一般发生在新加入的消费者想从一个比最新消息早得多的位置开始消费时。

当生产者发送一条消息到 Pulsar 中时，消息会被立即写入 BookKeeper。BookKeeper 确认数据成功落盘后，broker 在向生产者返回确认信息之前，也会在其本地缓存中存储这条消息。这样一来，在消费者进行尾部读时，broker 可以很快从内存中读取消息并响应请求，以避免因访问磁盘而带来的延迟。

相比之下，追赶读可能更有意思，因为追赶读需要从存储层读取数据。当客户端从 Pulsar 消费一条消息时，所需步骤如图 2-4 所示。最常见的追赶读场景是，消费者因为某些原因长时间断开连接后又重新连接并恢复消费。实际上，只要消费者请求的消息不存在于 broker 缓存中，都可以算作追赶读，比如主题被重新分配到另一个 broker 上。

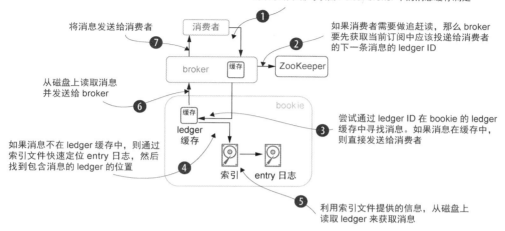

图 2-4　Pulsar 中的消息消费步骤

2.1.3　流存储层

Pulsar 可以保证把消息投递给所有消费者。如果 broker 确认收到了一条消息，那么用户可以相信 Pulsar 一定会把这条消息投递给相应的消费者。为了提供这种保证，在可以被投递给消费者并确认被成功消费之前，所有未被消费的消息都必须被持久化存储在系统中。如前所述，Pulsar 依靠一个被称为 BookKeeper 的分布式预写日志（write-ahead log，WAL）系统作为持久化消息存储系统。BookKeeper 是一个通过叫作 ledger 的日志条目流来提供持久化存储的服务。

1. 逻辑存储架构

你可以将 Pulsar 主题想象成依照消息到达顺序被持久化存储的无界消息流。新的消息被添加到流的末尾。消费者以之前提到过的消息消费模式从流中读取数据。虽然这个简化的模型让我们能更容易地判断消费者在主题中的消费位置，但因为现实中的存储空间是有限的，所以这个模型不可能真实存在。这个抽象的无界消息流最终会被具象化并运行在有存储限制的物理系统上。

Pulsar 选择了与像 Kafka 这样的传统消息系统完全不同的方式来实现流存储。在 Kafka 中，流被分成不同的副本并分别存储在不同 broker 的本地磁盘上。这种方式的优点是简单且可以快速存取数据。因为数据写入都是顺序执行的，所以读取数据时，磁头不必频繁寻道。然而，正如我在第 1 章中提到的那样，Kafka 的缺点是，一个 broker 必须有足够的空间存储整个分区的数据。

Pulsar 实现流存储的方式有什么不一样呢？每个主题并没有被抽象成一组分区，而是被抽象为一系列分片。每个分片包含一定数量的消息（数量可配置），默认是 50 000 条。当一个分片被写满之后，系统会创建一个新分片来存储新的消息。因此，你可以将一个 Pulsar 主题想象成长度

无限的分片列表，其中的每一个分片存储一部分消息。图 2-5 展示了 Pulsar 流存储层的逻辑架构，
我们从中可以看出逻辑架构是如何映射到物理架构上的。

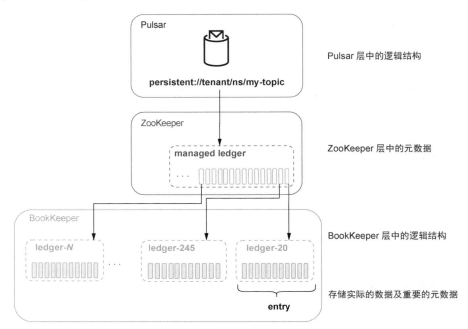

图 2-5   Pulsar 主题的数据存储在 BookKeeper 层中的一系列 ledger 上。一组 ledger 组成
所谓 managed ledger 的逻辑结构，这一组 ledger 的 ID 会被存储在 ZooKeeper
上。每个 ledger 存储 50 000 条 entry，每一条 entry 都是一条消息[①]的一个副本。
主题名称 persistent://tenant/ns/my-topic 的结构会在后文中介绍

一个 Pulsar 主题实质上是一个用来在 Pulsar 中唯一地定位主题的可寻址标识符。可以将它与
URL 对比，两者都用来唯一地定位客户端尝试访问的资源。主题的名字会被 broker 解读以定位
数据的存储位置。

Pulsar 在 BookKeeper 的 ledger 之上增加了一层被称为 managed ledger 的额外抽象。managed
ledger 是存储同一个主题的 ledger 的集合。从图 2-5 中可以看到，当数据被发送到主题中时，首
先被写入 ledger-20。在向主题发送 50 000 条消息之后，ledger-20 被写满并且关闭，ledger-245 被
创建并用来存储主题中的数据。这个关闭旧 ledger 同时开启新 ledger 的过程会在每存储 50 000
条消息后重复。组成一个 managed ledger 的所有 ledger ID 都存储在 ZooKeeper 中。

之后，当消费者想从该主题中读取数据时，managed ledger 的信息会被用来在 BookKeeper
中定位数据的位置并将消息返回给消费者。如果消费者从主题中的第一条消息开始进行追赶读，
那么它会先读取 ledger-20 中的数据，接着读取 ledger-245 中的数据，以此类推。从旧 ledger 到新

① 如果开启 message batch，则一条 entry 中可能存储多条消息。——译者注

ledger 的转换对用户来说是透明的。用户只能看到一个有序的数据流。对 ledger 的管理都由 managed ledger 负责，同时 managed ledger 保证 ledger 的顺序使消息能以写入时的顺序被读取。

2. BookKeeper 的物理架构

在 BookKeeper 中，ledger 中的最小存储单元称为 entry。entry 包含表示消息的实际二进制数据及一些用于追踪和读取 entry 的重要元数据。最重要的元数据是 entry 所属的 ledger 的 ID，这一信息被存储在本地 ZooKeeper 实例中。这样一来，当消费者试图读取消息时，可以快速从 BookKeeper 中获取数据。entry 流被存储在 ledger 这个只支持追加的数据结构中，如图 2-6 所示。

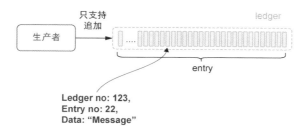

图 2-6　在 BookKeeper 中，entry 被存储在 ledger 中，ledger 则被存储在称为 bookie 的服务器上

ledger 有着只追加的语义，这意味着 entry 会被顺序写入 ledger，并且一旦写入完成，entry 就不能被修改。

- ❏ broker 首先创建一个 ledger，然后开始向 ledger 中追加 entry 并最终关闭 ledger。除此之外，对 ledger 的其他操作都不被允许。
- ❏ 不管是因为正常关闭还是因为写入进程发生故障，在一个 ledger 被关闭之后，只能以只读模式打开。
- ❏ 当 ledger 中的 entry 都已经不需要时，可以将整个 ledger 从系统中删除。

负责存储 ledger（更确切地说是存储 ledger 分片）的单台 BookKeeper 服务器称作 bookie。每当 entry 被写入一个 ledger 时，entry 都会被存储到一组称为 ensemble 的 bookie 节点上。ensemble 的大小等于用户为 Pulsar 主题配置的副本数（R）。这样做可以确保磁盘上保存了 R 份 entry 副本，以防系统出现故障时丢失数据。

bookie 以日志的形式存储数据，并由以下 3 种文件来实现：journal 文件、entry 日志和索引文件。journal 文件存储 BookKeeper 的所有事务日志。在将 entry 写入 ledger 之前，bookie 保证一个描述这次写入的事务被持久化存储到磁盘上以防止数据丢失。

entry 日志包含实际写入 BookKeeper 中的数据。不同 ledger 的 entry 先被聚合，然后顺序写入 entry 日志。它们在 entry 日志中的偏移量被存储在 ledger 缓存中，以加速后续读取操作。系统会为每个 ledger 创建一个索引文件，其中包含这个 ledger 中的 entry 在 entry 日志中的偏移量。索引文件是根据传统关系数据库中的索引设计的，用来为消费者加快在 ledger 中定位 entry 的速度。

当客户端向 Pulsar 发布一条消息时，该消息会经过图 2-7 所示的步骤并最终在 BookKeeper ledger 中持久化。

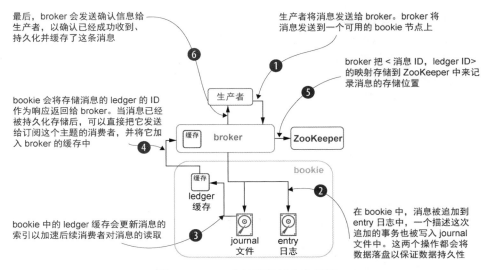

图 2-7   Pulsar 中的消息持久化步骤

通过将 entry 数据分散到多块磁盘上的不同文件中，bookie 可以使写操作不会因为同时发生的读操作而增加额外延迟。这让系统可以同时处理数千个并发的读请求和写请求。

2.1.4   元数据存储

每个 Pulsar 集群都有自己的本地 ZooKeeper ensemble 来存储与租户、名字空间和主题相关的配置信息，包括安全方面和数据保留策略方面的配置信息。这些是除之前提到的 managed ledger 信息之外的元数据。

1. ZooKeeper 中的基本概念

根据 ZooKeeper 官方网站的介绍，它"是一个用于存储配置信息和名称信息，提供分布式同步及分组功能的服务"。简而言之，ZooKeeper 是一个分布式数据源。对像 Pulsar 和 BookKeeper 这样的分布式系统来说，ZooKeeper 提供非常关键的分布式数据存储功能。

ZooKeeper 解决了所有分布式系统都面临的基本问题，即不同服务器间如何就系统状态达成共识。分布式系统中的不同进程需要就很多信息达成共识，如当前的配置值或者主题的所有者。系统参与者间的共识问题是分布式系统所特有的，因为系统中有同一组件的多个副本同时运行，却没有实际可行的方法在它们之间进行协调。用传统的数据库解决共识问题并不可行，因为这样做会在系统中引入一个同步点。这意味着所有运行到同步点的服务器都要等待机会来获取一张表上的某个锁，而这实际上就抵消了分布式系统的所有优势。

　　为了解决共识问题，ZooKeeper 提供比较并交换（compare and swap，CAS）操作来实现分布式锁，让其他分布式系统能更有效地协调其中运行的不同进程。CAS 操作将从 ZooKeeper 中获取的当前值与预期值进行比较，仅当两者相同时才会更新当前值。这保证了系统会基于最新的信息来运行。以确定 BookKeeper ledger 的当前状态为例，在向 BookKeeper ledger 写入数据之前，它必须处于打开状态。如果有其他进程关闭了这个 ledger，那么这一信息会在 ZooKeeper 数据中反映出来。这样一来，尝试向 ledger 写入数据的进程就知道不应该继续写入了。相反，如果一个进程想关闭 ledger，那么这一信息要被发送到 ZooKeeper 中。这样一来，该信息就可以被其他服务获取并在它们尝试向 ledger 写入数据之前知道该 ledger 已经关闭了。

　　ZooKeeper 服务本身暴露一个类似文件系统的 API，让客户端可以通过操作简单的数据文件（称为 znode）来存储信息。所有 znode 形成类似文件系统的层次结构。在下文中，我将列出 Pulsar 在 ZooKeeper 中存储的元数据，并解释它们在什么情况下会被哪些组件用到，从而帮助你理解这些元数据存在的原因。要查看 ZooKeeper 中的元数据，最佳方法是使用随 Pulsar 一起发布的 zookeeper-shell 工具，并用代码清单 2-1 所示的命令列出所有 znode。

代码清单 2-1　使用 zookeeper-shell 工具列出 znode

```
启动 zookeeper-shell
                                          列出根节点下的所有 znode
  /pulsar/bin/pulsar zookeeper-shell
  ls /                        ◁
  [admin, bookies, counters, ledgers, loadbalance,
    managed-ledgers, namespace, pulsar, schemas, stream, zookeeper]
Pulsar 用到的所有 znode
```

　　如代码清单 2-1 所示，Pulsar 在 ZooKeeper 根节点下一共创建了 11 个 znode。根据用途和其中存储的信息，这些 znode 可以被分为如下几类。

2. 配置数据
　　第 1 类 znode 存储租户、名字空间和 schema 的配置信息。这些信息不常变化，且只能通过 Pulsar Admin API 来更新。当用户创建或更新集群、租户、名字空间或 schema 时，会附带安全策略、消息保留策略、复制策略等配置信息。Pulsar 将这些配置信息存储在 znode `/admin` 和 `/schemas` 下。

3. 元数据存储
　　Pulsar 将所有主题的 managed ledger 信息存储在 znode `/managed-ledgers` 下。BookKeeper 则用`/ledgers` 记录集群中所有 bookie 存储的 ledger 信息。

　　如代码清单 2-2 所示，还有一个叫作 pulsar-managed-ledger-admin 的工具让用户可以轻松访问 managed ledger 信息。Pulsar 正是利用同样的信息来向 BookKeeper 写入数据或从中读取数据的。在这个例子中，主题的数据存储在 2 个 ledger 中：包含 50 000 条 entry 且已经关闭的 ledger-20 和还处在打开状态的 ledger-245。发送到这个主题中的新消息会被写入 ledger-245 中。

代码清单 2-2　查看 managed ledger

pulsar-managed-ledger-admin 工具让
用户可以根据主题名称查看 ledger

```
/pulsar/bin/pulsar-managed-ledger-admin print-managed-ledger -
➡ managedLedgerPath /public/default/persistent/topicA
➡ --zkServer localhost:2181

ledgerInfo { ledgerId: 20 entries: 50000 size: 3417764 timestamp: 1589590969679}
ledgerInfo { ledgerId: 245 timestamp: 0}
```

这个主题有 2 个 ledger：一个包含 50 000 条 entry
且已经关闭的 ledger 和一个打开的 ledger

4. 不同服务间的动态协调

剩余的 znode 都被用于协调系统中的不同组件。/bookies 包含在 BookKeeper 集群中注册的 bookie 节点列表。/namespace 使 proxy 服务可以判断哪个 broker 拥有某个主题。如代码清单 2-3 所示，/namespace 使用层次结构来存储每个名字空间的 bundle ID。

代码清单 2-3　用于确定主题所有权的元数据

```
/pulsar/bin/pulsar zookeeper-shell    ◄—— 启动 zookeeper-shell
ls /namespace
[customers, public, pulsar]    ◄—— 每个 znode 代表一个租户
ls /namespace/customers
[orders]    ◄—— 每个 znode 代表一个名字空间
ls /namespace/customers/orders
[0x40000000_0x80000000]
get /namespace/customers/orders/0x40000000_0x80000000
{"nativeUrl":"pulsar://localhost:6650",                         每个 znode 代表一个
➡ "httpUrl":"http://localhost:8080","disabled":false}          bundle ID
```

我在前文中说过，proxy 对主题名称应用哈希函数来决定 bundle 名。在这个例子中，bundle 名是 0x40000000_0x80000000。接着，proxy 会通过查询/namespace/{租户名}/{名字空间}/ {bundle ID}来获取拥有这个主题的 broker 的 URL。

我希望以上内容能帮助你更深入地了解 ZooKeeper 在 Pulsar 集群中的作用，知道 ZooKeeper 如何为集群中动态新增的节点提供易于访问的元数据服务，让节点能够很快获取集群的配置信息并开始处理客户端请求。举例来说，新加入集群的 broker 可以通过获取 znode /managed-ledgers 下的数据来处理客户端对某个主题的请求。

2.2　Pulsar 的逻辑架构

和其他消息系统一样，Pulsar 使用"主题"这一概念来描述在生产者和消费者之间传递数据的消息通道。但是，主题在 Pulsar 中的命名结构和在其他消息系统中不同。以下几节将介绍 Pulsar 存储和管理主题的逻辑架构。

2.2.1 租户、名字空间和主题

本节介绍 Pulsar 集群在逻辑上是如何组织和存储数据的。Pulsar 的一个设计目标就是成为多租户系统。通过为每个部门提供安全且彼此独立的消息环境，多租户系统让一个组织内部的多个部门可以共享一个 Pulsar 集群。这种设计让企业仅用一个 Pulsar 实例即可为整个企业实现消息平台即服务。Pulsar 的逻辑架构通过由租户、名字空间和主题形成的层次结构来支持多租户，如图 2-8 所示。

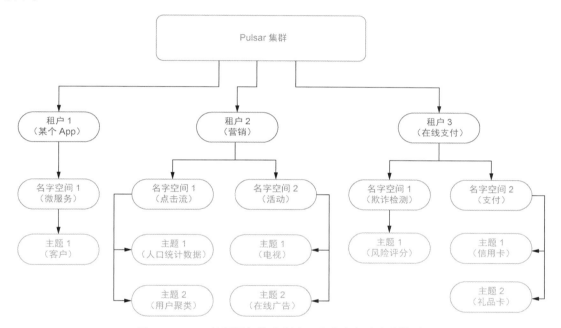

图 2-8　Pulsar 的逻辑架构由租户、名字空间和主题构成

1. 租户

在 Pulsar 逻辑架构顶层的是租户。租户可以代表某个业务部门、某个核心功能或者某条产品线。租户可以分布在多个集群中，每个租户可以配置自己的验证方式和授权方式来控制对其中数据的访问权限。租户也是一个管理单元，可以在租户层面对存储配额、消息存活时间和隔离策略等配置信息进行管理。

2. 名字空间

每个租户可以有多个名字空间。名字空间是一种通过策略将相关主题放在一起进行管理的逻辑分组机制。在名字空间层面，用户可以设置访问权限，微调副本设置，管理消息的跨地域复制并控制名字空间中所有主题的消息过期时间。

让我们考虑如何为一个电子商务 App 构建 Pulsar 名字空间。要为敏感的支付数据提供隔离保障并只允许财务相关部门访问这些数据，我们可以创建一个独立的租户"在线支付"，如图 2-8 所示。我们可以在这个租户上配置访问权限，只有财务相关部门才能访问数据，让财务相关部门的员工可以用支付数据做审计或处理信用卡交易。

在租户"在线支付"中，我们可以创建两个名字空间：一个叫作"支付"，用来存储收到的支付信息，包括信用卡支付和礼品卡支付；另一个叫作"欺诈检测"，用来存储被系统认为可疑的交易，以便后续处理。在这样的部署中，我们可以为面向用户的应用程序授予名字空间"支付"的只写权限，而为反欺诈系统授予只读权限来判断交易是否存在潜在的欺诈风险。

在名字空间"欺诈检测"中，我们可以为反欺诈系统授予写权限，让它能将可疑的交易写入主题"风险评分"。同时，可以为电子商务 App 授予该名字空间的只读权限，让它可以收到对潜在欺诈交易的通知并做出适当的处理，如阻止交易。

3. 主题

主题是 Pulsar 中唯一的信道种类。生产者向主题写入消息，消费者从主题中读取消息。有的消息系统支持多种信道，如支持有着不同消息消费模式的主题和队列。第 1 章介绍过，队列可以支持先进先出的消息消费模式，而主题可以支持发布/订阅和一对多的消息消费模式。相反，Pulsar 并不做这种区分，而是通过多种订阅模式来支持不同的消息消费模式。

在 Pulsar 中，非分区主题只由一个 broker 提供服务。这个 broker 负责从生产者接收并向消费者投递这个主题的所有消息。因此，单个主题的吞吐量受到服务该主题的 broker 的硬件限制。

4. 分区主题

Pulsar 同时支持分区主题。分区主题可以由多个 broker 同时提供服务。因为负载被分散到多台服务器上，所以分区主题能支持更高的吞吐量。一个分区主题实际上由 N 个内部非分区主题构成，N 是分区数。Pulsar 会自动将主题分布到不同的 broker 上，这一过程对用户而言是完全透明的。

用一系列独立的非分区主题来实现分区主题，这样做让用户无须对整个分区主题进行再平衡以增加分区数。增加分区数后，Pulsar 会创建新的内部非分区主题，并且新创建的内部非分区主题可以在不影响其他主题的情况下立即用于接收或发送消息（比如消费者对已有分区的读/写都不会受影响）。

从消费者的角度来说，分区主题和普通主题没有不同。消费者对分区主题的订阅与非分区主题一样。但在发送消息到分区主题中时，有一个明显的区别，那就是消息的生产者需要决定最终把消息发送到哪个内部主题中。如果消息的元数据中包含 key 这个字段，那么生产者会对 key 的值应用一个哈希函数来决定把消息发送给哪个主题。这样做保证了所有拥有相同 key 的消息都会被发送到同一个主题中，并且消息在主题中的顺序会和它们被发送的顺序相同。

当发布一条元数据中不包含 key 字段的消息时，生产者需要配置一个能为每条消息选择恰当分区的消息路由模式。默认的消息路由模式是 RoundRobinPartition。顾名思义，这个消息路由模式会以轮询方式将消息轮流发送到每一个分区。这种方式让消息均匀分布在所有分区中，从而使吞吐量最大化。用户也可以选择 SinglePartition。这种消息路由模式会随机选择一个分区，然后将某个生产者的消息都发送到这一分区中。这样一来，即使消息元数据不包含 key 字段，也能保证消息在单个分区中是有序的。如果需要进一步掌控消息在分区间的分布，用户也可以自己定义消息路由模式。

让我们来看一看在生产者使用 RoundRobinPartition 消息路由模式时的消息发布流程，如图 2-9 所示。在这个例子中，生产者连接到 proxy 并请求拥有待写入主题的 broker 的 IP 地址。proxy 会通过本地元数据存储判断出这个主题是分区主题，并将分区编号转换为内部主题的名字。

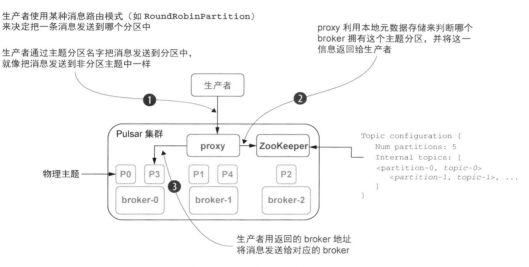

图 2-9　向分区主题发布消息

在图 2-9 中，生产者通过轮询路由策略决定消息应该发送到分区 3 中。假设分区 3 由内部主题 P3 实现。proxy 通过查询发现，broker-0 目前负责内部主题 P3 的服务。因此，proxy 将消息路由到 broker-0 并写入 P3 主题。因为采用的是轮询路由策略，所以下一条消息应该发送给 broker-1 负责的内部主题 P4。

2.2.2　定位 Pulsar 主题

Pulsar 逻辑架构的层次反映在 Pulsar 中主题端点的命名规范中。如图 2-10 所示，每个 Pulsar 主题的地址都包含其所属的租户和名字空间。此外，主题的地址还包含一个前缀来表明 broker 是将主题的消息持久化保存到长期存储系统中，还是只会保存到内存中。如果主题名包含 persistent://前缀，则 broker 会将主题中还未被消费者确认已经成功消费的所有消息持久化保存在多个 bookie 节点上。这样一来，消费者在 broker 发生故障后仍然可以消费主题中的消息。

(non-)persistent://tenant/namespace/topic-name

图 2-10　Pulsar 主题地址的格式

Pulsar 也支持非持久化主题。broker 会将非持久化主题中未被消费者确认已经成功消费的消息保存在内存中。非持久化主题的名字以 non-persistent://开头。当使用非持久化主题时，broker 会即刻把消息投递给所有已连接的消费者，而不会持久化保存消息。

当使用非持久化主题时，任何会导致 broker 重启的故障或者消费者断开连接都会导致非持久化主题中正在传输的消息丢失。这意味着消费者即使之后与 broker 重新建立连接，也无法再消费之前错过的消息。虽然非持久化主题因节约了将消息持久化到磁盘所需的时间而相对于持久化主题有更低的延迟，但是我只建议在十分确定可以接受消息丢失的情况下才使用非持久化主题。

2.2.3 生产者、消费者和订阅

Pulsar 是基于发布/订阅模式构建的。在这一模式中，生产者向主题中发布消息。消费者可以订阅主题，获取并处理主题中的消息，还可以在处理完成后发送信息确认已成功消费消息。

生产者是一个直接连接或通过 proxy 连接到 broker 并向一个主题发布消息的进程。消费者是一个连接到 broker 以从主题中接收消息的进程。成功处理一条消息后，消费者需要向 broker 发送确认信息，让 broker 知道消费者已经成功收到并处理了消息。如果没有在一个预定义的时间窗口内收到来自消费者的确认信息，broker 就会为属于那个订阅的消费者重新投递消息。

当消费者连接到 Pulsar 主题时，一个被称为订阅的关系得以建立。订阅决定了 broker 如何将消息发送给同属一个订阅的一个或多个消费者。Pulsar 中一共有 4 种订阅模式：独占模式、灾备模式、键共享模式和共享模式。不管采用哪一种订阅模式，broker 都会以收到消息的顺序向消费者投递消息。

Pulsar 将关于订阅的信息存储在本地 ZooKeeper 中，包括所有消费者的网络地址及其他一些信息。每个订阅同时有一个游标与之关联。这个游标指向一个订阅中最后一条已经被确认消费的消息的位置。为了防止发生不必要的消息再投递，Pulsar 将订阅的游标保存在 bookie 中，这样做让游标信息不会因为 broker 发生故障而丢失。

Pulsar 支持在一个主题上创建多个订阅，让多个消费者可以同时从一个主题中读取数据。如图 2-11 所示，这个主题上有两个订阅，即 Sub-A 和 Sub-B。消费者 A 通过独占模式从主题中读取数据。也就是说，消费者 A 将独自消费主题中的所有消息。到目前为止，消费者 A 只确认了前 4 条消息，所以 Sub-A 当前的游标位置是 5。

Sub-B 在主题中已经有 3 条消息之后才被创建。因此在默认情况下，broker 不会将这 3 条消息发送给这个订阅中的消费者。一个常见的误解是，在一个主题上创建的订阅会从主题中的第一条消息开始消费，而本例说明，在默认情况下，一个订阅只会收到在其被创建后主题所接收的消息。

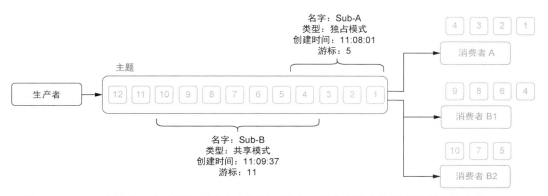

图 2-11　Pulsar 支持在一个主题上创建多个订阅，让多个消费者读取相同的数据。消费者 A 已经
　　　　以独占模式在名为 Sub-A 的订阅上消费了前 4 条消息，消费者 B1 和 B2 则以共享模式在
　　　　名为 Sub-B 的订阅上消费了消息 4 ~ 10

我们也可以发现，因为订阅 Sub-B 采用共享模式，所以主题中的消息会被发送给这个订阅中
的不同消费者。broker 只会把每条消息发送给订阅中的一个消费者。我们还可以看到，Sub-B 的游
标比 Sub-A 的游标更靠前。因为订阅 Sub-B 中有多个消费者在处理消息，所以这其实是正常现象。

2.2.4　订阅模式

在 Pulsar 中，所有消费者都通过订阅来从主题中获取数据。订阅实际上决定了 broker 如何将
一个主题中的数据投递给消费者。Pulsar 订阅可以由多个应用程序共享。事实上，很多订阅模式
其实就是特别为这种使用场景而设计的。Pulsar 支持 4 种订阅模式：独占模式、灾备模式、键共
享模式和共享模式，如图 2-12 所示。

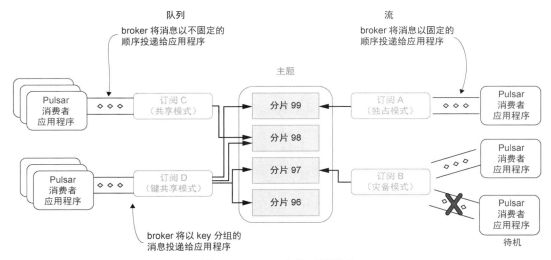

图 2-12　Pulsar 中的订阅模式

一个 Pulsar 主题可以同时支持多个订阅模式，这让用户可以凭一个主题为多个有不同消息消费模式的应用程序提供服务。值得注意的是，同一个主题上的不同订阅并不需要使用相同的订阅模式。这让用户可以使用一个主题来同时满足队列和流的使用场景。

每种 Pulsar 订阅模式都对应着一种不同的使用场景。因此，要选择恰当的订阅模式，需要对每种模式有一定的理解。让我们重新考虑之前提到的金融服务公司的场景。在这个场景中，公司需要把股市行情信息实时发送到名为"股市行情"的主题中，并将这个主题的消息在整个公司范围内共享。我们来看看 Pulsar 提供的订阅模式是如何满足该需求的。

1. 独占模式

独占模式只允许一个消费者消费主题中的消息。如果有其他消费者试图以同样的订阅名称来订阅这个主题，则会收到异常提示且无法成功建立连接。这个订阅模式保证某个特定的消费者能处理每条消息且只会处理一次。

在金融服务公司中，数据科学团队很适合用这种订阅模式将主题中的数据提供给机器学习模型，以训练或验证模型。这样一来，数据科学团队能够精确地根据数据产生的顺序处理每条报价信息，并以恰当的顺序给机器学习模型提供数据。每个机器学习模型都需要一个采用独占模式的订阅来获取数据，如图 2-13 所示。

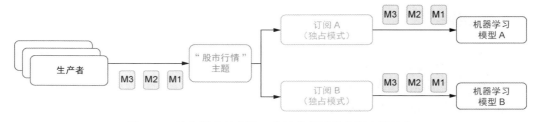

图 2-13　独占模式只允许一个消费者消费主题中的消息

2. 灾备模式

灾备模式让多个消费者可以同时通过一个订阅连接，但是只有一个活跃消费者会收到主题中的消息。这样的配置让用户可以提供后备消费者来在活跃消费者发生故障后继续处理消息。如果活跃消费者无法处理某条消息，那么 Pulsar 会自动切换到订阅中已连接的下一个消费者，并把后续消息投递给这个新的活跃消费者。

在用户需要保证同一时间只有一个消费者在处理消息而同时需要保证消费者的高可用性时，这种订阅模式非常有效。灾备模式非常适合用户希望在应用程序出现故障时可以由另外的消费者接替发生故障的消费者继续处理消息。通过灾备模式连接的消费者通常会分布在不同的服务器上或数据中心，从而保证即使多台服务器或多个数据中心发生故障，也不会影响对主题的消费。如图 2-14 所示，消费者 A 是活跃消费者，而消费者 B 是后备消费者。无论消费者 A 因为何种原因断开了和 broker 的连接，消费者 B 都会接替它来继续消费主题中的消息。

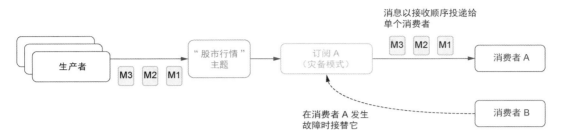

图 2-14　在采用灾备模式的订阅中，同一时间只有一个活跃消费者，但可以同时有多
　　　　个后备消费者

　　本例的一个使用场景是，如果数据科学团队利用"股市行情"主题中的数据部署了一个模型
来生成市场波动指数，并将这个指数与其余指数结合起来为交易团队提供推荐，那么保证这个模
型一直在线且同一时间只有一个模型在输出市场波动指数对交易团队来说至关重要。如果有多个
模型同时运行并生成推荐信息，那么会对团队造成干扰。

3. 共享模式

　　共享模式允许多个消费者同时通过一个订阅连接，而且每个消费者都会收到主题中的消息。
相反，在灾备模式中，某一时间只有一个活跃消费者接收消息。broker 将消息以轮询方式投递给
所有通过同一个订阅连接的消费者，且每条消息只会由一个消费者接收，如图 2-15 所示。

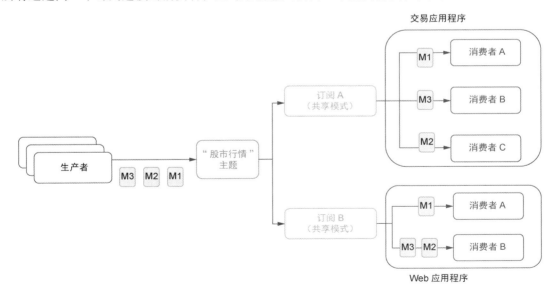

图 2-15　broker 把消息投递给共享订阅中的每一个消费者

　　这种订阅模式在实现工作队列时很有用。在工作队列中，消息的顺序并不重要，所以用户可
以通过增加消费者数量来快速处理主题中的消息。一个共享订阅中可以共存的消费者数量没有上

限，这让用户可以通过增加消费者来提高处理能力。

在金融服务公司的例子中，内部交易平台、算法交易平台和面向客户的网站等关键应用程序都可以采用共享模式。每个应用程序都可以创建一个共享订阅来保证其能接收到"股市行情"主题中的全部消息，如图 2-15 所示。

4. 键共享模式

键共享模式同样允许多个消费者同时接收消息。但与共享模式中以轮询方式向所有消费者投递消息的方式不同，键共享模式增加了一个次键并保证有相同次键的消息会投递给同一个消费者。这种订阅模式类似于分布式 SQL 的 GROUP BY，它们都将具有相同键的数据分到同一组。键共享模式很适合用户想在消费之前对数据做预分类的场景。

考虑商业分析团队的一个使用场景，他们需要对"股市行情"主题的数据进行分析。采用键共享模式，他们可以保证同一个消费者会处理一只股票的所有数据，使消费者可以更轻松地把股价与其他数据做连接，如图 2-16 所示。

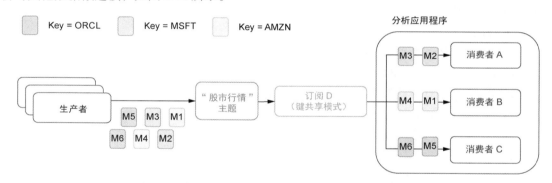

图 2-16　在键共享模式中，消息以特定的键为依据分组

总体来说，独占模式和灾备模式在同一时间只允许一个消费者消费每个主题分区[①]，从而保证 broker 接收消息和消费者消费消息的顺序是一致的。这两种订阅模式很适合要求消息严格有序的流式应用场景。

共享模式则允许每个主题分区有多个消费者。订阅中的每个消费者只会收到主题中的一部分消息。共享模式比较适合对消息没有严格要求但需要高吞吐量的队列场景。

2.3　消息保留和消息过期

作为一个消息系统，Pulsar 的主要功能是在不同系统之间移动数据。在将数据投递给所有预期的接收者后，系统一般假定不再需要保留这些数据。Pulsar 中的默认消息保留策略正是如此：

---

① 在独占模式中，永远只有一个活跃消费者。在灾备模式中，对非分区主题只有一个活跃消费者；对分区主题，每个分区都会有一个活跃消费者。——译者注

当生产者把一条消息发送到 Pulsar 主题中后，消息会被存储在系统中，直到主题上的所有消费者都确认成功消费了这条消息。之后，消息就会被删除。这一行为由 broker 配置文件中的配置项 `defaultRetentionTimeInMinutes` 和 `defaultRetentionSizeInMB` 控制。这两个配置项的默认值都是 0，意味着不继续保留已经被消费者确认成功消费的消息。

2.3.1 消息保留

Pulsar 支持在名字空间级别配置消息保留策略，让用户可以在需要将主题中的消息保留更长的时间时覆盖默认的配置。这样的场景可能包括用户想在之后通过 reader 或者 SQL 读取主题中的消息。

消息保留策略决定 Pulsar 会在主题上的所有消费者确认消费了一条消息之后将它继续保存多久。broker 会从持久化存储中删除超过保留策略期限的消息。保留策略由主题大小和消息新旧时间共同决定。对于同一个名字空间下的所有主题，Pulsar 将分别应用保留策略。如果用户将保留策略的主题大小配置为 100 GB，那么这个名字空间下的每个主题最多都只会保留 100 GB 数据。一旦主题的大小超过这个限制，broker 就会从最旧的消息开始删除，直到主题中的数据量再次小于限制。同样，如果用户将保留策略的消息新旧时间配置为 24 小时，则对于一个名字空间下的所有主题，broker 会删除已经存在超过 24 小时且消费者确认消费过的消息。注意，这个 24 小时是从 broker 收到消息开始计算的。

用户可以配置保留策略的主题大小和消息新旧时间，且这两个限制是相互独立的。如果一条消息超出了任何一个限制，broker 都会将它从主题中删除，无论它是否超出了另一个限制。

如果用户为名字空间 E-payments/refunds 配置了大小限制为 10 GB、新旧时间限制为 24 小时的保留策略，那么主题超出任意一个限制都会导致 broker 对其中的消息进行清理，如代码清单 2-4 所示。因此，即使消息新旧时间小于 24 小时，只要主题大小超过 10 GB，broker 就会从主题中删除消息。同样也可以在配置保留策略时将配置项设为 -1，表示对主题大小或消息新旧时间不做限制。这样一来，主题将永久保留接收到的所有消息。在做这样的配置之前，要仔细考虑，因为数据会一直保存在存储层上。需要保证存储层节点有足够的空间，或者对 Pulsar 进行配置来周期性地将数据卸载至分层存储系统。

代码清单 2-4　配置多种 Pulsar 保留策略

```
./bin/pulsar-admin namespaces set-retention E-payments/payments \
--time 24h \
--size -1          ⟵——  保留所有新旧时间不超过 24 小时的
                         消息，而对主题大小没有限制

./bin/pulsar-admin namespaces set-retention E-payments/fraud-detection \
--time -1 \
--size 20G         ⟵——  保留最多 20 GB 消息而对消息
                         新旧时间没有限制

./bin/pulsar-admin namespaces set-retention E-payments/refunds \
--time 24h \
--size 10G         ⟵——  保留最多 10 GB 消息且消息新旧时间不超过 24 小时
```

```
./bin/pulsar-admin namespaces set-retention E-payments/gift-cards \
--time -1 \
--size -1          ←———— 永久保留所有消息
```

2.3.2　backlog 配额

backlog 描述的是主题中尚未被消费者确认消费的消息。Pulsar 会将尚未被确认消费的消息存储在 bookie 中，直到把它们投递给所有预期的接收者。默认情况下，Pulsar 会永久保留所有未被确认消费的消息。不过，Pulsar 也支持在名字空间级别配置 backlog 配额策略来覆盖默认的配置。这样一来，用户就可以在一个或多个消费者因为系统故障长时间离线时减少未被确认消费的消息所占用的存储空间。

backlog 用来应对一种特殊情况，即生产者生产的消息远多于消费者能处理的消息，从而导致消息堆积。在这种情况下，用户希望防止堆积太多未处理消息，以免消费者一直无法消费至最新消息。当遇到这种情况时，用户可能希望考虑消费者处理堆积的消息所需的时间，并选择丢弃一些太旧的消息，以处理更新一些的消息。这样做可以保证在服务等级协定的范围内处理完新接收到的消息。如果消息因为已经在主题中存储太久而变得陈旧且失去价值，那么 backlog 配额策略可以通过限制 backlog 的大小来帮助用户将有限的处理能力用在处理新收到的数据上。

与 2.3.1 节介绍的消息保留策略不同，backlog 配额策略用来缩短未确认消息的保留时间。

用户可以通过配置 backlog 配额策略来限制 backlog 的大小。可以设置 backlog 的最大阈值和 backlog 达到阈值时 broker 采取的行动，如图 2-17 所示。有 3 种策略分别控制 broker 在 backlog 达到阈值时可以采取的 3 种行动，如下所述。

- ❑ 采用 `producer_request_hold` 策略让 broker 拒绝接收新的消息，并通过发送异常来向生产者表明需要推迟发送后续消息。
- ❑ 与让生产者推迟发送消息不同，采用 `producer_exception` 策略让 broker 断开某个主题上所有已连接的生产者。
- ❑ 如果用户希望 broker 直接丢弃主题中尚未被确认消费的旧消息，则可以采用 `consumer_backlog_eviction` 策略。

图 2-17　Pulsar 的 backlog 配额机制让用户可以配置 broker 在主题中未被消费者确认消费的消息数量超过某个阈值时所采取的措施。这样做可以防止 backlog 过大导致消费者一直在处理价值相对较低的旧消息

在 backlog 大小达到阈值时，每一种策略都提供了不同的处理方法。`producer_request_hold`

策略让生产者保持连接，但通过发送异常来让生产者放缓发送消息的速度。这种策略适合客户端应用程序捕捉上述异常并在之后重新发送消息的场景。应用程序需要在 backlog 超过阈值的这段时间将暂时无法发送的消息缓存起来，并在消费者将主题的 backlog 清除后重新发送这些消息。

producer_exception 策略在 backlog 达到阈值时会强制让主题上的生产者都断开连接。这样做会让生产者停止向 broker 发送消息，且生产者应该检测到这种情况并尝试重新和 broker 建立连接。采用这种策略后，在生产者断开连接期间产生的消息很有可能会丢失。这种策略适合用户知道生产者不能缓存消息（可能生产者运行在资源受限的环境中，例如物联网设备），且不希望生产者应用程序因为 Pulsar 无法接收消息而发生故障。

consumer_backlog_eviction 策略则不会影响生产者的功能，让其可以继续以当前速率发送消息。但 broker 会删除主题中最旧的未确认消费的消息来为新消息腾出空间，而这样做会导致数据丢失。

2.3.3 消息过期

如我们讨论过的，Pulsar 默认会永久保存消费者未确认消费的所有消息。防止未确认消息占用过多空间的一种方法就是设置 backlog 配额。不过，使用 backlog 配额的一个缺点是，用户只能根据主题中未确认消息所占的空间决定是否删除未确认消息①。使用 backlog 配额的一个主要目的其实是保证消费者优先处理相对较新的消息。因此，如果有一种方法可以保证主题 backlog 中消息的存在时间在某个限度之内，那会更方便。这就可以依赖消息过期策略。

Pulsar 支持在名字空间级别配置消息的**存活时间**（time to live，TTL）。broker 会把经过一定时间还未被确认消费的消息自动从 backlog 中删除。在相对较新的消息比旧消息对应用程序有更大价值的情况下，消息过期策略非常有用。在这种情况下，能否消费所有的消息可能并不那么重要。一个例子就是共享出行应用程序中一次行程显示的车辆位置数据。相对于车辆在 5 分钟前的位置，用户可能更关心最新的位置信息。因此，超过 5 分钟的车辆位置信息可能对应用程序就没有太大价值了。broker 可以将旧的位置信息从主题中清除，让消费者可以只处理较新的位置信息。

一个名字空间可以同时配置 backlog 配额和消息过期策略，来对 Pulsar 主题如何保留未确认消息提供更精确的控制，如代码清单 2-5 所示。

代码清单 2-5　配置 backlog 配额和消息过期策略

```
./bin/pulsar-admin namespaces set-backlog-quota E-payments/payments \
--limit 2G
--policy producer_request_hold  ◁────┐ 设置大小限制为 2 GB 的 backlog 配额，
                                       └ 并采用 producer_request_hold 策略

./bin/pulsar-admin namespaces set-message-ttl E-payments/payments \
--messageTTL 120  ◁────┐ 设置消息的存活时间为 120 秒
```

---

① Pulsar 已经增加了新的功能，不仅可以基于未确认消息所占的空间，还可以基于消息新旧时间，比如只保留两天之内的消息。——译者注

2.3.4　对比消息保留策略与消息过期策略

消息保留策略和消息过期策略解决的是完全不同的问题。如图 2-18 所示，消息保留策略只对消费者确认消费的消息起作用，Pulsar 会保留在消息保留策略覆盖范围内的消息。消息过期策略只针对还未被消费者确认消费的消息，并且是基于 TTL 设置的。这意味着在一定时间内还没被所有消费者处理和确认的消息会被丢弃。

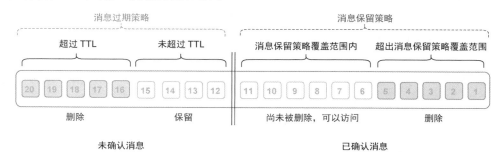

图 2-18　消息过期策略根据 TTL 配置，针对的是主题上所有订阅中的消费者还未确认消费的消息。消息保留策略则根据所保留的数据大小，针对的是主题上所有消费者都已经确认消费的消息

消息保留策略可以与分层存储配合使用，从而为重要的数据集实现无限保留消息的功能。用户可以对历史数据进行备份、恢复、事件溯源，或者用 SQL 进行分析。

2.4　分层存储

Pulsar 的分层存储特性让 broker 可以将主题中相对较旧的数据卸载到相对更经济的长期存储介质上，以此来释放 bookie 中的磁盘空间。对用户来说，访问一个主题中存储在 BookKeeper 中的消息和访问已经卸载到分层存储介质上的消息并没有区别。客户端仍然像之前一样生产和消费消息，所有必要的处理都由 Pulsar 在后台完成。

正如我们之前讨论过的，Pulsar 以有序的 ledger 列表的形式在存储层的多个 bookie 节点上存储主题的数据。因为 ledger 有着只追加的语义，所以 broker 只会把新消息写入列表中的最后一个 ledger。而之前的所有 ledger 都已经关闭了，存储在这些 ledger 中的分片数据都是不可变的。因为数据是不可变的，所以 broker 可以轻松地把它们复制到云存储系统等更经济的存储系统中。

把 ledger 复制到云存储系统中之后，broker 会更新 managed ledger 元数据，以反映数据最新的存储位置，而原本存储在 BookKeeper 中的数据则可以彻底删除，如图 2-19 所示。当 broker 把一个 ledger 卸载到外部存储系统中时，ledger 从旧到新一个一个地被复制到外部存储系统中。

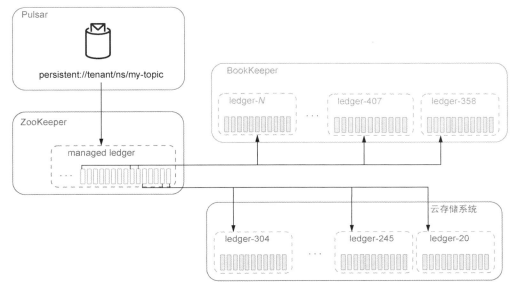

图 2-19 当使用分层存储时，broker 会将已经关闭的 ledger 复制到云存储系统中，并
将它们从 bookie 节点上删除，以释放磁盘空间。broker 会更新 managed ledger
元数据，以反映 ledger 的新位置。消费者仍然可以消费主题中的数据

目前，Pulsar 在分层存储方面支持多种云存储系统，但本节将主要以 AWS 为例介绍如何配置分层存储。若想进一步了解如何为分层存储配置其他云存储系统，可以查阅 Pulsar 官方文档。

1. AWS 分层存储配置

用户需要做的第一步是创建一个用于存储 ledger 的 S3 存储桶，并确保 broker 使用的 AWS 账户有足够的权限对这个 S3 存储桶进行读写操作。在完成这些工作之后，用户需要对 broker 配置做代码清单 2-6 所示的调整。

代码清单 2-6　为 Pulsar 配置 AWS 分层存储

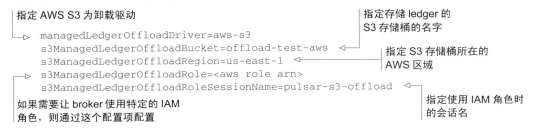

用户还需要添加 AWS 特有的一些配置，让 Pulsar 知道如何在 S3 中存储 ledger。在修改完配置文件之后，可以通过保存并重启 broker 来使新配置生效。

2. AWS 认证

为了能将数据卸载到 S3，Pulsar 需要用恰当的凭证与 AWS 进行认证。你可能已经注意到，Pulsar 没有提供配置 AWS 认证信息的方法。因此，Pulsar 依赖常规的 `DefaultAWSCredential-sProviderChain` 机制来提供认证信息。这种机制会以预设顺序从不同地方读取认证信息。

如果用户在 AWS EC2 实例中运行 Pulsar，并且实例的配置包括凭证，那么 Pulsar 会使用这个凭证向 AWS 做认证。用户也可以通过环境变量来提供凭证。最简单的方式就是编辑 conf/pulsar_env.sh 文件并增加代码清单 2-7 所示的声明来将 `AWS_ACCESS_KEY_ID` 和 `AWS_SECRET_ACCESS_KEY` 这两个环境变量导出。

代码清单 2-7　通过环境变量提供 AWS 凭证

```
# 在 pulsar_env.sh 文件的开头添加以下内容
export AWS_ACCESS_KEY_ID=ABC123456789
export AWS_SECRET_ACCESS_KEY=ded7db27a4558e2ea8bbf0bf37ae0e8521618f366c

# 或者像下面这样设置
PULSAR_EXTRA_OPTS="${PULSAR_EXTRA_OPTS} ${PULSAR_MEM} ${PULSAR_GC}
-Daws.accessKeyId=ABC123456789
-Daws.secretKey=ded7db27a4558e2ea8bbf0bf37ae0e8521618f366c
-Dio.netty.leakDetectionLevel=disabled
-Dio.netty.recycler.maxCapacity.default=1000
-Dio.netty.recycler.linkCapacity=1024"
```

只需选择代码清单 2-7 中的任意一种方法即可，两种方法的效果都是一样的。不过，这两种方法都会带来安全隐患，因为 Linux 操作系统会在执行 `ps` 命令时将 AWS 凭证显示出来。如果想避免这个问题，那么可以将凭证存储在 AWS 凭证的默认存储位置，即~/.aws/credentials，如代码清单 2-8 所示。这一文件的访问权限可以被修改为只允许运行 broker 的用户访问（如 root 用户）。但是，这种方法需要将凭证以明文方式存储在磁盘上，而这样做又会引入新的安全隐患，因此也不推荐在生产环境中使用。

代码清单 2-8　~/.aws/credentials 文件的内容

```
[default]
aws_access_key_id=ABC123456789
aws_secret_access_key=ded7db27a4558e2ea8bbf0bf37ae0e8521618f366c
```

3. 配置自动卸载策略

即使我们已经完成了与 managed ledger 相关的配置，这也并不意味着卸载会被触发。我们还需要在名字空间级别配置卸载策略，让 Pulsar 在达到配置的阈值时自动卸载数据。我们一般以一个 Pulsar 主题在 BookKeeper 中存储的总数据量为阈值。

用户可以配置代码清单 2-9 所示的策略，为名字空间中的所有主题设置 10 GB 的阈值。一旦主题中的数据量达到 10 GB，就会自动触发对已经关闭的 ledger 进行卸载。将阈值设置为 0 会导致 broker 非常激进地卸载 ledger，来最小化主题中的数据在 BookKeeper 中所占用的空间。为阈值设置一个负值则会关闭自动卸载。这样的策略可用于对响应时间有严格要求的主题。这些主题通常不能忍受从分层存储中读取数据所带来的额外延迟。

代码清单2-9　为分层存储配置自动卸载策略

```
/pulsar/bin/pulsar-admin namespaces set-offload-threshold \
-size 10GB \
E-payments/payments
```

　　分层存储可以在用户想将主题中的数据长时间保留的情况下使用。一个例子是网站客户的点击流数据。如果想通过对网站客户做行为分析来检测某种行为模式，就需要长时间保留点击流数据。

　　虽然分层存储经常被用于通过消息保留策略保留大量数据的主题，但这不是必需的。事实上，任何主题都可以使用分层存储。

2.5　小结

　　❑ 我们讨论了 Pulsar 用以支持多租户的逻辑架构。
　　❑ 我们讨论了 Pulsar 中的消息保留策略和消息过期策略有何不同。
　　❑ 我们讨论了 Pulsar 存储和处理消息的底层细节。

## 第 3 章

与 Pulsar 交互

3

本章内容
- ☐ 在开发机上运行本地 Pulsar 实例
- ☐ 使用命令行工具管理 Pulsar 集群
- ☐ 使用 Java、Python、Go 的客户端与 Pulsar 进行交互
- ☐ 使用命令行工具对 Pulsar 进行故障排查

在学习了 Pulsar 的整体架构和相关概念之后，让我们开始使用它。对于本地开发和测试，我推荐在本地机器的 Docker 容器中运行 Pulsar，这样做所花费的时间、精力和金钱是最少的。对于更倾向于运行完整 Pulsar 集群的用户，可以参考附录 A 学习如何在 Kubernetes 等容器化环境中安装和运行 Pulsar。在本章中，我会带领你学习通过 Pulsar 的管理工具来创建名字空间和主题，以及利用 Java API 来进行程序化消息收发的流程。

3.1 开始使用 Pulsar

对于本地开发和测试，用户可以在开发机上运行 Docker 容器。如果用户还没有安装过 Docker，那么可以下载并安装 Docker 社区版（community edition）。Docker 是一个通过可移植、自包含的镜像进行程序自动化部署的开源项目。每一个 Docker 镜像都打包了运行某一个应用程序所需的全部独立组件。比如，一个简单的 Web 应用程序的 Docker 镜像会包含 Web 服务器、数据库和业务代码。此外，已经有 Docker 镜像包含了 Pulsar broker 及其所依赖的 ZooKeeper 组件和 BookKeeper 组件。

软件开发人员可以创建并上传 Docker 镜像到 Docker Hub。用户可以在上传镜像时指定唯一识别该镜像的标签。这样做可以使其他人能够快速地定位并下载所需的镜像版本到开发环境中。

只需要执行代码清单 3-1 中的命令，就可以在 Docker 容器中启动 Pulsar。它会从 Docker Hub 中下载 Pulsar 镜像并且启动所需的组件。注意，我们在命令中指定了一对在本机上暴露的端口（6650 和 8080）。我们会使用这两个端口来与 Pulsar 进行交互。

代码清单 3-1　在本机上运行 Pulsar

```
docker pull apachepulsar/pulsar-standalone  ◁—— 从 Docker Hub 下载最新版镜像

docker run -d \                              配置端口转发
  -p 6650:6650 -p 8080:8080 \  ◁——          将数据保存在本地磁盘上
  -v $PWD/data:/pulsar/data \  ◁——
  --name pulsar \                   ◁—— 指定容器名
apachepulsar/pulsar-standalone  ◁——
                                        standalone 镜像的标签
```

如果 Pulsar 顺利地启动,用户就可以在 Docker 容器的日志文件中看到 INFO 级的日志显示消息服务已经就绪,如代码清单 3-2 所示。用户可以通过 `docker logs` 命令来访问 Docker 日志文件。如果容器无法正常启动,那么该命令可以帮助用户定位可能的问题。

代码清单 3-2　验证 Pulsar 集群正常运行

```
$docker logs pulsar | grep "messaging service is ready"

20:11:45.834 [main] INFO  org.apache.pulsar.broker.PulsarService -
➥ messaging service is ready
20:11:45.855 [main] INFO org.apache.pulsar.broker.PulsarService -

➥ messaging service is ready, bootstrap service port = 8080,
➥ broker url= pulsar://localhost:6650, cluster=standalone
```

这些日志消息表示 Pulsar broker 已经启动,并且在机器的 6650 端口上接受连接。因此,本章中的所有样例代码都会使用 pulsar://localhost:6650 来发送和接收消息。

3.2　管理 Pulsar

Pulsar 提供了单一的管理层,帮助用户通过单个端口管理包括所有子集群在内的整个 Pulsar 实例。Pulsar 的管理层控制所有租户的认证与授权、资源隔离策略、存储配额等各方面,如图 3-1 所示。

这个管理接口让用户能够创建并管理 Pulsar 集群中的众多内容,比如租户、名字空间和主题,并且配置众多安全策略及数据保留策略。用户可以利用 pulsar-admin 命令行工具或者 Java API 来与管理接口进行交互,如图 3-1 所示。

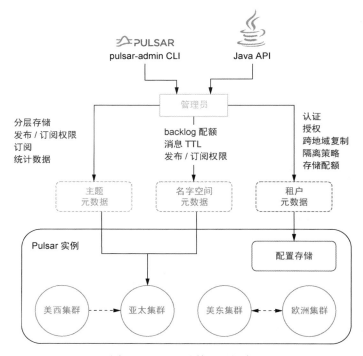

图 3-1   Pulsar 的管理员视角

当启动一个独立的本地集群时，Pulsar 自动为用户创建一个租户和一个名为 default 的名字空间以用于开发。然而，这并不是实际的生产环境。下面将展示如何创建新的租户和名字空间。

3.2.1   创建租户、名字空间和主题

Pulsar 在 bin 目录下提供了 pulsar-admin 命令行工具。由于本章的 Pulsar 运行在 Docker 容器中，因此我们需要在运行的 Docker 容器中调用 pulsar-admin 来执行命令。Docker 提供了 `docker exec` 来帮助完成这一操作。`docker exec` 会在容器中而非实际机器上运行给定的操作命令。我们可以通过发送代码清单 3-3 所示的命令序列来使用 pulsar-admin 命令行工具。这些命令创建了一个名为 persistent://manning/chapter03/example-topic 的主题，该主题将在本章中被重复使用。

代码清单 3-3   使用 pulsar-admin 命令行工具

显示 Pulsar 实例中的所有集群

```
docker exec -it pulsar /pulsar/bin/pulsar-admin clusters list
  "standalone"

docker exec -it pulsar /pulsar/bin/pulsar-admin tenants list
  "public"
  "sample"
```

显示所有租户

创建 manning 租户

```
docker exec -it pulsar /pulsar/bin/pulsar-admin tenants create manning  ←
```

```
docker exec -it pulsar /pulsar/bin/pulsar-admin tenants list  ←
"manning"
"public"
"sample"
```

确认租户 manning
成功创建

在租户 manning 下新建
名字空间 chapter03

```
docker exec -it pulsar /pulsar/bin/pulsar-admin namespaces
➡ create manning/chapter03
```

```
docker exec -it pulsar /pulsar/bin/pulsar-admin namespaces list manning
"manning/chapter03"  ←
```

显示租户 manning 下的所有名字空间

```
docker exec -it pulsar /pulsar/bin/pulsar-admin topics create
➡ persistent://manning/chapter03/example-topic  ←
```

新建主题

```
docker exec -it pulsar /pulsar/bin/pulsar-admin topics list manning/chapter03  ←
"persistent://manning/chapter03/example-topic"
```

显示名字空间 manning/chapter03
下的所有主题

这些命令仅简单地展示了 pulsar-admin 的基本功能，用户可以参考在线文档来详细地了解它的所有功能。我们稍后还将在本章中用它来获取发布消息后的性能指标数据。

3.2.2 Java API

除了 pulsar-admin 命令行工具，还可以通过 Java API 来管理 Pulsar 实例。代码清单 3-4 展示了如何使用 Java API 来创建主题 persistent://manning/chapter03/example-topic。Java API 提供了除命令行工具之外的另一种交互方式，在单元测试等场景中非常有用。它可以帮助用户以编程的方式创建和消除 Pulsar 主题，而不依赖外部工具。

代码清单 3-4　使用 Java API

```java
import org.apache.pulsar.client.admin.PulsarAdmin;
import org.apache.pulsar.common.policies.data.TenantInfo;

public class CreateTopic {
    public static void main(String[] args) throws Exception {
        PulsarAdmin admin = PulsarAdmin.builder()
            .serviceHttpUrl("http://localhost:8080")
            .build();

        TenantInfo config = new TenantInfo(
            Stream.of("admin").collect(
        Collectors.toCollection(HashSet::new)),
            Stream.of("standalone").collect(
        Collectors.toCollection(HashSet::new)));

        admin.tenants().createTenant("manning", config);
        admin.namespaces().createNamespace("manning/chapter03");
```

为运行在 Docker 中
的 Pulsar 集群创建
管理客户端

指定租户的
管理员角色

指定租户可以
操作的集群

创建租户

创建名字空间

```
    admin.topics().createNonPartitionedTopic(
        "persistent://manning/chapter03/example-topic");  ◁──── 创建主题
    }
}
```

3.3　Pulsar 客户端

　　Pulsar 提供了 pulsar-client 客户端来帮助用户对 Pulsar 集群中的某个主题收发消息。这一命令行工具也位于 Pulsar 的 bin 目录下，因此我们需要再一次使用 `docker exec` 来调用该工具。

　　由于之前已经创建了主题，因此我们现在需要创建该主题的一个消费者，以确立订阅并确保不会遗漏消息。这一目标可以通过执行代码清单 3-5 中的命令来实现。消费者是一个阻塞脚本，这意味着它会持续不断地从主题消费数据，直到脚本被我们停止（通过 Ctrl+C）。

代码清单 3-5　从命令行启用消费者

消费的消息数量，　　　　　　　　　　　　　　　　　　　　　　　消费的主题
0 意味着持续消费

```
$ docker exec -it pulsar /pulsar/bin/pulsar-client consume \
persistent://manning/chapter03/example-topic \          ◁──
--num-messages 0 \
--subscription-name example-sub \        ◁──── 唯一的订阅名
--subscription-type Exclusive            ◁──── 订阅模式
INFO  org.apache.pulsar.client.impl.ConnectionPool - [[id: 0xe410f77d,
  L:/127.0.0.1:39276 - R:localhost/127.0.0.1:6650]] Connected to server
18:08:15.819 [pulsar-client-io-1-1] INFO
  org.apache.pulsar.client.impl.ConsumerStatsRecorderImpl - Starting Pulsar
  consumer perf with config: {         ◁──── 消费者配置详情
  "topicNames" : [ ],
  "topicsPattern" : null,
  "subscriptionName" : "example-sub",   ◁──── 可以看到我们在命令行提供的订阅名
  "subscriptionType" : "Exclusive",     ◁──
  "receiverQueueSize" : 1000,
  "acknowledgementsGroupTimeMicros" : 100000,
  "negativeAckRedeliveryDelayMicros" : 60000000,
  "maxTotalReceiverQueueSizeAcrossPartitions" : 50000,  可以看到我们在命令行
  "consumerName" : "3d7ce",                             提供的订阅模式
  "ackTimeoutMillis" : 0,
  "tickDurationMillis" : 1000,
  "priorityLevel" : 0,
  "cryptoFailureAction" : "FAIL",
  "properties" : { },
  "readCompacted" : false,                              从最新一条数据开始消费
  "subscriptionInitialPosition" : "Latest",   ◁──
  "patternAutoDiscoveryPeriod" : 1,
  "regexSubscriptionMode" : "PersistentOnly",
  "deadLetterPolicy" : null,
  "autoUpdatePartitions" : true,
  "replicateSubscriptionState" : false,
```

```
    "resetIncludeHead" : false
}
...

18:08:15.980 [pulsar-client-io-1-1] INFO
⇒ org.apache.pulsar.client.impl.MultiTopicsConsumerImpl -
⇒ [persistent://manning/chapter02/example] [example-sub] Success
⇒ subscribe new topic persistent://manning/chapter02/example in topics
⇒ consumer, partitions: 2, allTopicPartitionsNumber: 2
18:08:47.644 [pulsar-client-io-1-1] INFO
⇒ com.scurrilous.circe.checksum.Crc32cIntChecksum - SSE4.2 CRC32C
⇒ provider initialized
```

3

在另一个 shell 中，我们可以通过代码清单 3-6 中的命令来启用一个生产者，并向我们刚刚创建了消费者的主题中发送两条含有文本"Hello Pulsar"的消息。

代码清单 3-6 使用 Pulsar 命令行生产者发送消息

消息发送次数

消息发送的目标主题

```
$ docker exec -it pulsar /pulsar/bin/pulsar-client produce \
  persistent://manning/chapter03/example-topic \
  --num-produce 2 \
  --messages "Hello Pulsar"
```

消息内容

```
18:08:47.106 [pulsar-client-io-1-1] INFO
⇒ org.apache.pulsar.client.impl.ConnectionPool - [[id: 0xd47ac4ea,
⇒ L:/127.0.0.1:39342 - R:localhost/127.0.0.1:6650]] Connected to server
18:08:47.367 [pulsar-client-io-1-1] INFO
⇒ org.apache.pulsar.client.impl.ProducerStatsRecorderImpl - Starting
⇒ Pulsar producer perf with config: {
  "topicName" : "persistent://manning/chapter02/example",
  "producerName" : null,
  "sendTimeoutMs" : 30000,
  "blockIfQueueFull" : false,
  "maxPendingMessages" : 1000,
  "maxPendingMessagesAcrossPartitions" : 50000,
  "messageRoutingMode" : "RoundRobinPartition",
  "hashingScheme" : "JavaStringHash",
  "cryptoFailureAction" : "FAIL",
  "batchingMaxPublishDelayMicros" : 1000,
  "batchingMaxMessages" : 1000,
  "batchingEnabled" : true,
  "compressionType" : "NONE",
  "initialSequenceId" : null,
  "autoUpdatePartitions" : true,
  "properties" : { }
}
...
18:08:47.689 [main] INFO org.apache.pulsar.client.cli.PulsarClientTool - 2
⇒ messages successfully produced
```

生产者配置详情

消息成功发送

在执行了代码清单 3-6 中的生产者命令之后，我们可以在运行消费者的 shell 中看到代码清单 3-7 所示的内容。这意味着消息成功地被生产者发送并且被消费者接收。

代码清单 3-7   在消费者 shell 中接收消息

```
----- got message -----
key:[null], properties:[], content:Hello Pulsar
----- got message -----
    key:[null], properties:[], content:Hello Pulsar
```

我们刚刚成功地使用 Pulsar 收发了第一条消息！现在我们确认了本地 Pulsar 集群正在运行并且能够收发消息。接下来，让我们使用各种编程语言进行一些实际的操作。Pulsar 提供了一套简单直观的客户端 API，它封装了 broker 与客户端交互的所有细节。鉴于 Pulsar 的流行程度，客户端有很多包括 Java、Go、Python、C++等不同语言的实现。多样化的客户端让公司内部的不同团队能够根据自身需求选择相应的语言来实现服务。

尽管不同语言的 Pulsar 客户端库之间存在较大的差异，但它们在底层都支持自动重连到新的 broker，缓存消息直到被 broker 确认，以及延迟重连等启发式调整。这让开发人员能够专注于消息处理逻辑，而不是在应用程序代码中处理各种连接问题。

3.3.1 Pulsar Java 客户端

除了我们之前学习的 Java API，Pulsar 还提供了 Java 客户端库，用于创建生产者、消费者和 reader。最新版的 Pulsar Java 客户端库可以从 Maven 中央仓库中下载。如代码清单 3-8 所示，只要在项目配置中添加对最新版 Pulsar Java 客户端库的依赖，就可以在开发中使用了。在添加 Pulsar Java 客户端之后，你可以开始利用它在 Java 代码中创建客户端、消费者和生产者来与 Pulsar 进行交互。后文将进一步解释。

代码清单 3-8   将 Pulsar Java 客户端库添加到 Maven 项目中

```
<!-- pom.xml 文件内部 -->
<properties>
    <pulsar.version>2.7.2</pulsar.version>
</properties>

<dependency>
  <groupId>org.apache.pulsar</groupId>
  <artifactId>pulsar-client</artifactId>
  <version>${pulsar.version}</version>
</dependency>
```

1. Pulsar 的 Java 客户端配置

当需要创建生产者或消费者时，用户需要首先像代码清单 3-9 所示的那样创建一个 Pulsar-Client 对象。在这个对象中，用户需要提供 broker 的 URL 和安全凭证等其他必需的配置信息。

代码清单 3-9   创建 `PulsarClient` 对象

```
PulsarClient client = PulsarClient.builder()
        .serviceUrl("pulsar://localhost:6650")  ←          连接到 broker 的 URL
        .build();
```

`PulsarClient` 对象处理所有与创建到 broker 的连接相关的底层细节，包括自动重连和连接安全（假设配置了 TLS）。客户端实例是线程安全的，并且可以被用来创建和管理多个生产者和消费者。

2. Pulsar 的 Java 生产者

在 Pulsar 中，生产者用于向主题写入数据。代码清单 3-10 展示了如何通过指定主题名来创建生产者。尽管创建生产者有很多配置项可以提供，但唯一必须提供的就是主题名。

代码清单 3-10   创建 Pulsar 的 Java 生产者

```
Producer<byte[]> producer = client.newProducer()
        .topic("persistent://manning/chapter03/example-topic")
        .create();
```

我们也可以在消息中添加元数据。代码清单 3-11 展示了如何指定被用于键共享模式下进行路由的消息键及其他消息属性。这一能力可以被用来向一条消息添加额外的有用信息，包括消息是何时发送的，谁发送了这条消息，设备 ID 是什么（假设消息来自嵌入式传感器）。

代码清单 3-11   指定 Pulsar 消息的元数据

```
Producer<byte[]> producer = client.newProducer()
        .topic("persistent://manning/chapter03/example-topic")
        .create();

producer.newMessage()
        .key("tempurture-readings")  ←          指定消息的键
        .value("98.0".getBytes())  ←
        .property("deviceID", "1234")          用字节数组来发送消息内容
        .property("timestamp", "08/03/2021 14:48:24.1")
        .send();
```

可以添加任意的消息属性

添加的元数据可以被消息的消费者读取并用来执行不同的处理逻辑。举个例子，包含了消息是何时发送的时间戳可以被用来对消息进行时间排序或者和来自另一个主题的消息进行关联。

3. Pulsar 的 Java 消费者

在 Pulsar 中，消费者被用来监听某个主题并且处理来自这一主题的所有消息。当一条消息被成功地处理之后，一个确认信号会被发送给 broker 以表明我们处理完了订阅内的某条消息。这使得 broker 可以知道主题中的哪条消息需要被投递给订阅内的下一个消费者。在 Java 中，我们可以通过指定主题名和订阅名来创建一个消费者，如代码清单 3-12 所示。

代码清单 3-12　创建 Pulsar 的 Java 消费者

```
Consumer consumer = client.newConsumer()
    .topic("persistent://manning/chapter03/example-topic")    ◁─── 指定要消费的主题
    .subscriptionName("my-subscription")
    .subscribe();
              必须指定唯一的订阅名
```

　　subscribe 方法会用指定的订阅名把消费者连接到指定的主题上。如果订阅名已经存在并且当前采用非共享订阅模式（比如，用户想连接到一个已经有活跃消费者的独占订阅），那么连接会失败。如果用户使用该订阅名首次连接到主题，那么一个订阅会被自动创建。当一个新的订阅被创建后，它会默认指向主题的末端，而使用该订阅的消费者能够读取订阅创建之后主题接收到的消息。如果是连接到已有的订阅，那么消费者会从该订阅内的最早未被确认的消息开始读取。图 3-2 展示了这一情况。这样做能够保证用户从消费者意外与主题断连之处开始继续处理消息。

图 3-2　消费者从订阅中最近确认的消息之后开始读取。如果订阅是新创建的，那么消
　　　　费者会读取自订阅创建之后被添加到主题中的消息

　　常见的消费模式是让消费者在一个 while 循环中监听主题。在代码清单 3-13 中，消费者持续地监听新的消息，并且在接收消息后打印出内容，然后确认消息已经被处理。如果处理逻辑失败了，我们就使用否定确认来让消息在之后被重发。

代码清单 3-13　用 Java 来消费 Pulsar 消息

```
while (true) {
    Message msg = consumer.receive();     ◁─── 等待消息

    try {
        System.out.println("Message received: " +
                            new String(msg.getData()));
        consumer.acknowledge(msg);        ◁───
    } catch (Exception e) {                     确认消息，以使 broker
        consumer.negativeAcknowledge(msg);      可以删除它
    }
}                       标记消息需要重发
```
处理消息

　　代码清单 3-13 展示的消费者采用了同步方式来处理消息，因为用于接收消息的 receive 是阻塞方法（它会无限地等待新的消息到达）。尽管对于某些消息量不大或者对于消息的发送和处理之间的延迟要求不高的场景，这一方法或许是可行的，但通常来说同步处理并不是最好的方法。依赖于 Java API 提供的 MessageListener 接口异步处理消息是更高效的处理方法。代码清单 3-14

展示了这一方法。

代码清单 3-14　用 Java 异步处理消息

```java
package com.manning.pulsar.chapter3.consumers;

import java.util.stream.IntStream;

import org.apache.pulsar.client.api.ConsumerBuilder;
import org.apache.pulsar.client.api.PulsarClient;
import org.apache.pulsar.client.api.PulsarClientException;
import org.apache.pulsar.client.api.SubscriptionType;

public class MessageListenerExample {

public static void main() throws PulsarClientException {

  PulsarClient client = PulsarClient.builder()        ◁─── 用于连接 Pulsar 的
        .serviceUrl(PULSAR_SERVICE_URL)                      Pulsar 客户端
        .build();

  ConsumerBuilder<byte[]> consumerBuilder =      ◁─── 用于创建消费者实例的消费者工厂
    client.newConsumer()
      .topic(MY_TOPIC)
      .subscriptionName(SUBSCRIPTION)
      .subscriptionType(SubscriptionType.Shared)
      .messageListener((consumer, msg) -> {      ◁─── 接收到消息后执行的
        try {                                          业务逻辑
          System.out.println("Message received: " +
              new String(msg.getData()));
          consumer.acknowledge(msg);
        } catch (PulsarClientException e) {

        }
    })
  IntStream.range(0, 4).forEach(i -> {      ◁─── 在主题上创建 5 个使用同
    String name = String.format("mq-consumer-%d", i);       样 MessageListener 的
    try {                                                   消费者
        consumerBuilder
        .consumerName(name)      将消费者连接到主题
        .subscribe();           ◁─── 以接收消息
    } catch (PulsarClientException e) {
      e.printStackTrace();
    }
  });

    ...
    }
}
```

在使用 MessageListener 接口时,我们需要传入消息接收之后的处理代码。在这个例子中,我们使用了 Java 的 Lambda 函数提供处理代码。你可以看到, 在 Lambda 函数中, 我们仍然可以

访问消费者来确认消息。使用监听者模式可以帮助我们分离业务逻辑和线程管理,这是因为 Pulsar
消费者会自动创建线程池用于运行 `MessageListener` 实例并且帮助用户处理所有的线程逻辑。
把这些内容都综合起来,我们就能获得代码清单 3-15 所示的 Java 程序。该程序实例化了一个
Pulsar 客户端,并用它创建了一个生产者和一个消费者。二者通过 my-topic 这一主题来交换消息。

代码清单 3-15　Pulsar 生产者和消费者

```java
import org.apache.pulsar.client.api.Consumer;
import org.apache.pulsar.client.api.Message;
import org.apache.pulsar.client.api.Producer;
import org.apache.pulsar.client.api.PulsarClient;
import org.apache.pulsar.client.api.PulsarClientException;

public class BackAndForth {

  public static void main(String[] args) throws Exception {
    BackAndForth sl = new BackAndForth();
    sl.startConsumer();
    sl.startProducer();
  }
  private String serviceUrl = "pulsar://localhost:6650";
  String topic = "persistent://manning/chapter03/example-topic";;
  String subscriptionName = "my-sub";

  protected void startProducer() {
    Runnable run = () -> {
      int counter = 0;
      while (true) {
        try {
         getProducer().newMessage()
            .value(String.format("{id: %d, time: %tc}",
             ++counter, new Date()).getBytes())
            .send();
          Thread.sleep(1000);
        } catch (final Exception ex) { }
      }};
      new Thread(run).start();
  }

  protected void startConsumer() {
    Runnable run = () -> {
      while (true) {
        Message<byte[]> msg = null;
        try {
          msg = getConsumer().receive();
          System.out.printf("Message received: %s \n",
            new String(msg.getData()));
         getConsumer().acknowledge(msg);
      } catch (Exception e) {
        System.err.printf(
          "Unable to consume message: %s \n", e.getMessage());
        consumer.negativeAcknowledge(msg);
```

```
      }
    }};
    new Thread(run).start();
  }

  protected Consumer<byte[]> getConsumer() throws PulsarClientException {
    if (consumer == null) {
      consumer = getClient().newConsumer()
          .topic(topic)
          .subscriptionName(subscriptionName)
          .subscriptionType(SubscriptionType.Shared)
          .subscribe();
    }
    return consumer;
  }

  protected Producer<byte[]> getProducer() throws PulsarClientException {
    if (producer == null) {
      producer = getClient().newProducer()
        .topic(topic).create();
    }
    return producer;
  }

  protected PulsarClient getClient() throws PulsarClientException {
    if (client == null) {
      client = PulsarClient.builder()
        .serviceUrl(serviceUrl)
        .build();
    }
    return client;
  }
}
```

这段代码在同一个主题上创建了生产者和消费者，并且将二者同时运行在不同的线程中。如果运行这段代码，就能看到代码清单 3-16 所示的结果。

代码清单 3-16　Pulsar 生产者和消费者的运行结果

```
Message received: {id: 1, time: Sun Sep 06 16:24:04 PDT 2020}
Message received: {id: 2, time: Sun Sep 06 16:24:05 PDT 2020}
Message received: {id: 3, time: Sun Sep 06 16:24:06 PDT 2020}
...
```

注意，输出结果并没有包含我们之前发送的头两条消息，这是因为上面例子中的订阅是在头两条消息发送之后创建的。这和我们将学习的 reader 接口的行为截然不同。

4. 死信策略

Pulsar 的在线文档描述了多个消费者配置项。我在此特别提一下死信策略配置项，这一配置项在用户无法正确处理消息时非常有用，比如在解析来自一个主题的无结构消息时。在普通处理逻辑下，这些消息会导致系统抛出异常。

在遇到上述情况时，我们可以采用一些方法来处理。第一种方法是捕获异常并直接确认这些消息被成功处理了。这样做实际上就是忽略这些导致异常的消息。第二种方法是通过否定确认来让消息被重发。然而，如果处理消息的问题不能得到解决（比如无法被解析的消息始终会抛出异常），那么这一方法可能会导致消息陷入无限重发循环。第三种方法是把这些有问题的消息导出到一个单独的主题中，这种主题通常被称为**死信主题**。这样一来，我们在避免陷入无限重发循环的同时，又能够保留这些消息，以便之后处理或检查。

为了给某一个消费者配置死信策略，Pulsar 要求用户在创建消费者的时候指定一些特性，比如最大重发次数等。代码清单 3-17 就是一个例子。当一条消息超过用户指定的最大重发次数时，它会被发送到死信主题中并自动确认。这些消息可以在之后被检查。

代码清单 3-17   为消费者配置死信策略

```
Consumer consumer = client.newConsumer()
    .topic("persistent://manning/chapter03/example-topic")
    .subscriptionName("my-subscription")
    .deadLetterPolicy(DeadLetterPolicy.builder()
        .maxRedeliverCount(10)
        .deadLetterTopic("persistent://manning/chapter03/my-dlq"))
    .subscribe();
```

设置最大重发次数 → `.maxRedeliverCount(10)`

设置死信主题名 → `.deadLetterTopic("persistent://manning/chapter03/my-dlq")`

5. Pulsar 的 Java reader

reader 接口让应用程序能够自己管理消费消息的位置。当使用 reader 连接到主题时，用户必须指定 reader 从哪一条消息开始消费。简单地说，reader 接口提供了 Pulsar 客户端底层的抽象，这一抽象让用户能够手动地选择在主题中的消费位置，如图 3-3 所示。

图 3-3   reader 接口允许用户设置读取最早的消息、最新的消息或者是一个指定的消息 ID

在使用 Pulsar 来为流处理系统提供等效一次的计算语义等场景中，reader 接口非常有用。对于这一场景，流处理系统必须能够回退到主题中的某一条消息的位置并重新开始处理。如果用户选择显式地提供消息 ID，那么应用程序就必须提前知道这一 ID，可以从持久化存储系统或缓存系统中获取。在实例化 `PulsarClient` 对象之后，用户可以像代码清单 3-18 所示的那样创建一个 reader。

代码清单 3-18　创建 Pulsar reader

```
Reader<byte[]> reader = client.newReader()
    .topic("persistent://manning/chapter03/example-topic")
    .readerName("my-reader")
    .startMessageId(MessageId.earliest)
    .create();

while (true) {
  Message msg = reader.readNext();
  System.out.printf("Message received: %s \n", new String(msg.getData()));
}
```

指定读取消息的主题名

指定从最早的消息开始读取

如果运行以上代码，我们可以看到代码清单 3-19 所示的结果。我们会从发送到主题中的最早的消息开始读取，也就是之前通过命令行工具发送的文本"Hello Pulsar"。

代码清单 3-19　reader 读取最早的消息

```
Message read: Hello Pulsar
Message read: Hello Pulsar
Message read: {id: 1, time: Sun Sep 06 18:11:59 PDT 2020}
Message read: {id: 2, time: Sun Sep 06 18:12:00 PDT 2020}
Message read: {id: 3, time: Sun Sep 06 18:12:01 PDT 2020}
Message read: {id: 4, time: Sun Sep 06 18:12:02 PDT 2020}
Message read: {id: 5, time: Sun Sep 06 18:12:04 PDT 2020}
Message read: {id: 6, time: Sun Sep 06 18:12:05 PDT 2020}
Message read: {id: 7, time: Sun Sep 06 18:12:06 PDT 2020}
```

在代码清单 3-18 所示的例子中，新创建的 reader 从最早的消息开始顺序读取主题中的所有消息。Pulsar reader 有很多配置项，但是对于大多数场景来说，默认配置项就已足够。

3.3.2　Pulsar Python 客户端

除了 Java 客户端库，Pulsar 也提供了官方版的 Python 客户端库。最新版的 Python 客户端库可以通过 pip3 命令来安装，如代码清单 3-20 所示。

代码清单 3-20　安装 Pulsar Python 客户端库

```
pip3 install pulsar-client==2.6.3 -user       ◄── 安装 Pulsar Python 客户端库

pip3 list   ◄── 显示所有的包

Package        Version
-------------- ----------
...                                           确认安装了正确的版本
pulsar-client 2.6.3
```

由于 Python 2.7 已经过期，因此本章在示例中使用了 Python 3。在安装 Pulsar Python 客户端库之后，用户可以通过它在 Python 代码中创建生产者和消费者来与 Pulsar 进行交互。

1. Pulsar 的 Python 生产者

当 Python 程序需要创建生产者或消费者时，用户首先需要像代码清单 3-21 所示的那样通过提供 broker 的 URL 来实例化一个客户端对象。与 Java 客户端对象类似，Python 客户端对象会处理所有与建立 broker 连接相关的底层细节，包括自动重连和连接安全（假设配置了 TLS）。客户端实例是线程安全的，并且可以被复用以管理多个生产者和消费者。

代码清单 3-21   使用 Python 创建 Pulsar 生产者

```
import pulsar

client = pulsar.Client('pulsar://localhost:6650')   ←┐  提供 broker 的 URL，
                                                        以创建客户端

producer = client.create_producer(
    'persistent://public/default/my-topic',
    block_if_queue_full=True,                         ┐  使用 Pulsar 客户端
    batching_enabled=True,                            ┘  创建生产者
    batching_max_publish_delay_ms=10)

for i in range(10):
    producer.send(('Hello-%d' % i).encode('utf-8'),  ←─  发送消息内容
        properties=None)                             ←┐
                                                        可以根据需要添加消息属性

client.close()   ←─  关闭客户端
```

正如代码清单 3-21 所示，Python 为创建客户端、生产者和消费者提供了多个配置项，用户可以通过查询在线文档来更深入地了解相关的配置项。在上面的例子中，我们在客户端启用了批量消息收发，这意味着消息会成批收发，而不是逐条收发。这使得我们在牺牲单条消息延迟的情况下获得了更高的吞吐量。

2. Pulsar 的 Python 消费者

在 Pulsar 中，消费者用于监听某个主题并处理来自这一主题的所有消息。当某条消息被成功地处理之后，一个确认信号会被发送给 broker。这使得 broker 可以知道主题中的哪条消息需要被投递给订阅内的下一个消费者。在 Python 中，我们可以通过指定主题名和订阅名来创建一个消费者，如代码清单 3-22 所示。

代码清单 3-22   使用 Python 创建 Pulsar 消费者

```
import pulsar

client = pulsar.Client('pulsar://localhost:6650')   ←┐  提供 broker 的 URL，
                                                        以创建客户端

consumer = client.subscribe(                         ←─  使用 Pulsar 客户端创建消费者
    'persistent://public/default/my-topic',          ←─  必须指定消费的主题
    'my-subscription',
    consumer_type=pulsar.ConsumerType.Exclusive
    initial_position=pulsar.InitialPosition.Latest,
    message_listener=None,
    negative_ack_redelivery_delay_ms=60000)          ←─  必须指定订阅名
```

```
while True:
    msg = consumer.receive()          ←——  等待新消息到来
    try:
        print("Received message '%s' id='%s'",
              msg.data().decode('utf-8'), msg.message_id())
        consumer.acknowledge(msg)     ←——  成功处理之后
    except:                                  确认消息
        consumer.negative_acknowledge(msg)  ←——
                                              如果遇到错误，则进行否定
client.close()        ←——  关闭客户端         确认，以便重发消息
```

subscribe 方法会尝试使用指定的订阅将消费者连接到主题。如果订阅已经存在并且没有采用共享模式（比如尝试连接到一个已经有消费者的独占订阅），连接就会失败。如果用户使用该订阅名首次连接到主题，那么一个订阅会被自动创建。新创建的订阅会默认指向主题的末端，而在使用该订阅的消费者能够读取订阅创建之后主题接收到的消息。如果是连接到已有的订阅，那么消费者就会从该订阅内的最早未被确认的消息开始读取。图 3-2 已经展示了这一情况。

如代码清单 3-22 所示，Python 客户端库在指定订阅时提供了多个配置项，包括订阅模式、起始位置等。我强烈建议你参考在线文档并查看最新的 Python 客户端配置项。

因为用于接收消息的 receive 是阻塞方法（它会无限地等待新的消息到达），所以代码清单 3-22 展示的消费者采用了同步方式来处理消息。更好的做法是采用异步方式，如代码清单 3-23 所示。由于 Pulsar 消费者自动创建了线程池来运行消息监听实例并处理线程逻辑，因此使用监听者模式能够让用户将业务逻辑和线程管理逻辑分开。

代码清单 3-23　用 Python 异步处理消息

```
import pulsar
                                        监听函数需要接受
                                        消费者和消息
def my_listener(consumer, msg):   ←——
    # 处理消息
    print("my_listener read message '%s' id='%s'",
      msg.data().decode('utf-8'), msg.message_id())  ←——
    consumer.acknowledge(msg)     ←——       访问消息内容

client = pulsar.Client('pulsar://localhost:6650')
                                              利用消费者确认消息
consumer = client.subscribe(
    'persistent://public/default/my-topic',
    'my-subscription',
    consumer_type=pulsar.ConsumerType.Exclusive,
    initial_position=pulsar.InitialPosition.Latest,
    message_listener=my_listener,
    negative_ack_redelivery_delay_ms=60000)
                                        在消费者中设置
  client.close()                        监听函数
```

3. Pulsar 的 Python reader

Python 客户端也提供了 reader 接口来帮助用户管理消费消息的位置。当使用 reader 连接到主题时，用户必须指定它从哪一条消息开始进行消费。如果选择从某一条消息的位置开始消费，那么应用程序必须自己提前知道该消息的 ID，并且要将消息 ID 存储到数据库或缓存系统中。代码清单 3-24 展示了 reader 连接到主题，从最早的消息开始消费并打印消息的内容。

代码清单 3-24　用 Python 创建 Pulsar reader

```
import pulsar

client = pulsar.Client('pulsar://localhost:6650')      ← 提供 broker 的 URL，
                                                          以创建客户端
reader = client.create_reader(                          ← 使用客户端在指定
    'persistent://public/default/my-topic',               主题上创建 reader
    pulsar.MessageId.earliest)                          ← 指定从最早的消息
                                                          位置开始读取
while True:
    msg = reader.read_next()          ← 读取消息
    print("Read message '%s' id='%s'",
      msg.data().decode('utf-8'), msg.message_id())


client.close()      ←—— 关闭客户端
```

3.3.3　Pulsar Go 客户端

除了 Java 和 Python，Pulsar 还提供了官方版的 Go 客户端库。最新版的 Go 客户端库可以通过以下命令来安装：`go get -u "github.com/apache/pulsar-client-go/pulsar"`。安装 Pulsar 的 Go 客户端库之后，用户可以通过它在 Go 代码中创建生产者和消费者，从而与 Pulsar 进行交互。

1. 使用 Go 创建 Pulsar 客户端

当 Go 程序需要创建生产者或消费者时，用户首先需要像代码清单 3-25 所示的那样实例化一个客户端对象。在这段代码中，用户提供 broker 的 URL 及其他相应的配置信息。

代码清单 3-25　在 Go 中创建 Pulsar 客户端

```
import (
    "log"
    "time"
    "github.com/apache/pulsar-client-go/pulsar"     ← 导入 Pulsar 的
)                                                      Go 客户端库

func main() {
    client, err := pulsar.NewClient(     ← 包括 broker 的 URL 和
      pulsar.ClientOptions{                 连接超时的配置
        URL:               "pulsar://localhost:6650",
        OperationTimeout:  30 * time.Second,
```

（根据配置项创建新的客户端）

```
        ConnectionTimeout: 30 * time.Second,
    })

    if err != nil {                          ←──── 检查客户端能否连接到
        log.Fatalf("Could not instantiate Pulsar client: %v", err)    Pulsar 集群
    }

    defer client.Close()
}
```

PulsarClient 对象处理所有与创建到 broker 的连接相关的底层细节，包括自动重连和连接安全（假设配置了 TLS）。客户端实例是线程安全的，并且可以被复用以创建和管理多个生产者和消费者。一旦成功创建了客户端，用户就可以用它来创建生产者、消费者或 reader。

2. Pulsar 的 Go 生产者

如代码清单 3-26 所示，在创建客户端对象之后，用户可以用它来创建任意主题的生产者。尽管在线文档描述了很多配置项，但这里要强调一下，我们在例子中使用的是延迟消息发送配置项。这个配置项让我们能够在一定时间的延迟之后才将消息发送给主题的消费者。

代码清单 3-26　在 Go 中创建 Pulsar 生产者

```
import (
    "context"
    "fmt"
    "log"
    "time"
                                                 导入 Go 客户端库
    "github.com/apache/pulsar-client-go/pulsar"   ←──┐
)

func main() {
    ...                ←── 创建客户端的代码
    producer, err := client.CreateProducer(pulsar.ProducerOptions{
        Topic: topicName,   ←──── 在特定主题上创建生产者
    })

    ctx := context.Background()
    deliveryTime := (time.Minute * time.Duration(1)) +   ←── 计算消息发送的延迟时间
        (time.Second * time.Duration(30))

    for i := 0; i < 3; i++ {          创建要发送的消息
        msg := pulsar.ProducerMessage{   ←──┐
            Payload: []byte(fmt.Sprintf("Delayed-messageId-%d", i)),
            Key: "message-key",
            Properties: map[string]string{   ←──┐
              "delayed": "90sec",               Go 客户端支持提供 Key 和
            },                                   Properties 的元数据
                EventTime: time.Now(),   ←── 提供事件的时间戳元数据
            DeliverAfter: deliveryTime,   ←──┐
        }                                     指定延迟发送时间
```

```
messageID, err := producer.Send(ctx, &msg)    ◁――― 发送消息
...
}
}
```

如果用户不希望消息被立刻处理，而是在未来的某个时刻处理，那么延迟消息发送会非常有帮助。假设一个公司收到了客户希望获取促销和打折信息的订阅消息，相比于立刻发送给客户前一天的内容，公司可能希望等到所有内容更新后再推送。如果市场团队确保内容在每天早上 9 点更新完成，那么公司就可以延迟到 9 点再发送消息来确保客户能够得到最新版本的促销信息。

3. Pulsar 的 Go 消费者

我们已经知道，消费者用于监听某个主题并处理来自这一主题的所有消息。当某条消息被成功地处理之后，一个确认信号会被发送给 broker。这使得 broker 可以知道主题中的哪条消息需要被投递给订阅内的下一个消费者。在 Go 中，我们可以通过指定主题名和订阅名来创建一个消费者，如代码清单 3-27 所示。

代码清单 3-27   在 Go 中创建 Pulsar 消费者

```go
import (
    "context"
    "fmt"
    "log"
    "time"

    "github.com/apache/pulsar-client-go/pulsar"    ◁――― 导入 Go 客户端库
)

func main() {    创建客户端的代码
    ...    ◁―――

    consumer, err := client.Subscribe(pulsar.ConsumerOptions{    ◁――― 在特定主题上创建消费者
        Topic: topicName,
        SubscriptionName: subscriptionName,
    })

    if err != nil {
        log.Fatal(err)
    }

    for {
        msg, err := consumer.Receive(ontext.Background())    ◁――― 接收新消息的阻塞调用
        if err != nil {
            log.Fatal(err)
            consumer.Nack(msg)    ◁――― 发送否定确认以使消息重发
        } else {
            fmt.Printf("Received message : %v\n", string(msg.Payload()))
        }
        consumer.Ack(msg)    ◁――― 确认消息，使其可被标记为处理完成
    }
}
```

因为用于接收消息的 `receive` 是阻塞方法（它会无限地等待新的消息到达），所以代码清单 3-27 展示的消费者采用了同步方式来处理消息。与 Java 和 Python 的客户端不同，Go 客户端目前并不支持使用监听者模式来异步处理消息。因此，如果用户想进行异步处理，就必须自己实现所有的线程管理逻辑。

`subscribe` 方法会用指定的订阅名把消费者连接到指定的主题上。如果订阅名已经存在并且当前采用非共享订阅模式（比如，用户想连接到一个已经有活跃消费者的独占订阅），那么连接会失败。如果用户使用该订阅名首次连接到主题，那么一个订阅会被自动创建。当一个新的订阅被创建后，它会默认指向主题的末端，而使用该订阅的消费者能够读取订阅创建之后主题接收到的消息。如果是连接到已有的订阅，那么消费者就会从该订阅内的最早未被确认的消息开始读取。图 3-2 已经展示了这一情况。

如代码清单 3-27 所示，Go 在指定订阅名时提供了多个配置项，包括订阅模式、起始位置等。我强烈建议你参考在线文档并查看最新的 Go 客户端配置项。

4. Pulsar 的 Go reader

Go 客户端也提供了 reader 接口来帮助用户管理消费消息的位置。当使用 reader 连接到主题时，用户必须指定它从哪一条消息开始消费。如果选择从某一条消息的位置开始消费，那么应用程序必须自己提前知道该消息的 ID，并且要将消息 ID 存储到数据库或缓存系统中。代码清单 3-28 展示了 reader 连接到主题，从最早的消息开始消费并打印消息的内容。

代码清单 3-28　在 Go 中创建 Pulsar reader

```
import (
    "context"
    "fmt"
    "log"
    "time"

    "github.com/apache/pulsar-client-go/pulsar"    ← 导入 Go 客户端库
)

func main() {                    创建客户端的代码
    ...                      ←

    reader, err := client.CreateReader(pulsar.ReaderOptions{    ← 在特定主题上创建 reader
        Topic:          topicName,
        StartMessageID: pulsar.EarliestMessageID(),    ←
    })                                              从最早的消息开始消费

    for {
        msg, err := reader.Next(context.Background())    ←— 读取下一条消息
        if err != nil {
            log.Fatal(err)
        } else {
            fmt.Printf("Received message : %v\n", string(msg.Payload()))
        }
    }
}
```

3.4   高级管理

对于生产者或消费者来说，Pulsar 是一个黑盒（用户只是简单地连接到了集群上，以收发消息）。尽管隐藏实现细节可以降低使用门槛，但要对消息发送问题进行故障排查，用户就会遇到很多麻烦。比如，如何排查消费者无法接收到任何消息的问题？pulsar-admin 命令行工具提供了一些命令来帮助用户了解 Pulsar 集群内部的一些状态和信息。

3.4.1   持久化主题指标

Pulsar 内部收集了一系列主题级别的指标，用以帮助用户诊断和排查 Pulsar 与生产者或消费者之间的各种问题：消费者无法接收消息，当消费者跟不上生产者时的反压（这会导致未确认消息增多）。用户可以通过 pulsar-admin 命令行工具来执行代码清单 3-29 中的命令，以获取主题统计信息。

代码清单 3-29   从命令行获取 Pulsar 主题统计信息

所有消费者每秒接收的消息总数

　　所有生产者每秒发布的字节总数

　　　　所有生产者每秒发布的消息总数　　　　　　　　　　　　　　获取统计信息的
　　　　　　　　　　　　　　　　　　　　　　　　　　　　　　　　主题名

```
$docker exec -it pulsar /pulsar/bin/pulsar-admin topics stats
  ➥ persistent://manning/chapter03/example-topic
{
  "msgRateIn" : 137.49506548471038,                    所有消费者每秒接收的字节总数
  "msgThroughputIn" : 13741.401370605108,
  "msgRateOut" : 97.63210798236112,
  "msgThroughputOut" : 9716.05449008063,               发送到主题中的消息总数
  "bytesInCounter" : 1162174,
  "msgInCounter" : 11538,
  "bytesOutCounter" : 150009,                          被消费的消息总数
  "msgOutCounter" : 1500,
  "averageMsgSize" : 99.94105113636364,
  "msgChunkPublished" : false,                         存储消息的字节总数
  "storageSize" : 1161944,
  "backlogSize" : 1161279,
  "publishers" : [ {                                   生产者发布消息的速度
    "msgRateIn" : 137.49506548471038,
    "msgThroughputIn" : 13741.401370605108,
    "averageMsgSize" : 99.0,
    "chunkedMessageRate" : 0.0,
    "producerId" : 0,
    "metadata" : { },                                  生产者首次连接的时间
    "producerName" : "standalone-12-6",
    "connectedSince" : "2020-09-07T20:44:45.514Z",
    "clientVersion" : "2.6.1",
    "address" : "/172.17.0.1:40158"                    主题上的所有订阅
  } ],
  "subscriptions" : {
```

生产者的
IP 地址

```
"my-sub" : {
  "msgRateOut" : 97.63210798236112,          该订阅上消息发送的字节速度
  "msgThroughputOut" : 9716.05449008063,      该订阅发送的
  "bytesOutCounter" : 150009,                 消息总数
  "msgOutCounter" : 1500,
  "msgRateRedeliver" : 0.0,
  "chuckedMessageRate" : 0,                   该订阅中还未被
  "msgBacklog" : 9458,                        发送的消息数
  "msgBacklogNoDelayed" : 9458,
  "blockedSubscriptionOnUnackedMsgs" : false,
  "msgDelayed" : 0,
  "unackedMessages" : 923,
  "type" : "Shared",                          已经被发送但是尚未被
  "msgRateExpired" : 0.0,                     确认的消息数
  "lastExpireTimestamp" : 0,
  "lastConsumedFlowTimestamp" : 1599511537220,
  "lastConsumedTimestamp" : 1599511537452,
  "lastAckedTimestamp" : 1599511545269,       订阅中最近被消费的
  "consumers" : [ {                           消息的时间
    "msgRateOut" : 97.63210798236112,
    "msgThroughputOut" : 9716.05449008063,
    "bytesOutCounter" : 150009,               订阅中最近被确认的
    "msgOutCounter" : 1500,                   消息的时间
    "msgRateRedeliver" : 0.0,
    "chuckedMessageRate" : 0.0,
    "consumerName" : "5bf2b",
    "availablePermits" : 0,
    "unackedMessages" : 923,
    "avgMessagesPerEntry" : 6,
    "blockedConsumerOnUnackedMsgs" : false,
    "lastAckedTimestamp" : 1599511545269,     消费者是否由于过多
    "lastConsumedTimestamp" : 1599511537452,  未确认消息而被阻塞
    "metadata" : { },
    "connectedSince" : "2020-09-07T20:44:45.512Z",
    "clientVersion" : "2.6.1",
    "address" : "/172.17.0.1:40160"
  } ],                                        消费者的 IP 地址
  "isDurable" : true,
  "isReplicated" : false
},
"example-sub" : {
  "msgRateOut" : 0.0,
  "msgThroughputOut" : 0.0,                   表示该订阅没有任何活跃消费者
  "bytesOutCounter" : 0,
  "msgOutCounter" : 0,
  "msgRateRedeliver" : 0.0,
  "chuckedMessageRate" : 0,                   在订阅中积压的消息数
  "msgBacklog" : 11528,
  "msgBacklogNoDelayed" : 11528,
  "blockedSubscriptionOnUnackedMsgs" : false,
  "msgDelayed" : 0,
  "unackedMessages" : 0,
  "type" : "Exclusive",
  "msgRateExpired" : 0.0,
```

3

```
      "lastExpireTimestamp" : 0,
      "lastConsumedFlowTimestamp" : 1599509925751,
      "lastConsumedTimestamp" : 0,
      "lastAckedTimestamp" : 0,
      "consumers" : [ ],
      "isDurable" : true,
      "isReplicated" : false
    }
  },
  "replication" : { },
  "deduplicationStatus" : "Disabled"
}
```

如代码清单 3-29 所示，Pulsar 对持久化主题收集了众多的性能指标来帮助用户诊断问题。返回的指标包含已连接的生产者与消费者以及消息的生产速度和消费速度，还有积压消息数及订阅。因此，如果想调查为何某个消费者没有接收到消息，那么用户可以确认消费者已连接到 Pulsar 集群并且查看其对应订阅的消息消费速度。

这些指标默认被发布到 Prometheus 并且可以通过一个与 Helm chart 定义的 Pulsar Kubernetes 部署绑定的 Grafana 监控版进行查看。用户可以配置任意能与 Prometheus 交互的监控工具。

3.4.2   检视消息

用户有时可能需要查看主题中的某条或某些消息的内容。考虑如下场景：主题的某个消息生产者加密了消息内容，从而改变了消息的输出格式。该主题中下游的消费者在处理加密内容时就会抛出异常，从而导致消息无法被确认。最终，由于无法被确认，这些消息会堆积在主题中。如果用户事先并不知道生产者端的代码改动，那么便无法了解真正的问题所在。幸运的是，用户可以通过 pulsar-admin 命令行工具提供的 peek-messages 命令来查看一个订阅中消息的原始字节内容。代码清单 3-30 展示了如何查看在主题 persistent://manning/chapter03/example-topic 上的订阅 example-sub 中最新的 10 条消息。

代码清单 3-30   查看 Pulsar 消息

```
$ docker exec -it pulsar /pulsar/bin/pulsar-admin \
  Topic peek-messages \
  --count 10 \                    ⟵── 请求查看最新的 10 条消息
  --subscription example-sub \
  persistent://manning/chapter03/example-topic


Batch Message ID: 19460:9:0    ⟵── 消息 ID
Tenants:
{
  "X-Pulsar-num-batch-message" : "1",
  "publish-time" : "2020-09-07T20:20:13.136Z"    ⟵── 消息被生产者
}                                                     发布的时间

        +------------------------------------------------+
        | 0 1 2 3 4 5 6 7 8 9 a b c d e f |
```

```
+--------+-------------------------------------------------+----------------+
|00000000| 7b 69 64 3a 20 31 30 2c 20 74 69 6d 65 3a 20 4d |{id: 10, time: M|
|00000010| 6f 6e 20 53 65 70 20 30 37 20 31 33 3a 32 30 3a |on Sep 07 13:20:|
|00000020| 31 33 20 50 44 54 20 32 30 32 30 7d             |13 PDT 2020}    |
+--------+-------------------------------------------------+----------------+
```

消息的原始字节内容

　　peek-messages 命令提供了很多细节，包括消息 ID、发布时间，以及消息的原始字节内容。这些信息能够简化对于消息内容的诊断。

3.5　小结

- ❑ Docker 是一个开源容器框架，它让用户能够将整个应用程序打包到一个镜像中并且发布到网上以便复用。
- ❑ Pulsar 有一个完整的自包含 Docker 镜像，用户可以利用该镜像在本地运行 Pulsar 并开发应用程序。
- ❑ Pulsar 提供了命令行工具来对租户、名字空间和主题进行创建、删除及显示。
- ❑ Pulsar 提供了 Java、Python 和 Go 等多种编程语言的客户端库，用于创建 Pulsar 的生产者、消费者和 reader。
- ❑ 用户可以使用 Pulsar 的命令行工具来获取主题的统计数据，从而监控和排查问题。

Part 2

Apache Pulsar 开发基础

第二部分着重介绍 Pulsar 自带的无服务器计算框架 Pulsar Functions，以及如何在不引入额外计算框架（Flink 或 Kafka Streams）的情况下利用它来提供流处理能力。这种无服务器流处理也被称作**流原生处理**（stream-native processing）。它有着广泛的应用场景，包括实时 ETL、事件驱动式编程、微服务开发、实时机器学习等。

在了解 Pulsar Functions 的基础知识之后，我们会着重探讨如何保证 Pulsar 集群的安全以防止数据泄露。最后，我们会学习 Pulsar 的 schema registry，它能将主题中的消息结构信息集中存储在 Pulsar 中。

第 4 章介绍 Pulsar 框架 Pulsar Functions，内容包括设计背景及配置项，并且会展示如何开发、测试和部署单独的函数。第 5 章介绍 Pulsar 的连接器框架，这一框架可用于在 Pulsar 和外部存储系统（关系数据库、键-值存储系统、块存储系统）之间进行数据迁移。此外，第 5 章还会逐步展示如何开发一个连接器。

第 6 章逐步展示如何保证 Pulsar 集群的安全，以确保传输或存储的数据是安全的。第 7 章介绍 Pulsar 自带的 schema registry，内容包括它的必要性及其对简化微服务开发的作用。这一章还会介绍 schema 的演变过程，以及如何更新在 Pulsar Functions 中用到的 schema。

Pulsar Functions 4

本章内容
- ❏ Pulsar Functions 框架简介
- ❏ Pulsar Functions 编程模型和 API
- ❏ 用 Java 编写第一个 Pulsar 函数
- ❏ 配置、提交并监控 Pulsar 函数

在第 3 章中，我们学习了如何使用各种客户端库来与 Pulsar 集群交互。在本章中，我们会学习如何使用 Pulsar Functions，它能大大简化基于 Pulsar 的应用程序开发工作。这个轻量级计算框架能够帮助用户自动处理如设置 Pulsar 消费者和生产者等众多样板代码，使用户只需关心消息处理逻辑，而不必关心如何读取或发送一条消息。

4.1 流处理

尽管没有正式的定义，但**流处理**（stream processing）通常是指对从某个源系统持续产生的无限长的数据集进行处理。很多数据集天生就像连续的流，比如传感器事件、用户在网上的行为、金融交易，它们都适用于流处理。

在流处理出现之前，这些数据集在被处理之前必须先被存储在数据库、文件系统或其他持久化存储系统中。通常会有一个额外的数据处理阶段对这些数据进行信息提取、格式转换并且载入存储系统中。只有当 ETL 处理完成之后，数据才能被传统的 SQL 或其他工具分析。不难想象，在事件实际发生的时间和数据被处理的时间之间有较长的延迟。流处理的目标就是尽可能地减少延迟，以确保重要的业务决策都能基于最新的数据。有 3 种基本方法来处理这些数据集：传统批处理、微批处理和流原生处理。对于何时及如何处理这些无尽数据集，它们分别采用不同的方式。

4.1.1 传统批处理

已有的众多数据处理框架旨在进行批处理，Hadoop 和 Spark 等传统的数据仓库就是其中的典型大规模批处理系统。通常，数据经由一些持续运行的复杂 ETL 任务清理及格式化之后提供给这些系统。消息队列系统通常扮演在不同处理阶段之间存储和路由数据的中间缓存角色。

这些持续运行的数据注入任务通常基于 Spark 或 Flink 等数据处理引擎来实现。这些引擎通过并发处理来达到高效处理数据集的目的。新到达的数据首先被收集起来，之后在某个时间点与其他数据作为一批被一同处理。为了最大化这些系统的吞吐量，成批过程会等待很长的时间（几小时）或者直到数据量达到一定规模（数十 GB）。这一等待过程会给数据处理任务带来额外的延迟。

4.1.2 微批处理

为了解决处理延迟的问题，人们为传统的批处理引擎引入了一些技术，以减小批的规模或缩短处理间隔。在微批处理系统中，新到达的数据仍然会按批处理，如图 4-1 所示，但是批的规模由于时间间隔被缩短为数秒而急剧地减小。尽管数据处理更为频繁，但底层仍然按照批的方式在处理，因此这种方式通常被称为**微批处理**，而且被 Spark Streaming 等框架运用。

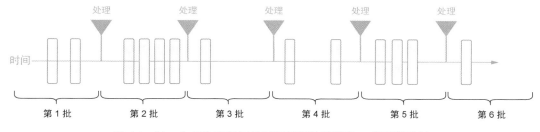

图 4-1 以一个预先定义好的时间间隔处理消息，并不断重复

尽管这种方式降低了数据到达和处理之间的延迟，但在数据流任务复杂性增加的时候，仍然会带来大量的额外延迟。因此，微批处理应用程序无法依赖统一的响应时间，并且需要考虑数据到达和处理之间的延迟。这使得微批处理更适合不需要最新数据且可以接受较长的响应时间等场景，而流原生处理则更适合欺诈检测、实时报价及系统监控等需要接近实时响应的场景。

4.1.3 流原生处理

在流原生处理系统中，每一份新到达的数据都会被立刻处理，如图 4-2 所示。与批处理不同，流处理中没有处理间隔，每一份数据都会被单独处理。

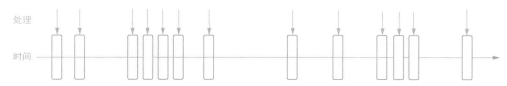

图 4-2 在流原生处理系统中，每一份新到达的数据都会触发处理机制，因此处理的时间间隔不规则，也无法预测

尽管流处理和批处理的区别看上去只是时间间隔，但这样的区别会给数据处理框架及依赖于

它的应用程序带来较大差异。数据的商业价值随着其生成时间的流失而快速损失，尤其是对于诈骗预防和异常检测等场景。用于支持这些场景的海量快速数据流通常包含重要却易流失因此需要及时应对的内容。一笔欺诈业务交易，比如转账或者下载许可软件，必须在完成之前被识别和应对，否则罪犯就能获得非法收益。为了最大化数据在这些场景中的价值，开发人员必须从根本上转变实时数据处理方法——尽全力降低传统批处理框架引入的处理延迟，并且应用流原生处理等响应更快的方法。

4.2　什么是 Pulsar Functions

　　Pulsar 提供了 Pulsar Functions 这一轻量级计算框架，它能够帮助用户运行用 Java、Python 或 Go 开发的简单函数实现。这一特性帮助用户在开源的消息平台上获得和 AWS Lambda 等无服务器计算框架类似的体验，而又不被云服务提供商的专有 API 所限制。

　　Pulsar Functions 帮助用户根据业务需求处理在系统中收发的消息。这些轻量级计算进程在 Pulsar 消息系统中原生地运行，与消息数据尽可能地贴近，同时避免了额外使用 Spark、Flink、Kafka Streams 等处理框架。与其他仅仅只把数据进行直接分发的消息系统不同，Pulsar Functions 提供了在发送给消费者之前对消息进行简单计算的能力。Pulsar Functions 从一个或多个 Pulsar 主题消费消息，对每一条读到的消息应用处理逻辑，并将结果发送给一个或多个 Pulsar 主题，如图 4-3 所示。

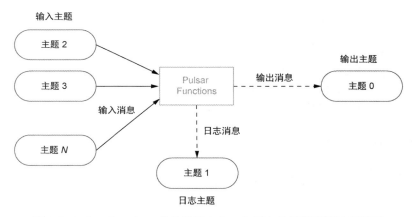

图 4-3　Pulsar Functions 对发送到 Pulsar 主题中的消息应用处理逻辑

　　Pulsar 函数是专为 Pulsar 设计的 Lambda 式函数。它借鉴了 AWS Lambda 的设计思路，即不需要启动或管理服务器就能运行代码。因此，这类编程模型被称为无服务器编程模型。

　　Pulsar Functions 框架允许用户开发自包含的代码，然后通过简单的 REST 调用来部署。Pulsar 会负责处理运行这些代码的底层细节，包括创建函数输入和输出主题的 Pulsar 消费者和生产者。开发人员可以专注于业务逻辑，而无须操心与 Pulsar 主题交互的繁杂代码。简单来说，Pulsar Functions 在已有的 Pulsar 集群中提供了一个现成的计算框架。

编程模型

　　Pulsar Functions 的编程模型非常直观。Pulsar 函数从一个或多个输入主题接收消息。每当接收到新消息时，函数就会被执行。一旦触发，函数就会执行处理逻辑，并将结果写入输出主题。尽管所有的函数都必须设置输入主题，但输出主题是可选的。

　　一个 Pulsar 函数的输出主题是另一个 Pulsar 函数的输入主题，这种情况是可能存在的。用户实际上创建了 Pulsar 函数的**有向无环图**（directed acyclic graph，DAG），如图 4-4 所示。在这样的图中，每条边代表一个数据流，每个顶点代表一个 Pulsar 函数，它应用用户定义的逻辑来处理数据。Pulsar 函数组成的 DAG 是无止境的，如果需要，可以编写一个完全由 Pulsar 函数组成并结构化为 DAG 的应用程序。

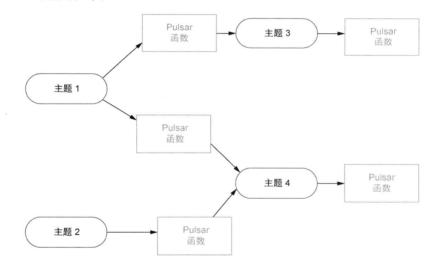

图 4-4　Pulsar 函数在逻辑上可以组成一个数据处理网络

4.3　编写 Pulsar 函数

　　目前可以用 Java、Python 和 Go 来编写 Pulsar 函数。因此，如果用户已经熟悉这些语言，就能够很快地编写出 Pulsar 函数。

4.3.1　语言原生函数

　　Pulsar 支持语言原生函数，即不需要特定的 Pulsar 库或依赖项。语言原生函数的好处在于，除了编程语言已经提供的特性，没有任何额外的依赖项，这使得它们非常轻量且易于开发。当前，语言原生函数只支持 Java 和 Python。对 Go 的支持目前还在开发中。

1. Java 原生函数

若想将 Java 函数当成语言原生函数，需要实现 `java.util.Function` 这个只有 `apply` 方法的接口，如代码清单 4-1 所示。尽管这个函数只是简单地返回接收到的内容，但它还是展示了只用 Java 提供的接口来编写函数的便利性。各种复杂的处理逻辑都可以被添加到 `apply` 方法中，以提供更稳健的流处理能力。

代码清单 4-1　Java 原生函数

```
import java.util.Function;

public class EchoFunction implements Function
    <String, String> {

    public String apply(String input) {
    return input;
}
}
```

指定输入主题的内容是字符串，并且我们会返回一个字符串

接口中定义的唯一方法，每次接收到消息时都会执行

2. Python 原生函数

对于想被当成语言原生函数的 Python 函数，它必须包含 `process` 方法。如代码清单 4-2 所示，该函数仅对接收到的任意字符串值添加一个感叹号。

代码清单 4-2　Python 原生函数

当接收到消息时被调用的方法

```
def process(input):
    return "{}!".format(input)
```

在接收的内容之后添加一个感叹号并返回

我们可以看到，语言原生函数提供了一种不需要 API 的简洁方法来实现 Pulsar 函数。它非常适合开发简单、无状态的函数。

4.3.2　Pulsar Functions SDK

另一种编写 Pulsar 函数的方法是使用 Pulsar Functions SDK。这个 SDK 包含与 Pulsar 相关的库，能够提供状态管理、用户配置等很多在原生语言接口中没有的功能。额外的功能和信息可以通过访问 SDK 中定义的 `Context` 对象来获取，包括以下内容：

- ❏ Pulsar 函数的名字、版本和 ID；
- ❏ 每一条消息的 ID；
- ❏ 消息被发送给哪个主题（主题名）；
- ❏ 与该函数关联的所有输入主题和输出主题的名称；
- ❏ 与该函数关联的租户和名字空间；
- ❏ 该函数所使用的日志对象，其可被用于写入日志消息；
- ❏ 访问用户通过 CLI 设置的配置项；

❑ 记录各种指标的接口。

Java、Python 和 Go 都提供了 Pulsar Functions SDK 的实现。它们都声明了一个以 `Context` 对象为参数的函数接口，`Context` 对象则会由 Pulsar Functions 运行时来生成和提供。

1. Java SDK 函数

如代码清单 4-3 所示，我们首先需要在项目中添加 pulsar-functions-api 的依赖项，才能使用 Java SDK 来编写 Pulsar 函数。

代码清单 4-3　在 pom.xml 文件中添加 Pulsar Functions SDK 依赖项

```
<properties>
    <pulsar.version>2.7.2</pulsar.version>
</properties>

...
<dependency>
    <groupId>org.apache.pulsar</groupId>
    <artifactId>pulsar-functions-api</artifactId>
    <version>${pulsar.version}</version>
</dependency>
```

在编写基于 SDK 的 Pulsar 函数时，函数需要实现 `org.apache.pulsar.functions.api.Function` 这一接口。如代码清单 4-4 所示，该接口只声明了一个需要实现的方法：`process` 方法。

代码清单 4-4　Pulsar Functions 接口定义

```
@FunctionalInterface
public interface Function<I, O> {
  O process(I input, Context context) throws Exception;
}
```

取决于用户对函数处理保障的配置，对于每一条被发送到输入主题的消息，`process` 方法至少会被调用一次。对于基于 JSON 的消息或者 `String`、`Integer` 和 `Float` 等简单的 Java 类型，输入的字节会被序列化成输入类型 `I`。如果这些类型无法满足需求，那么用户可以为类型提供自己的 `org.apache.pulsar.functions.api.SerDe` 接口实现，或者在 Pulsar schema registry 中注册输入消息的类型（我们会在第 7 章中详细学习）。代码清单 4-5 中的 `EchoFunction` 展示了 SDK 能提供的记录指标等多种特性。

代码清单 4-5　基于 Pulsar Functions SDK 的 Java 函数

这个类必须实现 Pulsar Functions 接口

```
  import java.util.stream.Collectors;
  import org.apache.pulsar.functions.api.Context;
→ import org.apache.pulsar.functions.api.Function;
  import org.slf4j.Logger;

  public class EchoFunction implements Function<String, String> {

      public String process(String input, Context ctx) {
```

该接口定义了包含两个参数的方法，其中一个参数为 `Context` 对象

通过 Context
对象获取输入
主题名

```
Logger LOG = ctx.getLogger();
String inputTopics =
  ctx.getInputTopics().stream()
    .collect(Collectors.joining(", "));
```
通过 Context 对象访问
logger 对象

```
String functionName = ctx.getFunctionName();
```
通过 Context 对象
获取函数名

```
String logMessage =
    String.format("A message with a value of \"%s\"" +
        "has arrived on one of the following topics: %s\n",
        input, inputTopics);

LOG.info(logMessage);
```
生成日志消息
```
String metricName =
    String.format("function-%s-messages-received", functionName);

ctx.recordMetric(metricName, 1);
```
记录用户自定义指标
```
    return input;
  }
}
```

Java SDK 的 `Context` 对象可以帮助用户访问通过命令行设置的键-值对。这个特性可以帮助用户构建配置有些许不同的可复用函数。比如，我们希望实现一个能够基于用户定义的正则表达式来过滤事件的 Pulsar 函数。当接收到事件时，我们会对比消息内容和配置的正则表达式，符合表达式的内容会被返回，其余的则被忽略。这样的函数在用户希望验证消息的格式时尤为有用。代码清单 4-6 展示了一个通过键-值对获取正则表达式的样例函数。

代码清单 4-6   用户配置的 Pulsar 函数

```
import java.util.regex.Pattern;
import org.apache.pulsar.functions.api.Context;
import org.apache.pulsar.functions.api.Function;

public class RegexMatcherFunction implements Function<String, String> {

    public static final String REGEX_CONFIG = "regex-pattern";

    @Override
    public String process(String input, Context ctx) throws Exception {
        Optional<Object> config =
            ctx.getUserConfigValue(REGEX_CONFIG);
```
通过用户提供
的配置获取正
则表达式

若提供了表达
式，则编译它
```
        if (config.isPresent() && config.get().getClass()
            .getName().equals(String.class.getName())) {

            Pattern pattern = Pattern.compile(config.get().toString());
```
若输入匹配，
则返回结果
```
            if (pattern.matcher(input).matches()) {
                String metricName =
                    String.format("%s-regex-matches",ctx.getFunctionName());

                ctx.recordMetric(metricName, 1);
                return input;
```

```
            }
        }
        return null;        ⟵———— 否则，返回 null
    }
}
```

Pulsar Functions 可以向输出主题发送结果，但这并不是必需的。用户可以实现并不一定返回值的函数，比如代码清单 4-6 中的函数过滤了不匹配的输入。在这种情况下，用户只需要在函数中返回 null。

2. Python SDK 函数

在使用 Python SDK 编写 Pulsar 函数之前，需要将 Pulsar 依赖项添加到 Python 环境中，如代码清单 4-7 所示。最新版的 Pulsar Python 客户端库可以通过 pip3 包管理工具简便地安装到本地环境中。用户可以通过利用这一 SDK 来编写 Python 语言的 Pulsar 函数。

代码清单 4-7　将 Pulsar 依赖项添加到 Python 环境中

```
pip3 install pulsar-client==2.6.3 -user    ⟵——— 安装 Pulsar Python 客户端库

pip3 list    ⟵——— 显示所有的包

Package        Version
------------- ---------
...                          确认安装了正确版本的 Pulsar
pulsar-client 2.6.3    ⟵——┘ Python 客户端库
```

代码清单 4-8 展示了基于 Python 的 Pulsar SDK 对于 EchoFunction 的实现。

代码清单 4-8　用 Python 实现 Pulsar SDK 函数

```
from pulsar import Function

class EchoFunction(Function):
    def __init__(self):
        pass

    def process(self, input, context):           ⟵— Pulsar SDK 所要求的函数定义
        logger = context.get_logger()
        evtTime = context.get_message_eventtime()
        msgKey = context.get_message_key();    ⟵— SDK 提供对消息元数据的访问

        logger.info("""A message with a value of {0}, a key of {1},
          and an event time of {2} was received"""
          .format(input, msgKey, evtTime))

        metricName = """function-
          %smessages-received""".format(context.get_function_name())
        context.record_metric(metricName, 1)

        return input          ⟵——— 返回原始的输入值
```

SDK 提供对 logger 的访问

SDK 提供对指标的支持

Python SDK 的 `Context` 对象提供了与 Java SDK 中的 `Context` 对象几乎一样的能力，但是有两点除外。首先，截至 2.6.0 版本，基于 Python 的函数不支持 schema，我们会在第 7 章中深入讨论。这意味着 Python 函数需要自己处理消息内容的序列化和反序列化来获取预期的格式。其次，基于 Python 的函数也无法访问 Pulsar Admin API，目前只有 Java 提供这一特性。

3. Go SDK 函数

在使用 Go SDK 编写 Pulsar 函数之前，需要将 Pulsar 依赖项添加到 Go 环境中。最新版的 Pulsar Go 客户端库可以通过下面的命令来安装：`go get -u "github.com/apache/pulsar-client-go/pulsar"`。代码清单 4-9 展示了基于 Go 的 Pulsar SDK 对于 echoFunc 的实现。

代码清单 4-9   用 Go 实现 Pulsar SDK 函数

```go
package main

import (
    "context"
    "fmt"

    "github.com/apache/pulsar/pulsar-function-go/pf"        导入 SDK 库

    log "github.com/apache/pulsar/pulsar-function-go/logutil"   导入函数 logger 库
)

func echoFunc(ctx context.Context, in []byte) []byte {      方法签名正确的函数
    if fc, ok := pf.FromContext(ctx); ok {
        log.Infof("This input has a length of: %d", len(in))

        fmt.Printf("Fully-qualified function name is:%s\\%s\\%s\n",
            fc.GetFuncTenant(), fc.GetFuncNamespace(), fc. GetFuncName())
    }
    return in
}

func main() {
    pf.Start(echoFunc)
}
```

SDK 提供了对 `logger` 的访问

SDK 提供了对元数据的访问

返回原始的输入值

向 Pulsar Functions 框架注册 echoFunc

如代码清单 4-9 所示，在实现基于 Go 的函数时，用户需要向 main 方法调用中的 pf.Start 方法提供进行实际运算的函数名。这一操作将函数注册到了 Pulsar Functions 框架中，并且保证了在接收到新消息时对应的函数能被正确调用。在这个例子中，我们将函数命名为 echoFunc，但是只要方法签名符合代码清单 4-10 中的任意一种，函数名可以是任意内容。任何其他的方法签名都不会被接受，处理逻辑也不会在 Go 函数中执行。

代码清单 4-10   Go 支持的方法签名

```go
func ()
func () error
func (input) error
func () (output, error)
```

```
func (input) (output, error)
func (context.Context) error
func (context.Context, input) error
func (context.Context) (output, error)
func (context.Context, input) (output, error)
```

目前使用 Go SDK 来编写 Pulsar 函数存在一些限制，但随着项目的成熟，这一状况会逐渐改善。因此，我强烈建议你阅读最新的在线文档来了解当前的功能支持情况。然而，在创作本书时，Go 不支持记录函数级别的指标（比如，在 Go SDK 中的 `Context` 对象没有定义 `recordMetric` 方法）。用户当前也无法在 Go 中实现有状态函数。

4.3.3　有状态函数

有状态函数利用从之前处理的消息中获得的信息来生成输出。一种应用是某个函数接收从物联网传感器获取的温度读数，然后计算它们的均值。要计算均值，就需要记录之前的温度读数。

当使用 Pulsar Functions SDK 编写函数时，无论用哪种语言，`process` 方法中的第 2 个参数都是由 Pulsar Functions 框架自动提供的 `Context` 对象。如果使用 Java 或 Python，那么 `Context` 对象的 API 提供了两种在调用之间保留信息的机制。一种机制是通过 `putState` 方法和 `getState` 方法来存储和获取键-值对的 map 接口。这些方法和用户所熟悉的其他 map 接口一样，允许用户使用字符串类型的键来存储和获取任意类型的值。

`Context` 对象的 API 提供的另一种机制是计数器，它只允许用户保存使用字符串为键的数值信息。这些计数器其实是专为存储数值而设计的键-值映射的一个特例。底层实现上，计数器被存储成 64 位的大端二进制值且只能通过 `incrCounter` 方法和 `incrCounterAsync` 方法来改变。

让我们通过一个从物联网传感器接收温度读数并且计算均值的函数样例来学习如何在 Pulsar 函数内部运用状态。代码清单 4-11 展示的函数接收传感器的读数，并且将其与上一次处理中计算出的均值进行比较，以判断是否需要触发警报。

代码清单 4-11　传感器均值函数

函数接受 `double` 值但不返回任何值

```
public class AvgSensorReadingFunction implements
  Function<Double, Void> {

    private static final String VALUES_KEY = "VALUES";

    @Override
    public Void process(Double input, Context ctx) throws Exception {
      CircularFifoQueue<Double> values = getValues(ctx);

      if (Math.abs(input - getAverage(values)) > 10.0) {
        // 触发警报
      }

      values.add(input);
```

反序列化存储之前传感器读数的 Java 对象

如果当前读数显著异于均值，就触发警报

将当前读数加入观测值列表中

```
        ctx.putState(VALUES_KEY, serialize(values));    ⊲────  存储更新后的
        return null;                                            Java 对象
    }

    private Double getAverage(CircularFifoQueue<Double> values) {
      return StreamSupport.stream(values.spliterator(), false)
        .collect(Collectors.summingDouble(Double::doubleValue))
        / values.size();    ⊲────  使用 Streams API
    }                              计算均值

    private CircularFifoQueue<Double> getValues(Context ctx) {    如果状态存储中没有则
      if (ctx.getState(VALUES_KEY) == null) {                     实例化 Java 对象
        return new CircularFifoQueue<Double>(100);    ⊲──────
      } else {
        return deserialize(ctx.getState(VALUES_KEY));    ⊲───
      }                                                       将状态存储中的字节
    }                                                         转换成 Java 对象
}

...
}
```

对代码清单 4-11 展示的函数，有几点需要强调。首先，函数的返回类型是 Void。这意味着函数并不产生任何输出。其次，函数依赖于 Java 序列化来存储和读取最近的 100 个数值。它依赖第三方库的 FIFO 队列实现来记录最近的 100 个传感器数值，以计算其均值，然后再与最近的传感器读数做比较。如果最近的读数与均值有巨大的差异，系统便会报警。最后，最新的读数将被添加到 FIFO 队列中，然后会被序列化并写入状态存储。

在后续的调用中，AvgSensorReadingFunction 会获取 FIFO 队列的字节，反序列化成 Java 对象，然后再一次用它来计算均值。这一过程不断重复，并且只保留了最近的数值来和趋势进行比较（比如，传感器读数的移动平均数）。这一方法和第 12 章将讨论的 Pulsar Functions 提供的窗口功能截然不同。简单来说，Pulsar Functions 提供的窗口功能允许在执行函数逻辑之前根据时间或者固定的数目积累一定的输入数据。一旦窗口满了之后，函数就会一次性接收整个输入数据列表，而代码清单 4-11 中的函数一次只会接收一个值，并且必须在自己的状态中记录之前的值。

你可能会有这样的疑问：为何不在这种场景中直接使用 Pulsar 自带的窗口功能？在这个例子中，我们希望对于每一个单独的新读数都进行检测，而不是等到有了一定量的数据之后再检测。这使得我们能够更快地发现问题。

接下来让我们学习由 Context API 提供的计数器接口。代码清单 4-12 中的 WordCountFunction 展示了如何及何时使用 Context API 提供的计数器接口。这个函数记录了每一个单词的出现次数。

代码清单 4-12   使用状态计数器的单词计数函数

```
package com.manning.pulsar.chapter4.functions.sdk;

import java.util.Arrays;
import java.util.List;

import org.apache.pulsar.functions.api.Context;
import org.apache.pulsar.functions.api.Function;
```

```
public class WordCountFunction implements Function<String, Integer> {
  @Override
  public Integer process(String input, Context context) throws Exception {
    List<String> words = Arrays.asList(input.split("\\."));
      words.forEach(word -> context.incrCounter(word, 1));
        return Integer.valueOf(words.size());
  }
}
```

函数的逻辑非常直观：它首先将输入的字符串对象使用正则表达式分割成多个单词，然后对于每一个产生的单词，让对应的计数器加 1。这个函数是有效一次语义的一个很好的应用。如果用户使用了至少一次的处理语义，那么在问题场景中就有可能对同一条消息处理多次，从而导致计数结果不正确。

4.4 测试 Pulsar 函数

本节帮助你逐步测试 Pulsar 函数。让我们使用代码清单 4-13 中的 KeywordFilterFunction 来展示 Pulsar 函数的开发生命周期。这个函数接收用户提供的关键词，并且过滤不包含该关键词的输入。这个函数的应用可能是扫描社交媒体中与某个话题或内容相关的账号。

代码清单 4-13 KeywordFilterFunction

```
package com.manning.pulsar.chapter4.functions.sdk;

import java.util.Arrays;
import java.util.List;
import java.util.Optional;
import org.apache.pulsar.functions.api.Context;
import org.apache.pulsar.functions.api.Function;

public class KeywordFilterFunction                    函数接受并返回字符串
  implements Function<String, String> {

public static final String KEYWORD_CONFIG = "keyword";
public static final String IGNORE_CONFIG = "ignore-case";

@Override
public String process(String input, Context ctx) {
  Optional<Object> keyword =
    ctx.getUserConfigValue(KEYWORD_CONFIG);          从 Context 对象中
                                                     获取关键词
  Optional<Object> ignoreCfg =
    ctx.getUserConfigValue(IGNORE_CONFIG);           从 Context 对象中获取
                                                     忽略大小写配置
boolean ignoreCase = ignoreCfg.isPresent() ?
        (boolean) ignoreConfig.get(): false;

      List<String> words = Arrays.asList(input.split("\\s"));    将输入字符串
没有关键词，                                                      分割成单词
无法匹配
      if (!keyword.isPresent()) {
          return null;
```

忽略大小
写，计算
每个单词

```
    } else if (ignoreCase && words.stream().anyMatch(
        s -> s.equalsIgnoreCase((String) keyword.get()))) {
        return input;
    } else if (words.contains(keyword.get())) {          ◁
        return input;
    }
    return null;                                    计算完全匹配
  }
}
```

　　代码十分简单。我们接下来会学习整个测试流程，这也是针对生产环境编写函数必不可少的
环节。由于这里是 Java 代码，因此我们可以利用任意的单元测试框架，比如 JUnit 或 TestNG，
来测试函数的逻辑。

4.4.1　单元测试

　　第一步是编写单元测试来检测函数逻辑的正确性及能够对各种输入产生正确的结果。由于
使用了 Pulsar SDK API，我们需要像代码清单 4-14 所示的那样使用模拟对象库（如 Mockito），
来模拟 Context 对象。

代码清单 4-14　KeywordFilterFunction 单元测试

```
package com.manning.pulsar.chapter4.functions.sdk;

import static org.mockito.Mockito.*;
import static org.junit.Assert.*;

public class KeywordFilterFunctionTests {
private KeywordFilterFunction function = new KeywordFilterFunction();

@Mock
private Context mockedCtx;

@Before
public final void setUp() {
  MockitoAnnotations.initMocks(this);
}

  @Test
  public final void containsKeywordTest() throws Exception {
    when(mockedCtx.getUserConfigValue(
        KeywordFilterFunction.KEYWORD_CONFIG))          配置关键词为 dog
        .thenReturn(Optional.of("dog"));          ◁

String sentence = "The brown fox jumped over the lazy dog";
String result = function.process(sentence, mockedCtx);
assertNotNull(result);          ◁
assertEquals(sentence, result);          由于句子包含关键词，因此
  }                                       我们预期其被返回

  @Test
  public final void doesNotContainKeywordTest() throws Exception {
```

```
    when(mockedCtx.getUserConfigValue(
    KeywordFilterFunction.KEYWORD_CONFIG))
    .thenReturn(Optional.of("cat"));

    String sentence = "It was the best of times, it was the worst of times";
String result = function.process(sentence, mockedCtx);
assertNull(result);
}
@Test
public final void ignoreCaseTest() {
    when(mockedCtx.getUserConfigValue(
        KeywordFilterFunction.KEYWORD_CONFIG))
        .thenReturn(Optional.of("RED"));

    when(mockedCtx.getUserConfigValue(
        KeywordFilterFunction.IGNORE_CONFIG))
        .thenReturn(Optional.of(Boolean.TRUE));

    String sentence = "Everyone watched the red sports car drive off.";
    String result = function.process(sentence, mockedCtx);
    assertNotNull(result);
    assertEquals(sentence, result);
    }
}
```

配置关键词为 cat

由于句子没有包含关键词，因此
我们预期其不会被返回

配置关键词为 RED

配置函数忽略大小写

由于句子包含小写的关键词，
因此我们预期其被返回

我们可以看到，这些单元测试覆盖了函数的基本功能并且依赖于对 Context 对象的模拟来实现。这类测试和对其他非 Pulsar 函数代码的测试没有任何区别。

4.4.2　集成测试

在完成单元测试之后，我们想知道函数会如何与 Pulsar 集群进行交互。要测试 Pulsar 函数，最简便的方法就是启动一个 Pulsar 集群并使用 LocalRunner 类在本地运行 Pulsar 函数。在此模式中，函数在被提交的机器上作为单独的进程运行。在开发和测试一个函数时，这种模式最适合。图 4-5 展示了将一个调试器连接到函数进程。

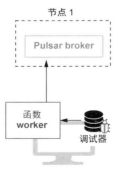

图 4-5　当使用 LocalRunner 运行 Pulsar 函数时，函数运行在本地机器上，
　　　　这使得用户可以连接调试器并逐步运行代码

如代码清单 4-15 所示，我们必须在 Maven 项目中添加一些依赖项，以使用 `LocalRunner`。这些依赖项引入了 `LocalRunner` 类，以便我们对一个运行中的 Pulsar 集群测试函数。

代码清单 4-15　添加 `LocalRunner` 依赖项

```xml
<dependencies>
  ...
  <dependency>
        <groupId>com.fasterxml.jackson.core</groupId>
        <artifactId>jackson-core</artifactId>
        <version>${jackson.version}</version>
  </dependency>
  <dependency>
    <groupId>org.apache.pulsar</groupId>
    <artifactId>pulsar-functions-local-runner-original</artifactId>
    <version>${pulsar.version}</version>
  </dependency>
</dependencies>
```

接下来，我们需要编写一个类来配置并启动 `LocalRunner`，如代码清单 4-16 所示。可以看到，这段代码配置了要在 `LocalRunner` 上执行的 Pulsar 函数，并指定了实际的 Pulsar 集群实例的地址，用于测试。

代码清单 4-16　用 `LocalRunner` 测试 `KeywordFilterFunction`

```java
public class KeywordFilterFunctionLocalRunnerTest {
  final static String BROKER_URL = "pulsar://localhost:6650";
  final static String IN = "persistent://public/default/raw-feed";
  final static String OUT = "persistent://public/default/filtered-feed";

  private static ExecutorService executor;
  private static LocalRunner localRunner;
  private static PulsarClient client;
  private static Producer<String> producer;
  private static Consumer<String> consumer;
  private static String keyword = "";

  public static void main(String[] args) throws Exception {
    if (args.length > 0) {
     keyword = args[0];          ◁──── 获取用户提供的关键词
    }
    startLocalRunner();
    init();
    startConsumer();
    sendData();
    shutdown();
  }
                                                        Pulsar 集群的 URL
  private static void startLocalRunner() throws Exception {
    localRunner = LocalRunner.builder()
            .brokerServiceUrl(BROKER_URL)       ◁────
            .functionConfig(getFunctionConfig())  ◁──── 传递函数配置给
            .build();                                    LocalRunner
```

```
    localRunner.start(false);
}
```
启动 **LocalRunner** 和函数

```
private static FunctionConfig getFunctionConfig() {
  Map<String, ConsumerConfig> inputSpecs =
      new HashMap<String, ConsumerConfig> ();
```
指定输入主题的数据类型是字符串

```
  inputSpecs.put(IN, ConsumerConfig.builder()
          .schemaType(Schema.STRING.getSchemaInfo().getName())
          .build());

  Map<String, Object> userConfig = new HashMap<String, Object>();
  userConfig.put(KeywordFilterFunction.KEYWORD_CONFIG, keyword);
  userConfig.put(KeywordFilterFunction.IGNORE_CONFIG, true);
```
通过用户提供的关键词来初始化用户配置属性

```
  return FunctionConfig.builder()
          .className(KeywordFilterFunction.class.getName())
          .inputs(Collections.singleton(IN))
          .inputSpecs(inputSpecs)
          .output(OUT)
          .name("keyword-filter")
          .tenant("public")
          .namespace("default")
          .runtime(FunctionConfig.Runtime.JAVA)
          .subName("keyword-filter-sub")
          .userConfig(userConfig)
          .build();
}
```
指定本地运行的函数类名

指定输入主题

传入输入主题配置属性

指定输出主题

传入用户配置属性

指定使用 Java 运行时来执行函数

```
private static void init() throws PulsarClientException {
  executor = Executors.newFixedThreadPool(2);
  client = PulsarClient.builder()
            .serviceUrl(BROKER_URL)
            .build();
  producer = client.newProducer(Schema.STRING).topic(IN).create();
  consumer = client.newConsumer(Schema.STRING).topic(OUT)
              .subscriptionName("validation-sub").subscribe();
}
```
初始化生产者和消费者，以用于测试

```
private static void startConsumer() {
  Runnable runnableTask = () -> {
    while (true) {
      Message<String> msg = null;
      try {
        msg = consumer.receive();
        System.out.printf("Message received: %s \n", msg.getValue());
        consumer.acknowledge(msg);
      } catch (Exception e) {
        consumer.negativeAcknowledge(msg);
      }
    }};
  executor.execute(runnableTask);
}
```
在后台线程中启动消费者，从输出主题中读取消息

4

```
private static void sendData() throws IOException {    ◀────── 向函数的输入主题发送数据
  InputStream inputStream = Thread.currentThread().getContextClassLoader()
    .getResourceAsStream("test-data.txt");

  InputStreamReader streamReader = new InputStreamReader(inputStream,
    StandardCharsets.UTF_8);

  BufferedReader reader = new BufferedReader(streamReader);
  for (String line; (line = reader.readLine()) != null;) {
    producer.send(line);
  }
}
                                                          停止 LocalRunner
                                                          及消费者等
private static void shutdown() throws Exception {    ◀──┘
  executor.shutdown();
  localRunner.stop();
  ...
  }
}
```

访问 Pulsar 集群最简单的方法就是通过下面的命令来启动一个 Pulsar Docker 容器。它会在容器中以独立模式启动一个 Pulsar 集群。注意，我们把存有与本书相关的 GitHub 项目的目录也挂载到了容器上。

```
$ export GIT_PROJECT=<CLONE_DIR>/pulsar-in-action/chapter4
$ docker run --name pulsar -id \
  -p 6650:6650 -p 8080:8080 \
  -v $GIT_PROJECT:/pulsar/dropbox
apachepulsar/pulsar:latest bin/pulsar standalone
```

用户通常会在 IDE 中运行 LocalRunner 并通过调试器逐步运行函数代码来解决任何遇到的问题。但在此处，我们用命令行来运行 LocalRunner。通过 Maven assemble 命令将测试类和包括 LocalRunner 在内的所有依赖项都打包成一个 JAR 文件。测试类位于与本书配套的 GitHub repo 的 chapter4/src/main/test 目录下。一旦打包完成，我们就可以启动 LocalRunner，如代码清单 4-17 所示。

代码清单 4-17 启动 LocalRunner 并输入数据

编译包含 **LocalRunner** 和其他
所有依赖项的 JAR 文件

```
┌──▷ mvn clean compile test-compile assembly:single
     ...
     [INFO] ------------------------------------------------------------
     [INFO] BUILD SUCCESS
     [INFO] ------------------------------------------------------------
     [INFO] Total time: 29.279 s
     [INFO] Finished at: 2020-08-15T15:43:58-07:00
                                                     运行 LocalRunner，并且提供
                                                     关键词 Director 进行过滤
     java -cp ./target/chapter4-0.0.1-fat-tests.jar
         com.manning.pulsar.chapter4.functions.sdk.KeywordFilter
       ➥ FunctionLocalRunnerTest Director    ◀───────────────────────┘
```

```
org.apache.pulsar.functions.runtime.thread.ThreadRuntime - ThreadContainer
  starting function with instance config InstanceConfig(instanceId=0,
  functionId=0bc39b7d-fb08-4549-a6cf-ab641d583edd,
  functionVersion=7786da28-
0bb6-4c11-97d9-3d6140cc4261, functionDetails=tenant: "public"
namespace: "default"
name: "keyword-filter"
className: "com.manning.pulsar.chapter4.functions.
  sdk.KeywordFilterFunction"                              ◄──── 输出会显示函数被
                                                                正确部署
userConfig: "{\"keyword\":\"Director\",\"ignore-case\":true}"
autoAck: true
parallelism: 1            输出会显示函数的
source {                  输入主题
  typeClassName: "java.lang.String"   ◄────
  subscriptionName: "keyword-filter-sub"
  inputSpecs {
    key: "persistent://public/default/raw-feed"
    value {
      schemaType: "String"
    }
  }
  cleanupSubscription: true
}                          输出会显示函数的
sink {                     输出主题
  topic: "persistent://public/default/filtered-feed"   ◄────
  typeClassName: "java.lang.String"
  forwardSourceMessageProperty: true
}
...                                                    输出应该只有包含关键词
                                                       Director 的句子
Message received: At the end of the room a loud speaker projected from the
  wall. The Director walked up to it and pressed a switch.   ◄────
Message received: The Director pushed back the switch. The voice was
  silent. Only its thin ghost continued to mutter from beneath the
  eighty pillows.
Message received: Once more the Director touched the switch.
```

　　让我们仔细看看这里的步骤。KeywordFilterFunction 的实例在本地 JVM 中被启动并且连接到了运行在 Docker 容器中的 Pulsar 实例。接下来，在函数配置中声明的输入主题和输出主题在 Pulsar 实例中被自动创建。之后，在 KeywordFilterFunctionLocalRunnerTest 的 sendData 方法中运行的生产者生成数据并将数据发送给 Docker 容器中的 Pulsar 主题。

　　KeywordFilterFunction 监听着同一个主题，并且会处理接收到的每一条消息。只有包含关键词的消息（本例中的关键词是 Director）才会被写入配置的函数输出主题中。在 KeywordFilterFunctionLocalRunnerTest 的 startConsumer 方法中运行的消费者会读取函数输出主题中的数据并打印到标准输出端，以便我们验证结果。

4.5   部署 Pulsar 函数

在完成 Pulsar 函数的编译测试之后，我们需要最终将其部署到生产环境中。pulsar-admin functions 命令行工具能够帮助我们完成这一操作，它让用户能够提供租户、名字空间、输入主题和输出主题等多种配置属性。在本节中，我们会学习使用这一工具配置和部署 Pulsar 函数。

4.5.1   生成部署 artifact

在部署 Pulsar 函数时，第一步就是生成包含函数代码及其所有依赖代码的 artifact。根据编写函数所用的编程语言的不同，artifact 的类型也会变化。

1. Java SDK 函数

对于 Java 函数，NAR（NiFi archive）文件是最推荐的格式。如果包含所有依赖项，JAR 文件也是可以接受的。不论是简单的 Java 原生函数还是利用了 Pulsar Functions SDK 开发的函数，对于上面两种格式都能支持。一个 NAR 文件就是部署所需的 artifact。如代码清单 4-18 所示，为了将 Pulsar 函数打包成一个 NAR 文件，我们需要在 pom.xml 中添加一个插件。

代码清单 4-18   在 pom.xml 文件中添加 NAR Maven 插件

```
<build>
  <plugins>
    <plugin>
      <groupId>org.apache.nifi</groupId>
      <artifactId>nifi-nar-maven-plugin</artifactId>
      <version>1.2.0</version>
      <extensions>true</extensions>
      <executions>
        <execution>
          <phase>package</phase>
          <goals>
            <goal>nar</goal>
          </goals>
        </execution>
      </executions>
    </plugin>
  ...
  </plugins>
</build>
```

添加插件之后，只需执行 `mvn clean install` 命令，即可在项目的 target 文件夹中生成 NAR 文件。这个生成的 NAR 文件就是部署基于 Java 的 Pulsar 函数所需的 artifact。

2. Python SDK 函数

对于基于 Python 的 Pulsar 函数，根据用户是否使用了 Pulsar Functions SDK，存在两种部署模式。如果没有使用 Pulsar Functions SDK，并且只需要部署 Python 原生函数，那么 Python 的源文件（如 my-function.py）就是 artifact，不需要任何额外的打包操作。

　　然而，如果用户希望部署一个依赖 Python 标准库之外的内容的 Pulsar 函数，那么就必须在部署之前，将所有需要的依赖项都打包到一个 artifact（ZIP 文件）中。在 Python 项目文件夹中需要用 requirements.txt 文件来管理所有的项目依赖项。开发人员需要手动地更新这一文件来确保依赖项被更新。注意，pulsar-client 并不需要包含在依赖项中，Pulsar 会提供。在构建 Python 的部署 artifact 时，用户需要运行代码清单 4-19 所示的命令，将 requirements.txt 中的所有依赖项都下载到项目的 deps 文件夹中。

代码清单 4-19　下载 Python 依赖项

　　在下载完成之后，需要创建一个带有预期包名（如 echo-function）的目标文件夹。然后，将所有的源文件和依赖文件夹都复制进该文件夹并将其压缩成一个 ZIP 文件。代码清单 4-20 中的命令所生成的 ZIP 文件就是部署基于 Python 的 Pulsar 函数所需的 artifact。

代码清单 4-20　打包基于 Python 的 Pulsar 函数

```
mkdir -p /tmp/echo-function            ◁─── 创建新的文件夹，以存储
                                            函数依赖项和源文件

cp -R deps /tmp/echo-function/
cp -R src /tmp/echo-function/          ◁─── 从 Python 项目文件夹中，复制
                                            所有的依赖项和源文件

zip -r /tmp/echo-function.zip /tmp/echo-function   ◁─── 使用 zip 命令创建包含
                                                        所有内容的 ZIP 文件
```

3. Go SDK 函数

　　对于基于 Go 的 Pulsar 函数，推荐的 artifact 类型是二进制可执行文件。这个文件包含函数的机器字节码及所有支持函数运行的代码。可以像代码清单 4-21 所示的那样，使用 Go 工具链来生成二进制可执行文件。

代码清单 4-21　打包基于 Go 的 Pulsar 函数

确认在项目
目录下
└▷ cd chapter4
```
                                    使用 go build 命令生成
    go build echoFunction.go   ◁─── 二进制可执行文件
```

```
go: downloading github.com/apache/pulsar/pulsar-function-go
➥ v0.0.0-20210723210639-251113330b08
go: downloading github.com/sirupsen/logrus v1.4.2
go: downloading github.com/golang/protobuf v1.4.3
go: downloading github.com/apache/pulsar-client-go v0.5.0
...                           Go 会自动下载需要的依赖项
ls -l                         并将其包含在二进制文件中

                                                      build 命令执行完成
-rwxr-xr-x  1 david   staff   23344912 Jul 25 15:23   之后查看目录内容
➥ echoFunction
-rw-r--r--  1 david   staff        538 Jul 25 15:20
➥ echoFunction.go                     生成的二进制可执行文件
```
包含 Pulsar 函数的 Go 源代码

如果使用的是 macOS 或 Linux，那么二进制可执行文件将位于执行 build 命令的目录下，并且会被命名成源文件名。这就是部署基于 Go 的 Pulsar 函数所需的 artifact。

4.5.2　函数配置

在学习如何构建部署 artifact 之后，我们来了解如何配置 Pulsar 函数。在部署时，所有函数都需要提供输入主题和输出主题等基本配置信息。有两种方式可以指定函数的配置：第一种是通过命令行参数传递给 pulsar-admin functions 工具的 create 命令或 update 命令，第二种是通过一个配置文件。

用户可以根据喜好选择任意一种部署方式。但是我强烈推荐采用第二种方式，因为其不但简化了部署流程，还将配置信息和源代码存储在了一起。这使得用户可以在任意时刻查看属性并且确保运行的函数使用的是正确的配置。如果采用第二种部署方式，那么只需要在部署函数时提供两个配置值：包含可执行函数的 artifact 文件名和包含所有配置的文件名。代码清单 4-22 展示了一个配置文件的内容。我们会使用这一配置文件将 KeywordFilterFunction 函数部署到运行在 Docker 容器中的 Pulsar 集群上。

代码清单 4-22　KeywordFilterFunction 的配置文件

每个函数都必须有关联的租户名

```
className: com.manning.pulsar.chapter4.functions.sdk.KeywordFilterFunction
tenant: public
namespace: default            每个函数都必须有关联的名字空间
name: keyword-filter
inputs:                       一个函数可以有多个输入主题
- persistent://public/default/raw-feed
output: persistent://public/default/filtered-feed
userConfig:                   用户配置键-值映射
  keyword : Director
  ignore-case: false
```

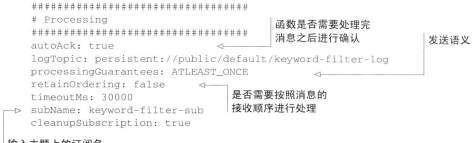

```
####################################
# Processing
####################################
autoAck: true
logTopic: persistent://public/default/keyword-filter-log
processingGuarantees: ATLEAST_ONCE
retainOrdering: false
timeoutMs: 30000
subName: keyword-filter-sub
cleanupSubscription: true
```

函数是否需要处理完
消息之后进行确认

发送语义

是否需要按照消息的
接收顺序进行处理

输入主题上的订阅名

这个文件提供包括类名、输入主题、输出主题在内的运行 Pulsar 函数所需的配置信息。它包含如下配置项，以控制函数处理消息的行为。

- autoAck：指明函数是否需要自动确认从输入主题消费的消息。当使用默认值 true 时，如果函数处理一条消息并且没有抛出异常，那么消息会被自动确认。如果设置成 false，则用户需要手动编写函数代码来确认消息。
- retainOrdering：指明消息是否需要按照在输入主题上的顺序被消费。如果设置成 true，那么否定确认的消息会在尚未处理的消息之前被重新发送。
- processingGuarantees：函数用来处理消息的处理保证（处理语义）。设定值可以是 ATLEAST_ONCE、ATMOST_ONCE 或 EFFECTIVELY_ONCE。

在运行流处理程序时，我们需要指定 Pulsar 函数的处理语义。由于在处理数据时，可能会因为网络连接问题或硬件问题而导致数据丢失，因此上面的这些语义能提供额外的保障。

在 Pulsar 函数中，这些处理语义决定了消息被处理的频率及发生问题时如何被处理。Pulsar 函数支持上述 3 种处理语义，用户可以根据需求选择相应的语义。默认情况下，Pulsar Functions 提供了 ATMOST_ONCE 发送保障。

1. 至多一次（**ATMOST_ONCE**）语义

至多一次语义在数据处理时不提供任何额外的保障。如果数据在 Pulsar 函数处理之前丢失了，那么不会有重试机制来重新处理丢失的数据。每一条发送给 Pulsar 函数的消息，都会被处理一次或零次。

如图 4-6 所示，当 Pulsar 函数使用至多一次语义时，消息在被消费之后无论是否被成功处理都会立刻被确认。在这种情况下，即使消息 M_1 导致了处理异常，消息 M_2 也会被函数处理。

图 4-6 如果使用至多一次语义，那么接收到的消息无论是否处理成功都立刻被确认。这使得每一条消息都只有一次被处理的机会

只有在应用程序可以应对偶尔的数据丢失情况并且不影响结果的正确性时，用户才应该使用至多一次语义。一个计算温度传感器读数均值的 Pulsar 函数就是这样的一个例子。在函数运行的整个过程中，它会处理数以百万计的温度读数，而丢失了一部分读数并不会影响整体的精确度。

2. 至少一次（`ATLEAST_ONCE`）语义

至少一次语义保证了所有被发送到函数输入主题的消息都会被函数至少成功处理一次。当处理失败时，消息会自动被重新发送。因此，所有消息都可能会被处理多次。

在这种语义下，Pulsar 函数从输入主题获取消息，执行自身的处理逻辑，然后再确认消息。如果函数确认消息失败，那么消息会被重新处理。这一过程会重复，直到函数成功确认消息。图 4-7 展示了函数消费消息却无法成功确认这一场景。在此情况下，下一条被处理的消息是 M_1，并且将持续为 M_1，直到函数成功确认消息。

图 4-7　如果使用至少一次语义，那么当函数遇到问题且无法成功确认消息时，同一条消息会被重复处理

只有在应用程序可以多次处理同样的数据而不影响结果的正确性时，用户才应该使用至少一次语义。一种场景是接收的消息代表了要更新到数据库的信息。在此情况下，多次更新同样的值对于底层的数据库并没有影响。

3. 有效一次（`EFFECTIVELY_ONCE`）语义

对于有效一次语义，一条消息在遇到处理失败时可以被接收和处理多次。关键在于，函数处理的实际结果就好像被重复处理的消息只被处理了一次。这是多数情况下用户所需的语义保障。

图 4-8 展示了上游生产者重复发送消息 M_1 到函数的输入主题的场景。在使用有效一次语义时，函数会检查它之前是否已经处理过这条消息（根据用户定义的属性）。如果已经处理过，它就会自动忽略这条消息，并发送确认信息，以避免再次接收。

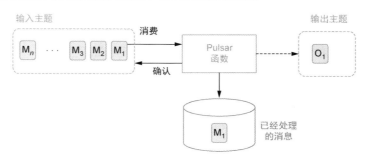

图 4-8　在使用有效一次语义时，重复消息会被忽略

4.5.3　函数部署

在确定函数的配置参数之后，我们接下来要将其部署到一个 Pulsar 集群中。如前所述，我们启动在 Docker 容器中的 Pulsar 集群就能够完成这一任务。我们可以通过代码清单 4-23 所示的命令将 KeywordFilterFunction 部署到集群中。

代码清单 4-23　部署 KeywordFilterFunction

指定部署 artifact，它必须
是本地文件或 URL

使用 Docker 容器中
的 pulsar-admin 命
令行工具

```
$ docker exec -it pulsar bin/pulsar-admin functions create \
--jar /pulsar/dropbox/target/chapter4-0.0.1.nar \
--function-config-file
   /pulsar/dropbox/src/main/resources/function-config.yaml
```

指定函数配置文件，它必须
是本地文件或 URL

如果一切运行正常，我们就可以在结果中看到 Created successfully，这意味着函数被成功创建并部署到了 Pulsar 集群中。让我们来看一下部署过程及原理。我们使用了只存在于 Docker 容器中的 pulsar-admin 命令行工具。因此，我们需要使用 Docker 的 exec 命令来运行在 Docker 容器中的 pulsar-admin 命令行工具。在命令中，我们设置了两个参数：部署 artifact 的路径和函数配置文件的路径。由于部署的是基于 Java 的 Pulsar 函数，因此我们使用--jar 选项来指定 artifact 的位置。如果要部署基于 Python 或 Go 的 Pulsar 函数，那么我们就要使用--py 或--go 来配置 artifact 的路径。使用正确的配置项非常重要，这是因为 Pulsar 使用这些配置项来决定函数的运行环境（也就是说，确定是使用 JVM、Python 解释器还是 Go 运行时）。

配置文件和 artifact 文件都必须和 pulsar-admin 命令行工具在同一台机器上或者能够通过 URL 下载。因此，我们将$GIT_PROJECT 目录挂载到了 Docker 容器的/pulsar/dropbox 文件夹。这使得上面两个文件能被 pulsar-admin 命令行工具在本地访问。尽管对于本地开发来说，这样做就够了，但对于实际的生产场景来说，这些文件会通过 CI/CD 发布流程被传送到 Pulsar 集群中。如代码清单 4-24 所示，我们通过 functions getstatus 命令来获取函数的运行状态。这一命令能够提供很多有用的信息，比如函数状态、函数处理了多少消息、函数的平均处理延迟，以及函数抛出的任何异常。

代码清单 4-24　检查 KeywordFilterFunction 的状态

```
# docker exec -it pulsar /pulsar/bin/pulsar-admin functions getstatus -
  name keyword-filter
{
  "numInstances" : 1,
  "numRunning" : 1,
  "instances" : [ {
    "instanceId" : 0,
    "status" : {
      "running" : true,
```

配置的函数
实例数量

实际的函数
实例数量

运行状态

```
如果有任何          ┌→ "error" : "",
异常被抛出,           "numRestarts" : 0,
会在此显示            "numReceived" : 0,        ←─── 函数收到的消息数量
                     "numSuccessfullyProcessed" : 0, ←─
                     "numUserExceptions" : 0,              函数成功处理的
                     "latestUserExceptions" : [ ],         消息数量
                     "numSystemExceptions" : 0,
                     "latestSystemExceptions" : [ ],
平均处理             "averageLatency" : 0.0,           函数上一次处理
延迟       └→                                          消息的时间
                     "lastInvocationTime" : 0,    ←──
                     "workerId" : "c-standalone-fw-localhost-8080"
                   }
                 } ]
             }
```

　　如果需要调试一个运行中的 Pulsar 函数, 那么 functions getstatus 命令是非常好的入手点。pulsar-admin 命令行工具提供了另一个命令, 用于显示 Pulsar 函数的配置参数。如代码清单 4-25 所示, 我们可以通过 functions get 命令来检查 Pulsar 函数的配置参数。

代码清单 4-25　检查 KeywordFilterFunction 的配置参数

```
# docker exec -it pulsar /pulsar/bin/pulsar-admin functions get --name
   keyword-filter
{
  "tenant": "public",
  "namespace": "default",
  "name": "keyword-filter",
  "className":
    "com.manning.pulsar.chapter4.functions.sdk.KeywordFilterFunction",
  "inputSpecs": {
    "persistent://public/default/raw-feed": {   ←─── 输入主题
      "isRegexPattern": false,
      "schemaProperties": {}
    }
  },                                                    输出主题    消息是否需要按
  "output": "persistent://public/default/filtered-feed",   ←─     照发布到主题中
  "logTopic": "persistent://public/default/keyword-filter-log",   的顺序处理
函数的处理
理保障  └→"processingGuarantees": "ATLEAST_ONCE",
  "retainOrdering": false,                        ←─
  "forwardSourceMessageProperty": true,
  "userConfig": {              ←─── 任何用户配置值
    "keyword": "Director",
    "ignore-case": false                 函数的运行环境(如
  },                                     Java 或 Python)
  "runtime": "JAVA",          ←─
  "autoAck": true,
  "subName": "keyword-filter-sub",        函数是否会自动
  "parallelism": 1,                       确认消息
  "resources": {              ←─
    "cpu": 1.0,                           配置的函数
    "ram": 1073741824,                    实例数量
    "disk": 10737418240
  },                          分配给函数的计算资源
```

```
    "timeoutMs": 30000,
    "cleanupSubscription": true
}
```

4.5.4　函数部署生命周期

如 4.5.3 节所述，Pulsar 提供了很多配置参数来创建和更新函数，本节讨论其中的一些参数是如何在 Pulsar 函数的部署生命周期中被使用的。当一个函数被创建时，相关的库包被存储在 BookKeeper 中，以便后续 Pulsar 集群中的 broker 节点访问。库包与全限定函数名相关联。全限定函数名由租户名、名字空间名和函数名共同组成，这样的组成方式可以保障函数名在一个 Pulsar 集群中的全局唯一性。

当 Pulsar 函数被创建时，图 4-9 所示的步骤被逐一实行。在函数被注册并且保存到 BookKeeper 之后，Pulsar 会根据提供的配置参数及 Pulsar 集群的部署模式（4.5.5 节会讨论）创建函数实例。函数实例是 Pulsar 函数代码的运行时实例，可以是线程、进程或者 Kubernetes pod。最后，在每一个函数实例内部，一个 Pulsar 消费者和订阅被创建并连接到配置的输入主题上。这些函数实例随后开始等待消息的到来并进行相应的处理。

图 4-9　函数部署生命周期

4.5.5　部署模式

要部署和管理 Pulsar 函数，我们需要一个 Pulsar 集群，但要熟悉一些关于 Pulsar 函数实例在何处运行的选项。可以让函数运行在本地开发机上（本地部署模式）并且通过网络与 broker 交互。这就是我们在 `LocalRunner` 这个例子中所做的。对于生产环境来说，用户需要以集群模式部署函数。

集群模式

在集群模式中，用户将函数提交给一个运行中的 Pulsar 集群，Pulsar 会将其发布到函数 worker 中去执行。函数 worker 是用于执行函数的运行时环境。Pulsar Functions 框架支持以下运行时配置：线程、进程和 Kubernetes pod。图 4-10 展示了函数代码是如何在函数 worker 中执行的。

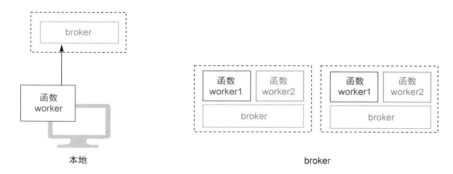

用于开发和测试。本地部署模式在本机上
运行函数并且与一个单独的 broker 交互

用于适度规模的数据处理。broker 部署模式在函数
worker 节点上以线程或进程的形式运行函数

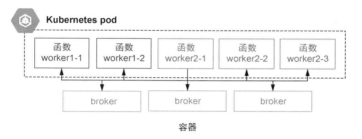

用于大规模数据处理。在容器部署模式下，
函数运行在 Kubernetes 管理的容器中

图 4-10　Pulsar 函数可以在函数 worker 节点上以线程、进程或 Kubernetes pod
　　　　的形式运行

在 Pulsar 中，有两个关于函数 worker 在何处运行的选择：一个是让它们在 broker 中运行，
以简化部署流程；另一个是在单独的机器节点上运行函数 worker 进程，以更好地隔离资源。

将函数 worker 运行在 broker 中的好处包括减少硬件需求，以及降低 worker 和 broker 之间的
网络延迟。然而，单独运行函数 worker 能够更好地隔离资源，并且保护了 broker 免于被有问题
的函数影响甚至关闭。

4.5.6　Pulsar 函数数据流

在结束本章之前，让我们讨论一条消息在 Pulsar 函数中经过的流程，并将这些阶段与创建或
更新函数时提供的配置参数关联起来。这样一来，用户能更好地理解如何配置函数。图 4-11 展
示了 Pulsar 函数的数据流及控制函数行为的配置属性。

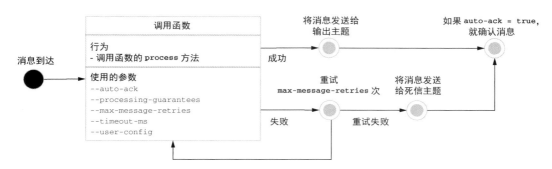

图 4-11　在函数 worker 中运行的 Pulsar 函数的消息处理流程

当消息到达函数配置的任意输入主题时，函数的 `process` 方法被调用并接收消息的内容作为输入参数。如果函数能够成功地处理消息，那么返回值就会被发送给输出主题。如果函数输出类型是 `Void`，则不会有任何输出。

如果函数处理遇到了运行异常，那么消息会根据配置的 `max-message-retries` 进行重试处理。如果所有的重试操作都失败了，消息就会被发送到死信主题（如果配置了的话），这样它就能被保存下来并接受检查。在两种情况下，如果配置了 `auto-ack`，消息都会随着被函数处理而被确认，这样函数就可以继续处理下一条消息。

4.6　小结

- ❑ Pulsar Functions 是一个运行在 Pulsar 中的无服务器计算框架，它让用户能够自定义处理逻辑来处理 Pulsar 主题新收到的消息。
- ❑ Pulsar 函数支持 Java、Python 和 Go，但是本书着重介绍 Java。
- ❑ Pulsar 函数可以通过 Pulsar 命令行工具进行配置、提交和监控。
- ❑ Pulsar 函数支持线程、进程和 Kubernetes pod 等多种运行模式。

Pulsar IO 连接器

5

如果消息系统可以与其他外部系统便捷地传递数据，那么它将变得更加实用。外部系统包括数据库、本地或分布式文件系统，以及其他消息系统。设想下面的场景：用户希望从应用程序、平台或云服务等外部消息源注入日志数据，并且将它们发布到搜索引擎中进行分析。我们可以通过一对 Pulsar IO 连接器简便地实现这一目标：首先需要一个收集应用程序日志的消息源，然后需要一个将格式化记录写入 Elasticsearch 的消息输出。

Pulsar 提供了一套可用于与外部系统（如 Apache Cassandra、Elasticsearch 和 HDFS）交互的连接器。Pulsar IO 框架极具可扩展性，它让用户能够根据自身需求开发定制化的连接器，以用于新系统或遗留系统。

5.1 什么是 Pulsar IO 连接器

Pulsar IO 框架为开发人员、数据工程师和运维人员提供了一套简便的方法，可将数据在 Pulsar 消息平台迁入和迁出，同时避免编写大量的代码或要求成为 Pulsar 专家及外部系统专家。从实现角度看，Pulsar IO 连接器是通过可扩展的 API 与外部系统进行交互的 Pulsar 函数。

如果要在一个 Java 类中使用 Pulsar 客户端实现与 MongoDB 等外部系统的交互逻辑，那么用户必须熟练掌握 MongoDB 和 Pulsar 客户端的用法，并且要对重要组件进行运维工作。Pulsar IO 连接器旨在简化这种场景。

Pulsar IO 连接器有两种：source 连接器用于从外部系统向 Pulsar 注入数据；sink 连接器用于将数据从 Pulsar 迁移到外部系统。图 5-1 展示了 source 连接器、sink 连接器和 Pulsar 之间的关系。

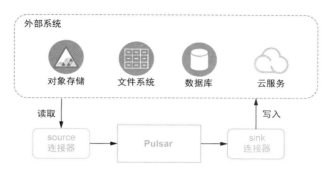

图 5-1 source 连接器从外部系统消费数据，sink 连接器将数据写入外部系统

5.1.1 sink 连接器

虽然 Pulsar IO 框架已经为主流的数据系统提供了一套内建的连接器，但是其极具可扩展性，让用户能够为新开发的系统或接口添加新的连接器。Pulsar IO 连接器背后的编程模型非常直观，这极大地简化了开发过程。sink 连接器可以从一个或多个输入主题接收消息。每当有消息被发布到这些输入主题中时，Pulsar sink 的 `write` 方法就会被调用。

`write` 方法的实现决定了如何处理所接收消息的内容和属性并将数据写出去。图 5-2 展示的 sink 连接器使用了消息内容来决定数据库记录被插入数据库的哪一张表并生成和执行相应的 SQL 命令来达到这一目的。

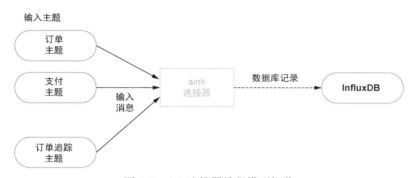

图 5-2 sink 连接器编程模型概览

创建定制化 sink 连接器最简单的方法是用 Java 类实现代码清单 5-1 所示的 `org.apache.pulsar.io.core.Sink` 接口。接口中定义的第一个方法是 `open`，它仅在 sink 连接器被实例化时调用一次，并且被用于初始化所需的资源（比如，对于数据库连接器，可以创建 JDBC 客户端）。`open` 方法同时提供了名为 `config` 的单一输入参数。从这个参数中，用户可以获得所有的连接器相关配置信息（如数据库连接 URL、用户名及密码）。除了用户传递的 `config` 参数，Pulsar 运行时还为连接器提供了 `SinkContext` 对象，用于访问运行时资源。`SinkContext` 对象与 Pulsar Functions API 中的 `Context` 对象非常相似。

代码清单 5-1　sink 接口

```
package org.apache.pulsar.io.core;

public interface Sink<T> extends AutoCloseable {
    /**
     * Open connector with configuration
     *
     * @param config initialization config
     * @param sinkContext
     * @throws Exception IO type exceptions when opening a connector
     */
    void open(final Map<String, Object> config,
            SinkContext sinkContext) throws Exception;

    /**
     * Write a message to Sink
     * @param record record to write to sink
     * @throws Exception
     */
    void write(Record<T> record) throws Exception;
}
```

接口中的另一个方法是 `write`，它负责从配置的 Pulsar 主题中消费数据并将内容写入外部系统。`write` 方法接受实现了 `org.apache.pulsar.functions.api.Record` 接口的对象，它提供了处理消息所需的很多信息，如代码清单 5-2 所示。值得注意的是，sink 接口继承了 `AutoCloseable` 接口，其中的 `close` 方法用于在连接器关闭时释放数据库连接或文件描述符等资源。

代码清单 5-2　record 接口

```
package org.apache.pulsar.functions.api

public interface Record<T> {

    default Optional<String> getTopicName() {          如果消息来自一个主题，
        return Optional.empty();                       获取主题名
    }

    default Optional<String> getKey() {                如果消息有 key，
        return Optional.empty();                       获取 key
    }
获取消息
中的实际
数据
    T getValue();                     获取消息的事件
                                      时间              如果消息来自分区的源，返回
                                                        分区 ID。分区 ID 会被 Pulsar
    default Optional<Long> getEventTime() {            IO 运行时用作唯一标识符的
        return Optional.empty();                       一部分，从而进行消息的去重
    }                                                   以提供精确一次的处理保障

    default Optional<String> getPartitionId() {
        return Optional.empty();
    }
```

```
default Optional<Long> getRecordSequence() {      ◁
    return Optional.empty();
}
```

如果消息来自有序的源，返回序列号。序列号会被 Pulsar IO 运行时用作唯一标识符的一部分，从而进行消息的去重以提供精确一次的处理保障

```
default Map<String, String> getProperties() {     ◁
    return Collections.emptyMap();
}
```

获取用户自定义的消息属性

```
default void ack() {      ◁
}
```

确认消息被处理

```
default void fail() {      ◁
}
```

表明消息处理失败

```
default Optional<String> getDestinationTopic() {     ◁
    return Optional.empty();
}
}
```

用于对单条消息进行路由

record 接口的实现还需要提供两个方法：ack 和 fail。这两个方法会被 Pulsar IO 框架调用来确认消息被成功处理或者表示消息处理失败。如果消息在连接器中无法被确认，则会导致消息无法被释放，最终会使连接器由于反压而停止处理。

5.1.2 source 连接器

source 连接器用于从外部系统读取数据并将其发布到指定的 Pulsar 主题中。Pulsar IO 框架支持两种 source 连接器，第一种类型基于拉取模型。如图 5-3 所示，Pulsar IO 框架通过不停地调用 source 连接器的 read 方法从外部系统拉取数据并发布到 Pulsar 主题中。

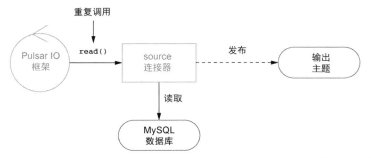

图 5-3 source 连接器的 read 方法被重复调用，从外部系统拉取数据并发布到 Pulsar 主题中

在这种情况下，连接器的 read 方法逻辑需要负责查询数据库，将结果转换成 Pulsar 消息，并将消息发布到 Pulsar 主题中。这一类连接器对于下面的场景特别有用：用户有一个只能将接收到的信息写入 MySQL 数据库的订单输入程序，并且希望能将这些信息暴露给其他系统，以进行实时处理和分析。

要创建基于拉取模型的 source 连接器，最简便的方法是实现代码清单 5-3 所示的 `org.apache.pulsar.io.core.Source` 接口。该接口中的第一个方法是 `open`，它只在 source 连接器被创建时调用一次，并且被用于初始化数据库客户端等所需的资源。

`open` 方法有一个输入参数，即 `Map` 类型的 `config`。用户可以从中获取所有的连接器相关配置信息，包括数据库连接 URL、用户名和密码。这个输入参数包含通过 `--source-config-file` 指定的配置文件中的所有参数，以及在创建或更新连接器时提供的所有默认配置信息。

代码清单 5-3   source 接口

```
package org.apache.pulsar.io.core;

public interface Source<T> extends AutoCloseable {
    /**
     * Open source with configuration
     *
     * @param config initialization config
     * @param sourceContext
     * @throws Exception IO type exceptions when opening a connector
     */
    void open(final Map<String, Object> config,
            SourceContext sourceContext) throws Exception;

    /**
     * Reads the next message from source.
     * If source does not have any new messages, this call should block.
     * @return next message from source. The result should never be null
     * @throws Exception
     */
    Record<T> read() throws Exception;

}
```

除了 `config` 参数，Pulsar 运行时还提供了 `SourceContext` 对象。与 Pulsar Functions API 中的 `Context` 对象非常相似，`SourceContext` 对象提供了对运行时资源的访问，包括收集指标、获取有状态的属性值等。

定义在接口中的另一个方法是 `read`，它负责从外部系统获取数据并发布到 Pulsar 的指定主题中。该方法的实现在没有数据返回时应该阻塞等待，而不是返回 `null`。`read` 方法返回实现了 `org.apache.pulsar.functions.api.Record` 接口的对象。值得注意的是，source 接口继承了 `AutoCloseable` 接口，其中的 `close` 方法用于在连接器关闭时释放数据库连接或文件描述符等资源。

5.1.3 PushSource 连接器

source 连接器的第二种类型基于推送模型。这类连接器会持续地收集数据并将数据缓存在内部的阻塞队列中，直到最后发送给 Pulsar。如图 5-4 所示，PushSource 连接器通常有一个持续运行的后台线程来收集外部系统的数据并将数据缓存在内部队列中。当 Pulsar IO 框架重复调用

source 连接器的 `read` 方法时，在内部队列中的数据会被发送到 Pulsar 中。

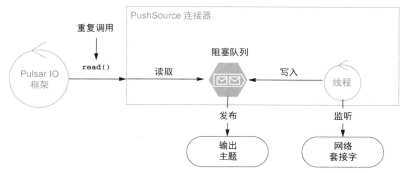

图 5-4　PushSource 连接器有一个后台线程监听网络套接字并将接收到的数据写入阻塞
　　　　队列中。当 `read` 方法被调用时，数据会从队列中被拉取

在这种情况下，连接器会用后台线程监听网络套接字并将接收到的数据发送到内部队列中。这类连接器适用于下面的场景：获取数据的外部系统不会保存数据，并且能够在任意时刻被查询调用。网络套接字就是这样一个例子：如果线程没有连接并监听，那么通过网络传输的数据就会永久性丢失。将这一场景与之前的查询数据库的连接器相比。连接器可以在记录被发送到数据库之后查询数据库，并且由于数据库持久化地保存了这一数据，因此连接器始终可以获取该记录。

要创建基于推送模型的 source 连接器，最简便的方法是实现代码清单 5-4 所示的 `org.apache.pulsar.io.core.PushSource` 接口。由于该抽象类实现了 source 接口，因此用户必须实现 source 接口的所有方法。

代码清单 5-4　PushSource 类

```
package org.apache.pulsar.io.core;
/**
 * Pulsar's Push Source interface. PushSources read data from
 * external sources (database changes, twitter firehose, etc)
 * and publish to a Pulsar topic. The reason its called Push is
 * because PushSources get passed a consumer that they
 * invoke whenever they have data to be published to Pulsar.
 */
public abstract class PushSource<T> implements Source<T> {

  private LinkedBlockingQueue<Record<T>> queue;
  private static final int DEFAULT_QUEUE_LENGTH = 1000;

  public PushSource() {
    this.queue = new LinkedBlockingQueue<>(this.getQueueLength());   ◁
  }

  @Override
  public Record<T> read() throws Exception {
    return queue.take();   ◁
  }
```

PushSource 使用内部的阻塞队列来缓存消息

从内部队列中读取消息，如果没数据则会阻塞

```
    /**
* Attach a consumer function to this Source. This is invoked by the
* implementation to pass messages whenever there is data to be
* pushed to Pulsar.
*
* @param record next message from source which should be sent to
*  a Pulsar topic
*/
  public void consume(Record<T> record) {
    try {
    queue.put(record);                        ◄─────    所接收的消息会被存储在内部队列中,
    } catch (InterruptedException e) {                    如果队列已满则会阻塞
      throw new RuntimeException(e);
    }
  }


  /**
* Get length of the queue that records are push onto
* Users can override this method to customize the queue length
* @return queue length
*/
  public int getQueueLength() {                如果希望增加队列的容量,
    return DEFAULT_QUEUE_LENGTH;    ◄─────    则需要重写这个方法
  }
}
```

PushSource 类的关键特性就是用于缓存消息的 LinkedBlockingQueue。该队列让用户能有一个持续运行的进程来接收数据并最终将数据发送给 Pulsar。值得注意的是,用户可以设定这个队列的大小以限制 PushSource 连接器的内存消耗。当阻塞队列达到配置的大小时,新的数据无法被加入队列中。这会导致后台线程被阻塞,而线程阻塞可能导致数据丢失。因此,合理地设定队列的大小非常重要。

5.2 开发 Pulsar IO 连接器

前文介绍了 Pulsar IO 框架提供的 sink 连接器和 source 连接器,并简要地讨论了它们的作用。本节将以此为基础介绍如何开发新的连接器。

5.2.1 开发 sink 连接器

如代码清单 5-5 所示,我们首先来开发一个基础的连接器,它从字符串流不停地接收数据并将数据写入本地临时文件中。尽管这个连接器有一定的局限,特别是在现实世界中不可能向一个文件无限地写入内容,但作为一个学习如何开发 sink 连接器的样例是非常好的。

代码清单 5-5　本地文件的 sink 连接器

```
import org.apache.pulsar.io.core.Sink;    ←—— 导入 sink 接口

public class LocalFileSink implements Sink<String> {

    private String prefix, suffix;
    private BufferedWriter bw = null;
    private FileWriter fw = null;

    public void open(Map<String, Object> config,
                     SinkContext sinkContext) throws Exception {

      prefix = (String) config.getOrDefault("filenamePrefix", "test-out");
      suffix = (String) config.getOrDefault
    ➥ ("filenameSuffix", ".tmp");        ←—— 从配置属性中获取目标文件的前缀和后缀

      File file = File.createTempFile(prefix, suffix);
      fw = new FileWriter(file.getAbsoluteFile(), true);   ←—
      bw = new BufferedWriter(fw);
    }                                    初始化文件和         在临时文件夹中
                                         BufferedWriter      创建新文件
    public void write(Record<String> record) throws Exception {
      try {
          bw.write(record.getValue());   ←—— 从接收到的记录中获取
          bw.flush();                          内容并写入文件
          record.ack();
      } catch (IOException e) {
          record.fail();
          throw new RuntimeException(e);      表明没有成功处理消息，以便
      }                                       保留消息并在之后重试
    }

    public void close() throws Exception {  ←—
      try {                                     关闭文件流，以确保
          if (bw != null)                       数据被刷入磁盘
            bw.close();
          if (fw != null)
            fw.close();
      } catch (IOException ex) {
          ex.printStackTrace();
      }
    }
}
```

确认消息被
成功处理，
以便清理

连接器的 `open` 方法接收用户提供的配置属性并在临时文件夹中创建新的空文件。接着，实例级别的 `FileWriter` 和 `BufferedWriter` 被初始化成指向该文件，`close` 方法则会在连接器被停止时关闭这两个 writer。

sink 的 `write` 方法会在配置的输入主题接收到数据时被调用。它会通过 `BufferedWriter` 的 `write` 方法将接收到的值写入目标文件并确认消息被成功处理。如果无法将内容写入临时文件，那么 sink 会调用 `fail` 并抛出 `IOException`。

5.2.2　开发 PushSource 连接器

接下来，让我们开发一个基于推送模型的 source 连接器，如代码清单 5-6 所示。这个连接器会定期扫描目录以确认新文件，并将文件中的内容逐条发送给 Pulsar。我们可以通过扩展 PushSource 类来实现这一目标，该类是 source 接口的一个实现，专门用于后台进程持续生成数据。

代码清单 5-6　PushSource 连接器

```
import org.apache.pulsar.io.core.PushSource;
import org.apache.pulsar.io.core.SourceContext;

public class DirectorySource extends PushSource<String> {          运行后台线程的
  private final ScheduledExecutorService scheduler =              内部线程池
  Executors.newScheduledThreadPool(1);

  private DirectoryConsumerThread scanner;
                                                                  从传入的配置属性中
                                                                  获取运行时设置
  private Logger log;

  @Override
  public void open(Map<String, Object> config, SourceContext context)
    throws Exception {
    String in = (String) config.getOrDefault("inputDir", ".");
    String out = (String) config.getOrDefault("processedDir", ".");
    String freq = (String) config.getOrDefault("frequency", "10");

    scanner = new DirectoryConsumerThread(this, in, out, log);
    scheduler.scheduleAtFixedRate(scanner, 0, Long.parseLong(freq),
      TimeUnit.MINUTES);
    log.info(String.format("Scheduled to run every %s minutes", freq));
    }
                                                                  创建后台线程并传入 source
  @Override                                                       连接器的引用和配置信息
  public void close() throws Exception {
    log.info("Closing connector");
    scheduler.shutdownNow();
  }
}
```

启动后台线程

连接器的 open 方法从用户提供的配置属性中获取需要监控的目录地址，然后启动 Directory-ConsumerThread 类的后台线程来扫描目录并逐行读取文件内容。代码清单 5-7 所示的后台线程类将 source 连接器实例作为其构造方法的参数，process 方法之后会使用它将文件内容传递给内部的阻塞队列。

代码清单 5-7　DirectoryConsumerThread 类

```
import org.apache.pulsar.io.core.PushSource;

public class DirectoryConsumerThread extends Thread {
  private final PushSource<String> source;          PushSource
  private final String baseDir;                      连接器的引用
  private final String processedDir;
```

```
public DirectoryConsumerThread(PushSource<String> source, String base, String
    processed, Logger log) {
  this.source = source;
  this.baseDir = base;
  this.processedDir = processed;
  this.log = log;
}

public void run() {
  log.info("Scanning for files.....");
  File[] files = new File(baseDir).listFiles();
  for (int idx = 0; idx < files.length; idx++) {
   consumeFile(files[idx]);        ←————  处理在配置目录
  }                                        下的所有文件
}

private void consumeFile(File file) {
  log.info(String.format("Consuming file %s", file.getName()));
  try (Stream<String> lines = getLines(file)) {
    AtomicInteger counter = new AtomicInteger(0);          处理每个文件中
     lines.forEach(line ->                                 的各行内容
        process(line, file.getPath(), counter.incrementAndGet()));   ←——

     log.info(String.format("Processed %d lines from %s",       处理完文件之后,
        counter.get(), file.getName()));                        将其移到已处理
     Files.move(file.toPath(),Paths.get(processedDir)          文件目录下
        .resolve(file.toPath().getFileName()), REPLACE_EXISTING);   ←——
     log.info(String.format("Moved file %s to %s",
        file.toPath().toString(), processedDir));
  } catch (IOException e) {
     e.printStackTrace();
  }                                                     将文件分割成
}                                                       各行的流

private Stream<String> getLines(File file) throws IOException {   ←——
  if (file == null) {
    return null;
  } else {
    return Files.lines(Paths.get(file.getAbsolutePath()),
      Charset.defaultCharset());
  }
}                                                    对文件中的
                                                     每一行都创
private void process(String line, String src, int lineNum) {   建一个记录
  source.consume(new FileRecord(line, src, lineNum));   ←——
}
}
```

获取每个
文件的所
有行

如代码清单 5-8 所示，我们还为这个 PushSource 连接器创建了一个新的记录类型，即
FileRecord。这使得我们能够保存额外的文件内容元数据，比如源文件名和行数等。这类元数
据可以被其他的下游 Pulsar 函数使用，从而帮助用户通过文件名或类型给记录排序，或者确保有
序地处理文件的各行内容。

代码清单 5-8 `FileRecord` 类

```
import org.apache.pulsar.functions.api.Record;

public class FileRecord implements Record<String> {

  private static final String SOURCE = "Source";        文件中每一行的
  private static final String LINE = "Line-no";          实际内容
  private String content;
  private Map<String, String> props;      ◁——   消息属性

  public FileRecord(String content, String src, int lineNumber) {
    this.content = content;
    this.props = new HashMap<String, String>();
    this.props.put(SOURCE, srcFileName);
    this.props.put(LINE, lineNumber + "");
  }

  @Override                                              对于基于 key 的订阅，
  public Optional<String> getKey() {                      用源文件作为 key
    return Optional.ofNullable(props.get(SOURCE));   ◁——
  }

  @Override
  public Map<String, String> getProperties() {
    return props;      ◁——   消息属性暴露了
  }                            元数据

  @Override
  public String getValue() {
    return content;      ◁——   消息值是文件的
  }                              实际内容
}
```

线程的 `process` 方法调用了 PushSource 的 `consume` 方法，并传递了文件的内容。如我们在代码清单 5-4 中所见，PushSource 的 `consume` 方法只是简单地将接收到的数据写入内部的阻塞队列。这将 Pulsar 对 PushSource 的 `read` 方法的调用与获取文件内容解耦。PushSource 连接器广泛使用了后台线程来获取外部系统的数据，然后调用 source 的 `consume` 方法将数据推送到输出主题。

5.3　测试 Pulsar IO 连接器

在本节中，我们会学习如何测试 Pulsar IO 连接器。我们使用 `DirectorySource` 作为例子来展示 Pulsar IO 连接器的开发生命周期。这个连接器接收用户提供的目录地址并将目录下所有文件的内容逐行发送给 Pulsar。

本例中的代码并不复杂，我们会借其来学习如何测试面向生产环境的连接器。因为使用的是 Java 代码，所以我们可以使用任意的单元测试框架（如 JUnit 或 TestNG）来测试函数逻辑。

5.3.1　单元测试

第一步是写一套单元测试用例来覆盖常见场景，以验证其逻辑的正确性且对于不同的输入能够得到正确的结果。如代码清单 5-9 所示，由于代码使用了 Pulsar SDK API，因此我们需要模拟对象库（如 Mockito），来模拟 `SourceContext` 对象。

代码清单 5-9　DirectorySource 单元测试

```
public class DirectorySourceTest {
  final static Path SOURCE_DIR =
    Paths.get(System.getProperty("java.io.tmpdir"), "source");
  final static Path PROCESSED_DIR =
    Paths.get(System.getProperty("java.io.tmpdir"),"processed");   ◁── 使用临时文件夹
                                                                        进行测试
  private Path srcPath, processedPath;
  private DirectorySource spySource;   ◁── 对 DirectorySource
                                            连接器进行监视
  @Mock
  private SourceContext mockedContext;

  @Mock
  private Logger mockedLogger;

  @Captor
  private ArgumentCaptor<FileRecord> captor;   ◁── 该类获取 DirectorySource
                                                    连接器写出的所有记录

  @Before
  public final void init() throws IOException {
    MockitoAnnotations.initMocks(this);
    when(mockedContext.getLogger()).thenReturn(mockedLogger);
    FileUtils.deleteDirectory(SOURCE_DIR.toFile());            在每次测试前清理
    FileUtils.deleteDirectory(PROCESSED_DIR.toFile());   ◁──   临时文件夹
    srcPath = Files.createDirectory(SOURCE_DIR,
      PosixFilePermissions.asFileAttribute(
        PosixFilePermissions.fromString("rwxrwxrwx")));
    processedPath = Files.createDirectory(PROCESSED_DIR,
      PosixFilePermissions.asFileAttribute(                  创建测试时使用的 source
        PosixFilePermissions.fromString("rwxrwxrwx")));   ◁── 及已处理文件夹
    spySource = spy(new DirectorySource());   ◁── 实例化 DirectorySource
  }                                                连接器


    @Test                                         将测试文件复制到
    public final void oneLineTest() throws Exception {   源目录下
      Files.copy(getFile("single-line.txt"),Paths.get(srcPath.toString(),
        "single-line.txt"), COPY_ATTRIBUTES);   ◁──
      Map<String, Object> configs = new HashMap<String, Object>();
      configs.put("inputDir", srcPath.toFile().getAbsolutePath());
      configs.put("processedDir", processedPath.toFile().getAbsolutePath());

      spySource.open(configs, mockedContext);   ◁── 运行 DirectorySource 连接器
      Thread.sleep(3000);
```

验证记录
内容

```
Mockito.verify(spySource).consume(captor.capture());        验证单条记录被发布
FileRecord captured = captor.getValue();        获取已发布
assertNotNull(captured);                        记录以验证
assertEquals("It was the best of times",
     captured.getValue());
assertEquals("1", captured.getProperties().get(FileRecord.LINE));
assertTrue(captured.getProperties().get(FileRecord.SOURCE)
     .contains("single-line.txt"));        验证记录
}                                                属性

@Test
public final void multiLineTest() throws Exception {
  Files.copy(getFile("example-1.txt"),Paths.get(srcPath.toString(),
     "example-1.txt"), COPY_ATTRIBUTES);
  Map<String, Object> configs = new HashMap<String, Object>();
  configs.put("inputDir", srcPath.toFile().getAbsolutePath());
  configs.put("processedDir", processedPath.toFile().getAbsolutePath());

  spySource.open(configs, mockedContext);        运行 DirectorySource 连接器
  Thread.sleep(3000);
  Mockito.verify(spySource, times(113)).consume(captor.capture());

  final AtomicInteger counter = new AtomicInteger(0);        验证预期数目的
  captor.getAllValues().forEach(rec -> {                     记录被发布
    assertNotNull(rec.getValue());
    assertEquals(counter.incrementAndGet() + "",
       rec.getProperties().get(FileRecord.LINE));
    assertTrue(rec.getProperties().get(FileRecord.SOURCE)
       .contains("example-1.txt"));        验证每条记录的
  });                                       内容和属性
}

private static Path getFile(String fileName) throws IOException {
   ...
}
}
```

　　这些单元测试覆盖了基本的函数处理逻辑，并且依赖于 Pulsar Context 的模拟对象。这种测试与任何 Java 类的测试都非常相似。

5.3.2　集成测试

　　完成单元测试以后，我们可能想验证连接器会在 Pulsar 集群中如何运行。最简便的方法是启动一个 Pulsar 集群并使用 LocalRunner 类在本地运行连接器。在这种模式下，连接器会作为一个单独的进程运行在本机上。因为用户可以将调试器连接到连接器进程上，所以这种模式非常适合开发和测试连接器。要使用 LocalRunner，我们需要将相应的依赖项添加到 Maven 项目中，如代码清单 5-10 所示。

代码清单 5-10　添加 LocalRunner 依赖项

```
<dependencies>
  ...
  <dependency>
        <groupId>com.fasterxml.jackson.core</groupId>
        <artifactId>jackson-core</artifactId>
        <version>2.11.1</version>
  </dependency>
  <dependency>
    <groupId>org.apache.pulsar</groupId>
    <artifactId>pulsar-functions-local-runner-original</artifactId>
    <version>2.6.1</version>
  </dependency>
</dependencies>
```

接着，我们需要像代码清单 5-11 所示的那样写一个类来配置和启动 LocalRunner。代码首先要配置 Pulsar 连接器运行在 LocalRunner 上并指定用于测试的实际 Pulsar 集群地址。要访问 Pulsar 集群，最简便的方法就是在 Docker 容器中启动 Pulsar，我们可以在 bash 窗口中执行这个命令：docker run -d -p 6650:6650 -p 8080:8080 --name pulsar apachepulsar/pulsar-standalone。这会在容器中以独立模式启动一个 Pulsar 集群。通常来说，我们会在 IDE 中运行 LocalRunner 测试，然后添加调试器来逐步运行连接器代码，并确认和解决在其中遇到的问题。

代码清单 5-11　用 LocalRunner 测试 DirectorySource

```
public class DirectorySourceLocalRunnerTest {
    final static String BROKER_URL = "pulsar://localhost:6650";
    final static String OUT = "persistent://public/default/directory-scan";
    final static Path SOURCE_DIR =
        Paths.get(System.getProperty("java.io.tmpdir"), "source");
    final static Path PROCESSED_DIR =
        Paths.get(System.getProperty("java.io.tmpdir"), "processed");  ←── 使用临时文件夹
                                                                          进行测试
    private static LocalRunner localRunner;
    private static Path srcPath, processedPath;

    public static void main(String[] args) throws Exception {
        init();
        startLocalRunner();
        shutdown();
    }

    private static void startLocalRunner() throws Exception {
        localRunner = LocalRunner.builder()
                .brokerServiceUrl(BROKER_URL)       ←── 将 LocalRunner 连接到
                .sourceConfig(getSourceConfig())    ←──   Docker 容器
                .build();
        localRunner.start(false);                   部署 DirectorySource
    }                                               连接器

    private static void init() throws IOException {
        Files.deleteIfExists(SOURCE_DIR);
```

```
      Files.deleteIfExists(PROCESSED_DIR);
      srcPath = Files.createDirectory(SOURCE_DIR,
        PosixFilePermissions.asFileAttribute(
          PosixFilePermissions.fromString("rwxrwxrwx")));
      processedPath = Files.createDirectory(PROCESSED_DIR,
        PosixFilePermissions.asFileAttribute(
          PosixFilePermissions.fromString("rwxrwxrwx")));

      Files.copy(getFile("example-1.txt"), Paths.get(srcPath.toString(),
        "example-1.txt"), COPY_ATTRIBUTES);
    }

    private static void shutdown() throws Exception {
      Thread.sleep(30000);
      localRunner.stop();
      System.exit(0);
    }

    private static SourceConfig getSourceConfig() {
      Map<String, Object> configs = new HashMap<String, Object>();
      configs.put("inputDir", srcPath.toFile().getAbsolutePath());
      configs.put("processedDir", processedPath.toFile().getAbsolutePath());

      return SourceConfig.builder()
          .className(DirectorySource.class.getName())
          .configs(configs)
          .name("directory-source")
          .tenant("public")
          .namespace("default")
          .topicName(OUT)
          .build();
    }

    private static Path getFile(String fileName) throws IOException {
      ...
    }
}
```

将测试文件复制到源目录下

创建测试时使用的 source 及已处理文件夹

在 30 秒之后停止 **LocalRunner**

指定 **DirectorySource** 为需要运行的连接器

配置 **DirectorySource** 连接器

指定 source 连接器的输出主题

从项目资源文件夹读取文件

5.3.3   打包 Pulsar IO 连接器

由于 Pulsar IO 连接器是一种特殊的 Pulsar 函数，因此需要将它打包成自包含的软件包。用户需要将连接器代码和所有的依赖项打包成 JAR 文件或 NAR 文件。NAR 是 NiFi archive 的缩写。它是 Apache NiFi 项目使用的特殊打包机制，可以提供 Java 类加载器的隔离。如代码清单 5-12 所示，只要将 nifi-nar-maven-plugin 添加到 Maven 项目中，就可以将 Pulsar IO 连接器打包成 NAR 文件。

代码清单 5-12   创建一个 NAR 包

```
<build>
  ...
  <plugin>
```

```
        <groupId>org.apache.nifi</groupId>
        <artifactId>nifi-nar-maven-plugin</artifactId>
        <version>1.2.0</version>
        <extensions>true</extensions>
        <executions>
            <execution>
                <phase>package</phase>
                <goals>
                    <goal>nar</goal>
                </goals>
            </execution>
        </executions>
    </plugin>
</build>
```

代码清单 5-12 中的 build 插件被用来生成 NAR 文件，它会默认在生成的文件中包含所有的项目依赖项。在构建和部署基于 Java 的 Pulsar IO 连接器时，推荐使用 NAR 包。在添加插件之后，只需执行 `mvn clean install`，即可生成能够在 Pulsar 生产集群中部署连接器的 NAR 包。一旦打包完成，即可将连接器部署到 Pulsar 集群中。

5.4　部署 Pulsar IO 连接器

作为特殊的 Pulsar 函数，Pulsar IO 连接器复用了 Pulsar Functions 框架的运行时环境。这一环境提供了众多优势，如容错恢复、并发管理、弹性伸缩、负载均衡、按需更新等。关于部署模式，用户可以使用本地模式在开发机上运行 Pulsar IO 连接器，或者使用集群模式使其运行在 Pulsar 集群的函数 worker 中。在前文中，我们使用 `LocalRunner` 在本地运行了连接器。在本节中，我们会学习如何以集群模式部署 `DirectorySource` 连接器。

图 5-5 展示了在 Kubernetes 环境中以集群模式部署连接器，而每一个连接器都运行在单独的容器中（其中还有非连接器的函数实例）。在集群模式中，Pulsar IO 连接器利用 Pulsar Functions 运行时调度器提供的容错恢复能力来处理运行错误。如果运行的某一个连接器出现了错误，那么 Pulsar 会自动在集群中的其他节点上重启任务。

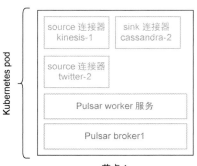

图 5-5　在 Kubernetes 上部署 Pulsar IO 连接器

5.4.1   创建连接器

用户首先需要执行 `mvn clean install` 命令来创建 `DirectorySource` 连接器的 NAR 文件。然后，需要停止运行所有的 Pulsar Docker 容器，因为要像代码清单 5-13 所示的那样提供一些额外的参数来启动新的集群，从而在 Pulsar Docker 容器中访问 NAR 文件。

代码清单 5-13   启动带有挂载卷的 Pulsar Docker 容器

```
$ export GIT_PROJECT=<CLONE_DIR>/pulsar-in-action/chapter5 ◄─┐
$ docker run --name pulsar -id \                             将其设置为本书相关
  -p 6650:6650 -p 8080:8080 \                                repo 的目录
  -v $GIT_PROJECT:/pulsar/dropbox ◄──┐ 配置能在 Docker 容器
apachepulsar/pulsar-standalone        中访问项目目录
```

如代码清单 5-13 所示，我们在 Docker 容器的命令中添加了新的选项 `-v`。该选项会将与本章相关联的源代码文件夹挂载到 Docker 容器中的/pulsar/dropbox 文件夹中。由于 NAR 文件必须能够被 Pulsar 集群所访问，因此我们必须添加这一选项。我们也会使用这一挂载的目录来访问在创建连接器时所需的配置文件。

用户可能会注意到，在进行单元测试和集成测试时，我们总是直接提供配置值，但是在将连接器部署到生产环境中时，我们需要采用更动态的方式来设置配置值。这就是配置文件的用武之地，它让我们能够在提供标准的连接器配置属性的同时为每个连接器指定独特的配置属性。

从代码清单 5-14 可见，用于部署连接器的配置文件包含输入、处理完成目录，以及其他一些用于创建连接器的配置属性。如代码清单 5-15 所示，在创建连接器时，只需将该配置文件提供给 `bin/pulsar-admin source create` 命令即可。

代码清单 5-14   `DirectorySource` 连接器配置文件的内容

```
tenant: public
namespace: default
name: directory-source

className: com.manning.pulsar.chapter5.source.DirectorySource
topicName: "persistent://public/default/directory-scan"
parallelism: 1
processingGuarantees: ATLEAST_ONCE

# Connector specific config
configs:
    inputDir: "/tmp/input"
    processedDir: "/tmp/processed"
    frequency: 10
```

代码清单 5-15   `create` 命令的输出

```
docker exec -it pulsar mkdir -p /tmp/input
docker exec -it pulsar chmod a+w /tmp/input
docker exec -it pulsar mkdir -p /tmp/processed
docker exec -it pulsar chmod a+w /tmp/processed
```

在容器中创
建输入文件
夹和输出文
夹，并复
制一个测试
文件

```
docker exec -it pulsar cp /pulsar/dropbox/src/test/resources/example-1.txt
   /tmp/input
```

使用 **create** 命令创建连接器

```
docker exec -it pulsar /pulsar/bin/pulsar-admin source create \
  --archive /pulsar/dropbox/target/chapter5-0.0.1.nar \
  --source-config-file /pulsar/dropbox/src/main/resources/config.yml
```

指定配置文件

```
"Created successfully"
```

source 连接器创建成功的消息

```
docker exec -it pulsar /pulsar/bin/pulsar-admin source list
[
    "directory-source"
]
```

指定包含 source 连接器
的 NAR 文件

列出所有正在运行的
source 连接器

当创建连接器时，用户会收到 `Created successfully` 这一消息，从而知道连接器已经被成功启动。如果没有看到这一消息，就需要进行调试。

5.4.2 调试已部署的连接器

如果部署的连接器有任何错误或不符合预期的行为，那么我们可以根据位于 worker 节点上的连接器日志文件开始调试。默认情况下，连接器的所有启动信息及 stderr 输出都会被写入日志文件。日志文件的名称与连接器的名称相关联，并且在生产环境中遵循下面的模式：logs/functions/租户名/名字空间/函数名/函数名-实例编号.log。在我们当前使用的独立模式下，根目录是/tmp，而后续的目录都保持不变。让我们来查看已创建的 DirectorySource 连接器的日志文件，并检查一些可用于调试的信息，如代码清单 5-16 所示。

代码清单 5-16 DirectorySource 日志的第一部分

```
cat /tmp/functions/public/default/directory-source/
   directory-source-0.log
```

检查连接器的日志

```
20:53:30.671 [main] INFO
   org.apache.pulsar.functions.runtime.JavaInstanceStarter - JavaInstance
   Server started, listening on 36857
20:53:30.676 [main] INFO
   org.apache.pulsar.functions.runtime.JavaInstanceStarter -
   Starting runtimeSpawner
20:53:30.678 [main] INFO
   org.apache.pulsar.functions.runtime.RuntimeSpawner -
   public/default/directory-source-0 RuntimeSpawner starting function
20:53:30.689 [main] INFO
   org.apache.pulsar.functions.runtime.thread.ThreadRuntime -
   ThreadContainer starting function with instance config
   InstanceConfig(instanceId=0, functionId=c368b93f-34e9-4bcf-801f-
   d097b1c0d173, functionVersion=247cbde2
-b8b4-45bb-a3cb-8926c3b33217, functionDetails=tenant: "public"
namespace: "default"
```

连接器配置细节

```
name: "directory-source"
className: "org.apache.pulsar.functions.api.utils.IdentityFunction"
autoAck: true                                                    连接器类名
parallelism: 1
source {
  className: "com.manning.pulsar.chapter5.source.DirectorySource"  ◁
  configs:
    ➥ "{\"processedDir\":\"/tmp/processed\",\"inputDir\":\"/tmp/input\",
    ➥ \"frequency\":\"2\"}"
  typeClassName: "java.lang.String"                              配置映射
}
sink {
  topic: "persistent://public/default/directory-scan"    ◁———— 输出主题
  typeClassName: "java.lang.String"
}
resources {
  cpu: 1.0
  ram: 1073741824
  disk: 10737418240
}
componentType: SOURCE
, maxBufferedTuples=1024, functionAuthenticationSpec=null, port=36857,
➥ clusterName=standalone, maxPendingAsyncRequests=10
00)


...
20:53:31.223 [public/default/directory-source-0] INFO
➥ org.apache.pulsar.functions.instance.JavaInstanceRunnable - Initialize
➥ function class loader for function directory-source at function cache
➥ manager, functionClassLoader:
➥ org.apache.pulsar.common.nar.NarClassLoader[/tmp/pulsar-nar/chapter5-
➥ 0.0.1.nar-unpacked]    ◁
```
　　　　　　　　　　　　　　　　　　用来部署连接器的 NAR
　　　　　　　　　　　　　　　　　　文件及其版本号

　　日志的第一部分包含连接器的基本信息，如租户名、名字空间、连接器名称、并行度、资源
等。这些信息可用于确认连接器已正确配置。在日志文件的后续部分中，我们可以看到连接器是
由哪个 artifact 文件创建的，从而确认使用了正确的 artifact 文件。

　　代码清单 5-17 所示的日志文件内容包含关于 Pulsar 生产者和消费者的信息，它们会被连接
器用于对配置的输入主题或输出主题消费和生产消息。任意的网络连接问题都会在此处被展示。
用户代码中的所有日志输入都会被添加在这部分内容之后。它们可以帮助用户监控连接器的运行
情况并发现遇到的异常。

代码清单 5-17　DirectorySource 日志的最后部分

```
org.apache.pulsar.client.impl.ProducerStatsRecorderImpl - Starting
 Pulsar producer perf with config: {                          ◁
  "topicName" : "persistent://public/default/directory-scan",
  "producerName" : null,                                    source 连接器的
  "sendTimeoutMs" : 0,                                      Pulsar 生产者
  ...           ◁
```
　　　　　　　　　额外的 source
　　　　　　　　　连接器属性

```
    "multiSchema" : true,
    "properties" : {
      "application" : "pulsar-source",
      "id" : "public/default/directory-source",
      "instance_id" : "0"
    }
}
20:53:33.704 [public/default/directory-source-0] INFO
⮑ org.apache.pulsar.client.impl.ProducerStatsRecorderImpl
⮑ - Pulsar client config: {
  "serviceUrl" : "pulsar://localhost:6650",          ◁──── 包括安全配置的 Pulsar
  "authPluginClassName" : null,                             客户端配置
  "authParams" : null,
  ...                                                ◁──── 额外的 Pulsar 客户端
  "proxyProtocol" : null                                    配置属性
}
20:53:33.726 [public/default/directory-source-0] INFO
⮑ org.apache.pulsar.client.impl.ProducerImpl - [persistent://public/
default/directory-scan] [null] Creating producer on cnx [id: 0xbcd9978b,
⮑ L:/127.0.0.1:44010 - R:localhost/127.0.0.1:6650]
20:53:33.886 [pulsar-client-io-1-1] INFO                          DirectorySource
⮑ org.apache.pulsar.client.impl.ProducerImpl -                    连接器的日志消息
⮑ [persistent://public/default/direc
tory-scan] [standalone-0-0] Created producer on cnx [id: 0xbcd9978b,
⮑ L:/127.0.0.1:44010 - R:localhost/127.0.0.1:6650]
20:53:33.983 [public/default/directory-source-0] INFO function-directory-
⮑ source - Scheduled to run every 2 minutes                          ◁─────
20:53:33.985 [pool-6-thread-1] INFO  function-directory-source - Scanning
⮑ for files.....
20:53:33.987 [pool-6-thread-1] INFO  function-directory-source - Processing
⮑ file example-1.txt
20:53:33.987 [pool-6-thread-1] INFO  function-directory-source - Consuming
⮑ file example-1.txt
20:53:34.385 [pool-6-thread-1] INFO  function-directory-source - Processed
⮑ 113 lines from example-1.txt
20:53:34.385 [pool-6-thread-1] INFO  function-directory-source - Moved file
⮑ /tmp/input/example-2.txt to /tmp/processed
```

当需要停止连接器时，只需执行 `bin/pulsar-admin source delete` 命令即可。用户需要提供租户名、名字空间及函数名来帮助 Pulsar 确定需要删除的连接器。（举例来说，为了删除之前创建的连接器，我们只需要执行下面的命令：`bin/pulsar-admin source delete --tenant public --namespace default --name directory-source`。）

5.5　Pulsar 的内建连接器

针对 source 连接器和 sink 连接器，Pulsar 提供了众多实现，它们被统称为 Pulsar 的内建连接器。用户可以不写任何代码就使用这些连接器。Pulsar 对这些内建连接器进行单独的文件版本发布。只需要在 Pulsar 集群中有内建连接器的 NAR 文件并且提供相应的配置参数，就可以运行这些连接器。如果是在独立模式下运行连接器，那么这些内建连接器的文件已经被包含在了 Pulsar 中。

让我们学习使用内建连接器将数据从 Pulsar 迁移到 MongoDB 中。尽管例子本身非常简单，但它展示了使用连接器的简易性以及部署和使用 Pulsar IO 连接器的大致步骤。首先，我们需要创建一个 MongoDB 实例以用于交互。

5.5.1   启动 MongoDB 集群

下面的命令会在分离模式下运行最新版的 MongoDB 容器。我们同时将容器端口映射到了本机端口，用于从本机访问数据库。在容器启动之后，我们就能正常使用 MongoDB 了。

```
$ docker run -d \
  -p 27017-27019:27017-27019 \
  --name mongodb \
  mongo
```

接下来，我们需要执行 mongo 命令来启动 MongoDB 命令行客户端。在 shell 中，我们需要创建一个新的数据库和集合来存储数据。如代码清单 5-18 所示，我们创建一个名为 pulsar_in_action 的数据库并在数据库中定义一个用于存储数据的集合。

代码清单 5-18   创建 MongoDB 数据库表

启动交互式 MongoDB shell

```
docker exec -it mongodb mongo        可以在输出中看到 MongoDB shell 的
MongoDB shell version v4.4.1          版本号
...
>

>use pulsar_in_action;        创建一个名为 pulsar_in_action
switched to db pulsar_in_action        的数据库

> db.example.save({ firstname: "John", lastname: "Smith"})
WriteResult({ "nInserted" : 1 })

> db.example.find({firstname: "John"})        查询数据库，以确认
{ "_id" : ObjectId("5f7a53aedccb229a78960d2c"), "firstname" : "John",
     "lastname" : "Smith" }
```

在数据库中创建名为 example 的集合并定义 schema

查询数据库，以确认记录被成功添加

在成功创建 MongoDB 集群并创建数据库之后，我们可以对 MongoDB sink 连接器进行配置。它可以从 Pulsar 主题中读取消息并将其写入我们创建的 MongoDB 数据库表中。

5.5.2   连接 Pulsar 容器和 MongoDB 容器

由于我们将在 Pulsar Docker 容器中运行 MongoDB Pulsar 连接器，因此两个容器之间必须能互相连通。最简便的方法就是在启动 Pulsar 容器时使用 --link 参数。然而，由于之前已经启动了 Pulsar 容器，因此我们必须关闭它并使用 --link 参数进行重启。我们需要执行代码清单 5-19 所示的所有命令。

代码清单 5-19　连接 Pulsar 容器和 MongoDB 容器的命令

```
$ docker stop pulsar      ◁──── 停止当前正在运行的 Pulsar 容器

$ docker rm pulsar     ◁──
                               删除旧的 Pulsar 容器，使得我们能用相同的
$ docker run -d \              名字创建一个新的 Pulsar 容器
  -p 6650:6650 -p 8080:8080 \
  -v $PWD/data:/pulsar/data \
  --name pulsar \             连接 MongoDB 容器
  --link mongodb \           和 Pulsar 容器
  apachepulsar/pulsar-standalone

$ docker exec -it pulsar bash    ◁── 执行 exec 命令，进入
                                     新的 Pulsar 容器          在 Pulsar 容器中安装
                                                              vim 文本编辑器，以便
  apt-get update && apt-get install vim --fix-missing -y ◁── 编辑配置文件
┌▷ vim /pulsar/examples/mongodb-sink.yml
│ 在 Pulsar 容器中启动 vim 文本
│ 编辑器来创建配置文件
```

根据−link 参数提供的需要进行交互的 MongoDB 实例容器名称，Docker 会在两个容器之间创建安全的网络通道。这使得 Pulsar 容器能够和 MongoDB 容器进行交互。我们可以在配置 MongoDB sink 连接器时看到这一点。

5.5.3　配置和创建 MongoDB sink 连接器

用户需要提供一个说明如何连接到本地 MongoDB 实例的 YAML 配置文件来运行 MongoDB sink 连接器。首先，我们可以在 examples 子目录下创建文件 mongodb-sink.yml 并按照代码清单 5-20 所示的那样编辑文件内容。

代码清单 5-20　MongoDB sink 连接器配置文件

```
tenant: "public"
namespace: "default"
name: "mongo-test-sink"              可以用−link 参数指
configs:                            定的容器名称来替代
    mongoUri: "mongodb://mongodb:27017/admin" ◁── 机器名或 IP 地址
    database: "pulsar_in_action"
    collection: "example" ◁──        必须指定 MongoDB
    batchSize: 1                     数据库名
    batchTimeMs: 1000
                                     必须指定 MongoDB
                                     集合名
```

关于 MongoDB sink 连接器的更多配置，可以参考在线文档。我们可以使用代码清单 5-21 所示的命令来启动 MongoDB sink 连接器。

代码清单 5-21　启动 MongoDB sink 连接器

使用 `sink create` 命令

表明我们希望使用 MongoDB 的内建 sink 连接器

使用之前创建的配置文件

```
/pulsar/bin/pulsar-admin sink create \
    --sink-type mongo \
    --sink-config-file /pulsar/examples/mongodb-sink.yml \
    --inputs test-mongo
"Created successfully"
```

指定输入主题

表明 sink 连接器成功创建的确认消息

　　一旦命令被执行，Pulsar 就会创建一个名为 mongo-test-sink 的 sink 连接器，并且这个连接器会开始将 test-mongo 主题中的数据写入 pulsar_in_action 数据库的 example 集合中。让我们向 test-mongo 主题发送一些数据来确认这个连接器能够正常工作。我们可以在 Docker 容器中执行代码清单 5-22 所示的命令。

代码清单 5-22　向连接器的输入主题发送消息

生产消息

包含转义字符的消息内容

```
/pulsar/bin/pulsar-client produce \
-m "{firstname: \"Mary\", lastname: \"Smith\"}" \
-s % \
-n 10 \
test-mongo
```

表明我们希望发送 10 次消息

定义一个非逗号的记录分隔符，否则消息就会被隔断

目的地主题

　　我们可以查询 MongoDB 实例来确认连接器正常工作。如代码清单 5-23 所示，我们可以使用之前打开的 MongoDB shell 来执行各种查询，以确认数据被正确地插入 MongoDB 数据库表中。

代码清单 5-23　在发送消息之后查询 MongoDB 数据库表

根据 `lastname` 字段查询

根据我们发送的消息内容，有 10 条新记录被创建

```
> db.example.find({lastname: "Smith"})
{ "_id" : ObjectId("5f7a53aedccb229a78960d2c"), "firstname" : "John",
  "lastname" : "Smith" }          ← 我们发送的原始数据
{ "_id" : ObjectId("5f7a68bbb94aa03489fa5ca9"), "firstname" : "Mary",
  "lastname" : "Smith" }
{ "_id" : ObjectId("5f7a68bbb94aa03489fa5caa"), "firstname" : "Mary",
  "lastname" : "Smith" }
{ "_id" : ObjectId("5f7a68bbb94aa03489fa5cab"), "firstname" : "Mary",
  "lastname" : "Smith" }
{ "_id" : ObjectId("5f7a68bbb94aa03489fa5cac"), "firstname" : "Mary",
  "lastname" : "Smith" }
{ "_id" : ObjectId("5f7a68bbb94aa03489fa5cad"), "firstname" : "Mary",
  "lastname" : "Smith" }
{ "_id" : ObjectId("5f7a68bbb94aa03489fa5cae"), "firstname" : "Mary",
  "lastname" : "Smith" }
{ "_id" : ObjectId("5f7a68bbb94aa03489fa5caf"), "firstname" : "Mary",
  "lastname" : "Smith" }
{ "_id" : ObjectId("5f7a68bbb94aa03489fa5cb0"), "firstname" : "Mary",
  "lastname" : "Smith" }
```

```
{ "_id" : ObjectId("5f7a68bbb94aa03489fa5cb1"), "firstname" : "Mary",
   "lastname" : "Smith" }
{ "_id" : ObjectId("5f7a68bbb94aa03489fa5cb2"), "firstname" : "Mary",
   "lastname" : "Smith" }
```

这就是关于 Pulsar 内建连接器的简要介绍。至此，我们应该对如何配置和部署 Pulsar IO 连接器及整个 Pulsar IO 框架有了更深的了解。

5.6　管理 Pulsar IO 连接器

pulsar-admin 命令行工具提供了一套命令，用于管理、监控和更新 Pulsar IO 连接器。我们接下来讨论如何及何时使用其中的一些命令，以及它们提供的信息。由于 sink 命令和 source 命令的子命令是相同的，因此我们接下来会专注于 sink 命令，但是这些内容对于 source 命令同样适用。

5.6.1　显示连接器

我们首先来看 pulsar-admin sink list 命令。它会返回所有正在 Pulsar 集群中运行的 sink 连接器。这个命令能够帮助用户确认刚创建的连接器被接受并运行。如果是在部署了 mongo-test-sink 之后执行这个命令，那么我们能看到代码清单 5-24 所示的输出结果。

代码清单 5-24　Docker 容器中，list 命令的输出结果

```
docker exec -it pulsar /pulsar/bin/pulsar-admin sink list
[
  "mongo-test-sink"
]
```

这表明 mongo-test-sink 已被创建，并且它是在 Pulsar 集群中运行的唯一 sink 连接器。list 命令与 available-sources 命令或 available-sinks 命令不同，后两者会返回 Pulsar 集群支持的所有内建连接器的名称。默认情况下，内建连接器被包含在 Pulsar standalone 的 Docker 容器中，因此命令的输出结果如代码清单 5-25 所示。available-sinks 可以帮助用户确认成功地手动安装了某个连接器。

代码清单 5-25　Docker 容器中，available-sinks 命令的输出结果

```
docker exec -it pulsar /pulsar/bin/pulsar-admin sink available-sinks
aerospike
Aerospike database sink
--------------------------------------
cassandra
Writes data into Cassandra
--------------------------------------
data-generator
Test data generator source
--------------------------------------
elastic_search
```

```
Writes data into Elastic Search
----------------------------------------
flume
flume source and sink connector
----------------------------------------
hbase
Writes data into hbase table
----------------------------------------
hdfs2
Writes data into HDFS 2.x
----------------------------------------
hdfs3
Writes data into HDFS 3.x
----------------------------------------
influxdb
Writes data into InfluxDB database
----------------------------------------
jdbc-clickhouse
JDBC sink for ClickHouse
----------------------------------------
jdbc-mariadb
JDBC sink for MariaDB
----------------------------------------
jdbc-postgres
JDBC sink for PostgreSQL
----------------------------------------
jdbc-sqlite
JDBC sink for SQLite
----------------------------------------
kafka
Kafka source and sink connector
----------------------------------------
kinesis
Kinesis connectors
----------------------------------------
mongo
MongoDB source and sink connector
----------------------------------------
rabbitmq
RabbitMQ source and sink connector
----------------------------------------
redis
Writes data into Redis
----------------------------------------
solr
Writes data into solr collection
----------------------------------------
```

5.6.2　监控连接器

一个监控 Pulsar IO 连接器的有用命令是 `pulsar-admin sink status`。这个命令会返回指定连接器的运行时信息，包括运行中的实例数量及是否遇到错误等。

　　如代码清单 5-26 所示，`pulsar-admin sink status` 命令能够帮助用户在部署连接器之后快速确认其在正常运行。如代码清单 5-27 所示，`pulsar-admin sink get` 命令可用于获取连接器的配置信息，从而帮助用户查看配置信息并确认连接器的配置正常。

代码清单 5-26　`pulsar-admin sink status` 命令的输出结果

请求运行的连接器实例总数

```
docker exec -it pulsar /pulsar/bin/pulsar-admin sink status \
  --name mongo-test-sink
{
  "numInstances" : 1,
  "numRunning" : 1,
  "instances" : [ {
    "instanceId" : 0,
    "status" : {
      "running" : true,
      "error" : "",
      "numRestarts" : 0,
      "numReadFromPulsar" : 0,
      "numSystemExceptions" : 0,
      "latestSystemExceptions" : [ ],
      "numSinkExceptions" : 0,
      "latestSinkExceptions" : [ ],
      "numWrittenToSink" : 0,
      "lastReceivedTime" : 0,
      "workerId" : "c-standalone-fw-d513daf5b94e-8080"
    }
  } ]
}
```

实际运行的连接器实例总数

每个实例的信息列表

连接器的当前状态

可能的错误消息

该实例从 Pulsar 输入主题消费的消息总数

连接器尝试重启的次数。这个数会在连接器启动失败并且重试时增加

该实例最近消费消息的时间

代码清单 5-27　`pulsar-admin sink get` 命令的输出结果

```
docker exec -it pulsar /pulsar/bin/pulsar-admin sink get \
--name mongo-test-sink
{
  "tenant": "public",
  "namespace": "default",
  "name": "mongo-test-sink",
  "className": "org.apache.pulsar.io.mongodb.MongoSink",
  "inputSpecs": {
    "test-mongo": {
      "isRegexPattern": false
    }
  },
  "configs": {
    "mongoUri": "mongodb://mongodb:27017/admin",
    "database": "pulsar_in_action",
    "collection": "example",
    "batchSize": "1.0",
    "batchTimeMs": "1000.0"
  },
  "parallelism": 1,
```

连接器的租户名、名字空间和名称

连接器的类名

sink 连接器的输入主题

sink 连接器是否被配置使用正则表达式来消费多个主题

用户在 sink 配置文件中提供的所有配置属性

用户没有提供的默认配置属性

```
    "processingGuarantees": "ATLEAST_ONCE",
    "retainOrdering": false,
    "autoAck": true,
    "archive": "builtin://mongo"
}
```

该命令返回 JSON 格式的结果，能够被保存为文件、进行修改并且通过 `pulsar-admin sink update` 命令来更新正在运行的连接器，如代码清单 5-28 所示。这一特性可以帮助用户避免重复保存配置文件。

代码清单 5-28　更新 MongoDB sink 连接器

```
/pulsar/bin/pulsar-admin sink update \
    --sink-type mongo \
    --sink-config-file /pulsar/examples/mongodb-sink.yml \
    --inputs prod-mongo \
    --processing-guarantees EFFECTIVELY_ONCE
```

`pulsar-admin sink update` 命令让用户能够动态地改变一个已经提交的 sink 连接器的配置参数，而不用删除和重新创建该连接器。该命令接受众多命令行选项，可以在 Pulsar 文档中看到更多的细节。这些选项可以帮助用户改变连接器的各种配置，甚至包括连接器新版本的打包文件。它使得修改、测试和部署连接器的整个过程更加流畅。代码清单 5-28 展示了如何更新我们之前创建的 MongoDB sink 连接器，令其使用不同的 Pulsar 主题作为信息源，并且使用不同的处理保障。

至此，我们快速介绍了一些可用于监控和管理 Pulsar IO 连接器的命令。本节的目标是为用户大致介绍 Pulsar IO 框架的功能并帮助用户快速上手。我强烈建议用户查阅在线文档，以获取各种命令及相关参数的更多细节。

5.7　小结

- □ Pulsar IO 连接器是 Pulsar Functions 框架的一个扩展，其专门用于 Pulsar 与外部系统的交互。
- □ Pulsar IO 连接器有两种基本类型：source 连接器用于将数据从外部系统导入 Pulsar 中；sink 连接器用于将数据从 Pulsar 导出到外部系统中。
- □ Pulsar 提供了一系列内建连接器，帮助用户在不编写代码的情况下与一些主流的数据系统进行交互。
- □ Pulsar 命令行工具可以帮助用户管理 Pulsar IO 连接器的创建、删除和更新。

## 第 6 章

Pulsar 安全

本章内容
- ❏ 对传入和传出 Pulsar 集群的数据进行加密
- ❏ 使用 JWT 开启客户端认证
- ❏ 对存储在 Pulsar 中的数据进行加密

本章介绍如何保护 Pulsar 集群，防止用户未经授权就访问 Pulsar 发送的数据。虽然我将介绍的任务在开发环境中并不重要，但对于生产环境而言，它们至关重要。这些任务可以降低未经授权就访问敏感信息的风险，防止数据丢失，并保护用户所在组织的公共声誉。如今的系统和组织采取多种安全控制和保障措施，提供多层防护，防止外部用户访问系统的内部数据。特别是那些必须遵循 HIPPA、PCI-DSS 或 GDPR 等安全法规的组织，更是如此。

Pulsar 很好地融合了一些安全框架。用户可以利用这些工具全方位确保 Pulsar 集群的安全性，减少由于某种安全机制失效而导致安全防护彻底失败的情况发生。举例来说，即使未经授权的用户能够使用已破解的密码访问你的系统，他们也仍然需要一个有效的密钥来读取加密数据。

6.1 传输加密

默认情况下，broker 和 Pulsar 客户端之间采用纯文本方式传输数据。这意味着，当数据在网络上传输时，其中的任何敏感信息（如密码、信用卡号码和身份证号码等）都很容易被窃听者截获。因此，第一道防线就是确保在数据传输之前已经对数据进行加密。

Pulsar 允许为所有通信配置传输层安全协议（transport layer security，TLS）。TLS 是一种常见的加密协议。只有当数据在网络上传输时，TLS 才会对数据进行加密。一旦数据到达接收端，数据不再被加密，而是被解密。这就是为什么 TLS 常被称为"移动数据"的加密。

在 Pulsar 上开启 TLS 传输加密功能

上文简单介绍了 TLS 传输加密的基本知识。接下来，让我们集中讨论一下如何利用 TLS 加密技术来保护 broker 和 Pulsar 客户端之间的通信。Pulsar 官方文档详细介绍了如何在 Pulsar 中开启 TLS 传输加密。因此，我没有在本书中赘述这些相同的步骤，而是将这些步骤写成一个脚本文件。这样一来，我们就可以在 Docker 镜像中执行该脚本文件，使其自动完成整个加密过程。

　　然后，我会进一步详细地讨论脚本文件中的命令。这些命令与之前的讨论有关。这样可以更好地理解这些步骤的重要性，以及如何在真正的生产环境中按需修改这些命令。如果查看与本书相关的 GitHub repo，那么你会发现在 docker-image/pulsar-standalone 文件夹里有一个 Dockerfile 文件，其内容如代码清单 6-1 所示。

代码清单 6-1　Dockerfile 文件的内容

Dockerfile 文件是一个用来构建镜像的文本文件，包含一系列构建镜像所需的指令和说明。人们认为 Dockerfile 文件是构建 Docker 镜像的蓝图，它简化了自动构建 Docker 镜像的过程。在进一步了解 Docker 镜像之后，我们可以构建自己的 Docker 镜像。我们的目标是构建一个新的 Docker 镜像。该镜像支持本章提及的所有安全特性，扩展了我们之前使用的 pulsar-standalone 镜像的功能。

　　首先，使用 FROM 命令指定使用不安全的 apachepulsar/pulsar-standalone:latest 镜像作为基准镜像。对于熟悉面向对象语言的读者来说，这实际上与从基类继承相同。基准镜像的所有服务、特性和配置都自动包含在新的 Docker 镜像中。这样一来，新的 Docker 镜像也会提供一个完整的 Pulsar 环境用于测试，从而避免在 Dockerfile 文件中复制这些命令。

　　在设置 PULSAR_HOME 环境变量之后，使用 COPY 命令将 broker 和 Pulsar 客户端的配置文件替换为正确配置的文件，确保 Pulsar 实例的安全。这项操作至关重要，因为一旦启动基于新镜像的容器，就无法更改这些配置并使其生效。接下来，使用 ADD 命令将 manning 目录的内容添加到 Docker 镜像中，并使用 RUN 命令对之前命令中添加的所有 bash 脚本开启执行权限，以便执行这些 bash 脚本。

Dockerfile 文件的末尾有一系列 bash 脚本。这些脚本用于生成必要的安全凭证、证书和密钥，确保 Pulsar 集群安全。让我们来看一看第一个脚本（enable-tls.sh）。该脚本用来在 Pulsar 集群中开启 TLS 传输加密。

pulsar-standalone Docker 镜像包括 OpenSSL。OpenSSL 是一个开源库，它提供了一些用于签发和签署数字证书的命令行工具。因为我们在开发环境中运行 Pulsar，所以我们使用这些工具作为自己的证书授权中心（certificate authority，CA）来制作"自签名"证书，而没有使用国际上受信任的第三方 CA（如 VeriSign、DigiCert）来签署证书。在生产环境中，你应该始终使用第三方 CA。

CA 管理由私钥和公共证书组成的密钥对。我们创建的第一个密钥对是根密钥对，包括根密钥（ca.key.pem）和根证书（ca.cert.pem）。根密钥对是 CA 的身份。让我们来看一看 enable-tls.sh 脚本中关于生成根密钥和根证书的内容。从代码清单 6-2 中可以看出，第一条命令用来生成根密钥。基于第一步中生成的根密钥，第二条命令创建了公共 X.509 证书。

代码清单 6-2　enable-tls.sh 脚本文件的部分内容——创建 CA

```bash
#!/bin/bash

export CA_HOME=$(pwd)
export CA_PASSWORD=secret-password        # 使用环境变量来设置 CA 根密钥的密码

mkdir certs crl newcerts private
chmod 700 private/
touch index.txt index.txt.attr
echo 1000 > serial

# 生成 CA 私钥
openssl genrsa -aes256 \                  # 采用 AES 256 位加密方式对根密钥进行加密
                                          # 生成私钥，采用强密码确保私钥安全
   -passout pass:${CA_PASSWORD} \
   -out /pulsar/manning/security/cert-authority/private/ca.key.pem \
   4096                                   # 根密钥长度为 4096 位

# 限制访问 CA 私钥
chmod 400 /pulsar/manning/security/cert-authority/private/ca.key.pem
                                          # 任何拥有根密钥和密码的人都可以签发可信任的证书

# 创建 X.509 证书
openssl req -config openssl.cnf \
  -key /pulsar/manning/security/cert-authority/private/ca.key.pem \
  -new -x509 \                            # 请求一个新的 X.509 证书
  -days 7300 \                            # 为根证书设置一个很长的有效期
  -sha256 \
  -extensions v3_ca \                     # 使用根密钥生成根证书
  -out /pulsar/manning/security/cert-authority/certs/ca.cert.pem \
  -subj '/C=US/ST=CA/L=Palo Alto/CN=gottaeat' \   # 指定允许使用证书的组织
  -passin pass:${CA_PASSWORD}
# 允许在没有提示的情况下通过命令行提供根密钥的密码
```

此时，脚本已经为我们的内部 CA 生成一个受密码保护的私钥（ca.key.pem）和根证书

（ca.cert.pem）。该脚本特意将根证书生成到一个已知的位置，这样做有利于在 broker 的配置文件
/pulsar/conf/standalone.conf 中引用该根证书。具体而言，我们预配置 `tlsTrustCertsFilePath` 参数，
使其指向根证书生成的位置。在使用第三方 CA 的生产环境中，用户会得到一个证书，用于验证
X.509 证书（根证书）。用户需要更新 `tlsTrustCertsFilePath` 参数，使其指向这个证书。

至此，我们已经创建了 CA 证书。接下来，我们为 broker 生成一个证书，并使用我们的内部
CA 签署该证书。当使用第三方 CA 时，用户将向第三方 CA 发出证书请求，并等待其向自己发
送证书。但是，由于我们自己扮演 CA 角色，因此可以自己签发证书，如代码清单 6-3 所示。

代码清单 6-3　enable-tls.sh 脚本文件的部分内容——生成 broker 证书

使用环境变量来设置服务器
证书私钥的密码

```
export BROKER_PASSWORD=my-secret
```
生成私钥，采用强密码
确保私钥安全

```
# 生成服务器证书的私钥
openssl genrsa -passout pass:${BROKER_PASSWORD} \
    -out /pulsar/manning/security/cert-authority/broker.key.pem \
    2048
```
私钥密码长度为 2048 位

broker 希望私钥采用
PKCS 8 格式

```
# 将私钥转换为 PEM 格式
openssl pkcs8 -topk8 -inform PEM -outform PEM \
    -in /pulsar/manning/security/cert-authority/broker.key.pem \
    -out /pulsar/manning/security/cert-authority/broker.key-pk8.pem \
    -nocrypt
```

指定允许使用该证书的
组织和主机名

指定服务器
使用该证书

```
# 生成服务器证书请求
openssl req -config /pulsar/manning/security/cert-authority/openssl.cnf \
    -new -sha256 \
    -key /pulsar/manning/security/cert-authority/broker.key.pem \
    -out /pulsar/manning/security/cert-authority/broker.csr.pem \
    -subj '/C=US/ST=CA/L=Palo Alto/O=IT/CN=pulsar.gottaeat-url' \
    -passin pass:${BROKER_PASSWORD}
```

允许在没有提示的情况下通过
命令行提供根密钥的密码

```
# CA 签署服务器证书
openssl ca -config /pulsar/manning/security/cert-authority/openssl.cnf \
    -extensions server_cert \
    -days 1000 -notext -md sha256 -batch \
    -in /pulsar/manning/security/cert-authority/broker.csr.pem \
    -out /pulsar/manning/security/cert-authority/broker.cert.pem \
    -passin pass:${CA_PASSWORD}
```

作为 CA，我们需要提供
CA 私钥的密码

为服务器证书设置一个
很长的有效期

此时，我们拥有 broker 证书（broker.cert.pem）和相关私钥（broker.key-pk8.pem）。可以使
用 broker 证书（broker.cert.pem）和根证书（ca.cert.pem），为 broker 节点和 proxy 节点配置 TLS
传输加密功能。同样，该脚本特意将 broker 证书生成到一个已知的位置，这样一来，我们就可
以在 broker 的配置文件/pulsar/conf/standalone.conf 中引用该证书。接下来，让我们看一看为了

在 Pulsar 中开启 TLS 传输加密功能而需要更改的参数，如代码清单 6-4 所示。

代码清单 6-4 standalone.conf 配置文件中需要更改的参数

```
#### 开启 TLS 传输加密功能 ####
tlsEnabled=true
brokerServicePortTls=6651
webServicePortTls=8443

# broker 证书及私钥
tlsCertificateFilePath=/pulsar/manning/security/cert-authority/broker
➥ .cert.pem
tlsKeyFilePath=//pulsar/manning/security/cert-authority/broker.key-pk8.pem

# CA 证书
tlsTrustCertsFilePath=/pulsar/manning/security/cert-authority/certs/ca.cert
➥ .pem

# 用于进行 TLS 协商，指定双方认为安全的密码
tlsProtocols=TLSv1.2,TLSv1.1
tlsCiphers=TLS_DH_RSA_WITH_AES_256_GCM_SHA384,TLS_DH_RSA_WITH_AES_256_CBC_SHA
```

开启 TLS 传输加密功能后，如果想与 broker 进行安全通信，还需要配置 pulsar-admin 或 pulsar-perf 等命令行工具，在$PULSAR_HOME/conf/client.conf 文件中更改一些参数，如代码清单 6-5 所示。

代码清单 6-5 client.conf 配置文件中需要更改的参数

```
#### 开启 TLS 传输加密功能 ####
# 使用 TLS 协议和端口
webServiceUrl=https://pulsar.gottaeat-url:8443/
brokerServiceUrl=pulsar+ssl://pulsar.gottaeat-url:6651/

useTls=true
tlsAllowInsecureConnection=false
tlsEnableHostnameVerification=false
tlsTrustCertsFilePath=pulsar/manning/security/cert-authority/certs/ca.cert.pem
```

如果尚未配置命令行工具或更改$PULSAR_HOME/conf/client.conf 文件中的相关参数，请切换到 Dockerfile 文件所在的目录并执行 `docker build . -t pia/pulsar-standalone-secure:latest` 命令来构建 Docker 镜像，并为 Docker 镜像打上标签，如代码清单 6-6 所示。

代码清单 6-6 基于 Dockerfile 文件构建 Docker 镜像

切换到 Dockerfile 文件
所在的目录

执行该命令，基于 Dockerfile 文件构建 Docker
镜像，并为 Docker 镜像打上标签

```
$ cd $REPO_HOME/pulsar-in-action/docker-images/pulsar-standalone
$ docker build . -t pia/pulsar-standalone-secure:latest
Sending build context to Docker daemon  3.345MB
Step 1/7 : FROM apachepulsar/pulsar-standalone:latest
 ---> 3ed9bffff717
Step 2/7 : ENV PULSAR_HOME=/pulsar
```

从公有仓库中拉取
apachepulsar/pulsar-
standalone:latest 镜像

```
---> Running in cf81f78f5754
Removing intermediate container cf81f78f5754
 ---> 48ea643513ff
Step 3/7 : COPY conf/standalone.conf $PULSAR_HOME/conf/standalone.conf
 ---> 6dcf0068eb40
Step 4/7 : COPY conf/client.conf $PULSAR_HOME/conf/client.conf
 ---> e0f6c81a10c4
Step 5/7 : ADD manning $PULSAR_HOME/manning
 ---> e253e7c6ed8e
Step 6/7 : RUN chmod a+x $PULSAR_HOME/manning/security/*.sh
 $PULSAR_HOME/manning/security/*/*.sh
 $PULSAR_HOME/manning/security/authentication/*/*.sh
 ---> Running in 42d33f3e738b
Removing intermediate container 42d33f3e738b
 ---> ddccc85c75f4
Step 7/7 : RUN ["/bin/bash", "-c",
 "/pulsar/manning/security/TLS-encryption/enable-tls.sh"]
 ---> Running in 5f26f9626a25
Generating RSA private key, 4096 bit long modulus
....................++++
.........................................................................
.............................................................
.............................................................
.......................++++
e is 65537 (0x010001)
Generating RSA private key, 2048 bit long modulus
....................+++++
........................................+++++
e is 65537 (0x010001)
Using configuration from /pulsar/manning/security/cert-authority/openssl.cnf
Check that the request matches the signature
Signature ok
Certificate Details:
        Serial Number: 4096 (0x1000)
        Validity
            Not Before: Jan 13 00:55:03 2020 GMT
            Not After : Oct 9 00:55:03 2022 GMT
        Subject:
            countryName               = US
            stateOrProvinceName       = CA
            organizationName          = gottaeat-url
            commonName                = pulsar.gottaeat-url
        X509v3 extensions:
            X509v3 Basic Constraints:
                CA:FALSE
            Netscape Cert Type:
                SSL Server
            Netscape Comment:
                OpenSSL Generated Server Certificate
            X509v3 Subject Key Identifier:
                DF:75:74:9D:34:C6:0D:F0:9B:E7:CA:07:0A:37:B8:6F:D7:DF:52:0A
            X509v3 Authority Key Identifier:
```

将 manning 目录下的内容复制到 Docker 镜像中

执行 enable-tls.sh 脚本

生成的服务器证书的详细信息

服务器证书的到期日期

生成的证书可以作为服务器证书

```
            keyid:92:F0:6D:0F:18:D4:3C:1E:88:B1:33:3A:9D:04:29:C0:FC:81:29:02
                    DirName:/C=US/ST=CA/L=Palo Alto/O=gottaeat
                    serial:93:FD:42:06:D8:E9:C3:89

            X509v3 Key Usage: critical
                    Digital Signature, Key Encipherment
            X509v3 Extended Key Usage:
                    TLS Web Server Authentication
Certificate is to be certified until Oct 9 00:55:03 2022 GMT (1000 days)

Write out database with 1 new entries
Data Base Updated
Removing intermediate container 5f26f9626a25
 ---> 0e7995c14208
Successfully built 0e7995c14208
Successfully tagged pia/pulsar-standalone-secure:latest
```

确认成功的消息，包含
用来引用 Docker 镜像
的标签

执行 enable-tls.sh 脚本并正确配置相关参数后，pulsar-standalone 镜像只接受通过安全的 TLS 通道的连接。可以执行代码清单 6-7 中的命令，使用新的 Docker 镜像启动 Docker 容器来进行验证。注意，我使用-volume 选项在我的笔记本计算机的$HOME 目录和 Docker 容器本身的目录之间创建一个逻辑挂载点。这样一来，我就可以将只存在于 Docker 容器内的 TLS 客户端证书发布到笔记本计算机上的某个位置，方便我随时访问这些证书。接下来，我使用 SSH 的方式连接 Docker 容器并在新启动的 bash 会话中执行 publish-credentials.sh 脚本。这样一来，我就可以在本地的${HOME}/exchange 目录下查看这些证书。

代码清单 6-7　发布 TLS 证书

使用-volume 选项，允许从 Docker
容器中复制文件到本地

使用 SSL 端口 6651
和端口 8443

```
$ docker run -id --name pulsar -p:6651:6651 -p 8443:8443\
  -volume=${HOME}/exchange:/pulsar/manning/dropbox \
  -t pia/pulsar-standalone-secure:latest
$ docker exec -it pulsar bash
$ /pulsar/manning/security/publish-credentials.sh
$ exit
```

指定新构建的
Docker 镜像

执行该脚本，将生成的
证书复制到本地

退出 Docker 容器

创建默认的名字空间，
进行测试

接下来，我将尝试使用 Java 客户端，通过 TLS 安全端口（端口 6651）连接 Pulsar 集群，如代码清单 6-8 所示。你可以在与本书相关的 GitHub repo 中找到相关内容。

代码清单 6-8　使用 TLS 证书连接 Pulsar 集群

```java
import org.apache.pulsar.client.api.*;
public class TlsClient {
    public static void main(String[] args) throws PulsarClientException {
        final String HOME = "/Users/david/exchange";
        final String TOPIC = "persistent://public/default/test-topic";
```

```
      PulsarClient client = PulsarClient.builder()
        .serviceUrl("pulsar://localhost:6651/")  ◄
        .tlsTrustCertsFilePath(HOME + "/ca.cert.pem")
        .build();

    Producer<byte[]> producer =
      client.newProducer().topic(TOPIC).create();

    for (int idx = 0; idx < 100; idx++) {
      producer.send("Hello TLS".getBytes());
    }
      System.exit(0);
  }
}
```

可信任 TLS
证书所在文
件的路径

指定 Pulsar+SSL 协议。
否则，连接失败

至此，broker 端的 TLS 传输加密配置工作已经全部完成。从现在开始，Pulsar 客户端只能通过 SSL 与 broker 进行通信，并且数据流量会被加密。这样做可以防止用户未经授权就访问 broker 发出或接收到的消息数据。你可以对这个 Docker 容器进行更多测试。但是，测试完成后，确保执行 docker stop pulsar && docker rm pulsar 命令，停止 Docker 容器并将其删除。若要在之后重新构建 Docker 镜像并在 pulsar-standalone 镜像中开启 TLS 认证，这两个步骤都必不可少。

6.2　认证

认证服务负责生成用户名、密码等凭证，并使用这些认证信息确认用户身份。Pulsar 支持可插拔的认证机制。Pulsar 客户端使用这些可插拔的认证机制进行自我认证。目前，Pulsar 支持多种认证提供器。本节主要介绍如何配置 TLS 认证和 JWT 认证。

6.2.1　TLS 认证

TLS 客户端认证即客户端使用证书进行自我认证。客户端与 CA 进行交互，获取证书。CA 为客户端签发一个 broker 信任的证书。客户端要通过服务器的验证，其证书上的数字签名必须由服务器认可的 CA 进行签署。因此，我使用 6.1 节中签发服务器证书的 CA 来生成客户端证书，从而确保服务器信任客户端的证书。

在 TLS 客户端认证过程中，客户端生成一个密钥对，并将其中的私钥存放在安全的地方。然后，客户端向一个可信任的 CA 发出证书请求。CA 返回一个采用 X.509 格式的数字证书给客户端。

通常情况下，客户端证书包含数字签名、到期日期、客户端名称、CA 名称、撤销状态、SSL/TLS 版本号、序列号、通用名称，以及其他信息。客户端证书采用 X.509 格式。Pulsar 利用证书的通用名称字段将客户端映射到一个特定的角色，该角色决定客户端有权执行的具体操作。

当试图连接到已经开启 TLS 认证的 broker 时，客户端提交证书进行认证。这是 TLS 握手过程的一部分。在收到证书后，broker 使用客户端证书识别证书来源，并判断是否允许客户端访问数据。

请不要混淆客户端证书和我们用来开启 TLS 传输加密功能的服务器证书。两者都是采用 X.509 格式的数字证书。但是，它们是不同的证书。在开始会话时，broker 向客户端发送服务器证书，客户端使用服务器证书验证服务器。同时，客户端也向 broker 发送客户端证书，服务器使用客户端证书验证客户端。为了启用 TLS 认证，我们将 6.1 节中的 Dockerfile 命令修改为执行另一个名为 gen-client-certs.sh 的脚本。该脚本生成可用于认证的 TLS 客户端证书，如代码清单 6-9 所示。

代码清单 6-9　已更新的 Dockerfile 文件内容

```
FROM apachepulsar/pulsar-standalone:latest
ENV PULSAR_HOME=/pulsar

...

RUN ["/bin/bash", "-c",
     "/pulsar/manning/security/TLS-encryption/enable-tls.sh"]

RUN ["/bin/bash", "-c",
     "/pulsar/manning/security/authentication/tls/gen-client-certs.sh"]
```

执行指定的脚本，为基于角色的认证生成 TLS 客户端证书

代码清单 6-10 显示了 gen-client-certs.sh 脚本的内容。该脚本包含生成 TLS 客户端证书所需的操作。生成的客户端证书用于完成 broker 认证。

代码清单 6-10　gen-client-certs.sh 脚本文件内容

将局部变量 CLIENT_ID 设置为函数调用的第一个参数

```
#!/bin/bash

cd /pulsar/manning/security/cert-authority
export CA_HOME=$(pwd)
export CA_PASSWORD=secret-password

function generate_client_cert() {

  local CLIENT_ID=$1
  local CLIENT_ROLE=$2
  local CLIENT_PASSWORD=$3

  # 生成客户端证书的私钥
  openssl genrsa -passout pass:${CLIENT_PASSWORD} \
   -out /pulsar/manning/security/authentication/tls/${CLIENT_ID}.key.pem \
   2048

  # 将私钥转换为 PEM 格式
  openssl pkcs8 -topk8 -inform PEM -outform PEM -nocrypt \
   -in /pulsar/manning/security/authentication/tls/${CLIENT_ID}.key.pem \
   -out /pulsar/manning/security/authentication/tls/${CLIENT_ID}-pk8.pem
```

将局部变量 CLIENT_ROLE 设置为函数调用的第二个参数

将局部变量 CLIENT_PASSWORD 设置为函数调用的第三个参数

配置 CLIENT_PASSWORD 参数，确保私钥安全

Pulsar 使用通用名称（CN）的赋值
来确定客户端角色

```
# 生成客户端证书请求
openssl req -config /pulsar/manning/security/cert-authority/openssl.cnf \
 -key /pulsar/manning/security/authentication/tls/${CLIENT_ID}.key.pem \
 -out /pulsar/manning/security/authentication/tls/${CLIENT_ID}.csr.pem \
 -subj "/C=US/ST=CA/L=Palo Alto/O=gottaeat
➥  CN=${CLIENT_ROLE}" \
 -new -sha256 \
 -passin pass:${CLIENT_PASSWORD}
```

传入客户端密钥的密码，
生成 CSR

```
# CA 签署服务器证书
openssl ca -config /pulsar/manning/security/cert-authority/openssl.cnf \
 -extensions usr_cert \
 -days 100 -notext -md sha256 -batch \
 -in /pulsar/manning/security/authentication/tls/${CLIENT_ID}.csr.pem \
 -out /pulsar/manning/security/authentication/tls/${CLIENT_ID}.cert.pem \
 -passin pass:${CA_PASSWORD}

 # 完成操作后，删除客户端私钥和证书
 rm -f /pulsar/manning/security/authentication/tls/${CLIENT_ID}.csr.pem
 rm -f /pulsar/manning/security/authentication/tls/${CLIENT_ID}.key.pem
}

# 为 admin 创建证书，授予其管理员权限
generate_client_cert admin admin admin-secret

# 为 Web App 创建证书，授予其 webapp 权限
generate_client_cert webapp-service webapp webapp-secret

# 为 Peggy 创建证书，授予其支付权限
generate_client_cert peggy payments payment-secret

# 为 David 创建证书，授予其 driver 角色权限
generate_client_cert david driver davids-secret
```

指明我们想要客户端证书

提供 CA 密码，用来批准和
签署客户端的证书请求

在生产环境中，客户端使用私钥生成证书请求，并且只通过 CSR 文件向服务器发送证书请求。我正在计划自动化这一过程，所以我擅自将生成证书请求作为脚本的一部分，为一小部分用户生成具有不同角色的证书请求。

至此，CA 已经生成并签署几对私钥和客户端证书，用来验证 pulsar-standalone 实例。我们也将代码清单 6-11 中的参数添加到 standalone.conf 文件中，以便在 broker 端开启 TLS 认证。

代码清单 6-11　standalone.conf 文件中需要更改的参数

```
# 开启 TLS 认证
authenticationEnabled=true
authenticationProviders=org.apache.pulsar.broker.
➥  authentication.AuthenticationProviderTls
```

开启 TLS 认证

指定 TLS 认证
提供器

我们还需要更改 client.conf 文件，如代码清单 6-12 所示。client.conf 文件授予所有 Pulsar 命令行工具管理员权限，包括在 Pulsar 名字空间级别定义授权规则的能力。

代码清单 6-12 client.conf 文件中需要更改的参数

告诉客户端使用 TLS 认证
连接 Pulsar 集群

```
# TLS 认证
authPlugin=org.apache.pulsar.client.impl.auth.AuthenticationTls
authParams=tlsCertFile:/pulsar/manning/security/authentication/tls/
    ➥ admin.cert.pem,tlsKeyFile:/pulsar/manning/security/authentication/tls/
    ➥ admin-pk8.pem
```
指定需要使用的客户端
证书和相关私钥

执行代码清单 6-13 中的命令，构建新的镜像。为了生成 TLS 客户端证书和开启 TLS 认证做出的变更，也已经更新到新的镜像中。

代码清单 6-13 基于 Dockerfile 文件构建 Docker 镜像

切换到 Dockerfile 文件
所在的目录

执行命令，基于 Dockerfile 文件构建
Docker 镜像并为其打上标签

```
$ cd $REPO_HOME/pulsar-in-action/docker-images/pulsar-standalone
$ docker build . -t pia/pulsar-standalone-secure:latest
Sending build context to Docker daemon 3.345MB
Step 1/8 : FROM apachepulsar/pulsar-standalone:latest
 ---> 3ed9bffff717
...
Step 8/8 : RUN ["/bin/bash", "-c",
    "/pulsar/manning/security/authentication/tls/gen-client-certs.sh"]
 ---> Running in 5beaabba5865
Generating RSA private key, 2048 bit long modulus
........+++++
................+++++
e is 65537 (0x010001)
Using configuration from /pulsar/manning/security/cert-authority/openssl.cnf
Check that the request matches the signature
Signature ok
Certificate Details:
        Serial Number: 4097 (0x1001)
        Validity
           Not Before: Jan 13 02:47:54 2020 GMT
           Not After : Apr 22 02:47:54 2020 GMT
        Subject:
           countryName           = US
           stateOrProvinceName   = CA
           organizationName      = gottaeat-url
           commonName            = admin
    ...

Write out database with 1 new entries
Data Base Updated
Generating RSA private key, 2048 bit long modulus
...
Successfully built 6ef6eddd675e
Successfully tagged pia/pulsar-standalone-secure:latest
```

注意，现在有 8 个步骤，
而不是 7 个步骤

执行 gen-client-certs.sh 脚本

重复执行 5 次下面的语句，
每次生成一份客户端证书

客户端证书的序列号
各不相同

重复执行 4 次
下面的语句，
每次生成一份
客户端证书

客户端的通用名称各
不相同。通用名称指
明客户端的角色

确认成功的消息，包
含用来引用 Docker
镜像的标签

接下来，我们需要再次按照代码清单 6-7 所示的步骤，使用已更新的 Docker 镜像启动一个新的容器。我采用 SSH 的方式连接 Docker 容器并在新启动的 bash 会话中执行 publish-credentials.sh 脚本。这样一来，我就可以在本地的${HOME}/exchange 目录下查看这些证书。比如，现在我可以使用证书文件（admin.cert.pem）及其私钥文件（admin-pk8.pem）验证 pulsar-standalone 实例。接下来，我尝试在 Java 客户端开启 TLS 认证，如代码清单 6-14 所示。你可以在与本书相关的 GitHub repo 中找到相关代码示例。

代码清单 6-14　使用 TLS 客户端证书进行认证

指定 Pulsar+SSL 协议。
否则，连接失败

```
import org.apache.pulsar.client.api.*;

public class TlsAuthClient {
  public static void main(String[] args) throws PulsarClientException {
    final String AUTH =
     "org.apache.pulsar.client.impl.auth.AuthenticationTls";
    final String HOME = "/Users/david/exchange";
    final String TOPIC = "persistent://public/default/test-topic";

    PulsarClient client = PulsarClient.builder()
      .serviceUrl("pulsar+ssl://localhost:6651/")
      .tlsTrustCertsFilePath(HOME + "/ca.cert.pem")
      .authentication(AUTH,
        "tlsCertFile:" + HOME + "/admin.cert.pem," +
        "tlsKeyFile:" + HOME + "/admin-pk8.pem")
      .build();

    Producer<byte[]> producer =
      client.newProducer().topic(TOPIC).create();
    for (int idx = 0; idx < 100; idx++) {
      producer.send("Hello TLS Auth".getBytes());
    }
    System.exit(0);
  }
}
```

可信任 TLS 证书
所在文件的路径

开启 TLS
认证

客户端证书的
位置

客户端证书的
私钥

在物联网或者移动应用程序的百万安装包需要交换安全信息的场景中，服务器需要追踪数十万甚至数百万个客户端。此时，TLS 客户端认证必不可少。举例来说，一家拥有几十万台物联网设备的制造公司可以为每台设备签发唯一的客户端证书。只有当客户端出示由公司 CA 签发的客户端证书时，客户端才能成功连接 Pulsar。

假设你拥有一款应用程序，并且你想防止别人窃取客户的信用卡信息等敏感数据。你可以为每一个应用程序安装包签发唯一的证书，并使用这些证书来验证发送请求来自正式的应用程序版本。

6.2.2 JWT 认证

Pulsar 支持使用基于 JWT（JSON web token）的安全令牌对客户端进行认证。JWT 是一种标准化的格式，用于创建基于 JSON 的访问令牌，主张一个或多个声明，也就是事实陈述或断言。JWT 中常见的两个声明是 iss（issuer）和 sub（subject）。iss 指 JWT 的签发者，sub 指 JWT 的所有者。

在 Pulsar 中，JWT 用于验证 Pulsar 客户端，并将其与某个"角色"联系起来。客户端角色用来确定客户端有权执行的操作，比如生产或消费消息。通常情况下，Pulsar 集群的管理员会生成一个 JWT。该令牌包含一个确定其所有者的 sub 声明。sub 声明指明了客户端的角色，比如管理员角色。然后，Pulsar 集群管理员通过安全通信渠道为客户端提供 JWT。客户端使用该 JWT 来验证 Pulsar 并绑定管理员角色。

根据 JWT 标准，JWT 包括头部（header）、数据体（payload）和签名（signature）三个部分。头部包含 JWT 的基本信息。数据体包含 JWT 的声明。签名用于验证 JWT。每个部分的数据都是单独进行编码的。从整体结构看，JWT 是被句点符号（.）分隔的三段内容，如图 6-1 所示。JWT 可以轻松地通过 HTTP 进行传输。

经过编码的头部

eyJhbGciOiJIUzI1NiIsInR5cCI6IkpXVCJ9.eyJ
zdWIiOiIxMjM0NTY3ODkwIiwibmFtZSI6IkpvaG4
gRG9lIiwiaWF0IjoxNTE2MjM5MDIyfQ.SflKxwRJ
SMeKKF2QT4fwpMeJf36POk6yJV_adQssw5c

经过编码的签名　　　　　经过编码的数据体

图 6-1　经过编码的 JWT 及其组成部分

JWT 是一个开放的标准。任何拥有 JWT 的人都可以读取其内容。这意味着，任何人都可能利用自己生成的 JWT 访问系统，或者通过截获 JWT 并篡改其中一个或多个声明来冒充合法用户。这时候就需要使用签名。签名用于确保 JWT 的真实性。

JWT 使用 Base64 URL 编码方式对头部和数据体进行编码，将这两部分与密钥串联起来，然后根据头部指定的加密哈希算法算出签名。JWT 支持两种加密方案。第一种方案是共享密钥，即生成签名和验证签名的双方都必须知道这个密钥。双方都拥有密钥，并且都可以验证 JWT 的真实性。双方计算签名并把算出的值与 JWT 签名部分的值进行对比。如果两者之间有任何差异，就说明有人篡改了 JWT。当希望或需要双方能够安全地交换信息时，这种方案切实可行。第二种方案是使用非对称公/私密钥对。公钥所有者使用公钥验证收到的 JWT 的真实性，私钥所有者则使用私钥生成有效的 JWT。

你可以使用一些在线工具对 JWT 进行编码和解码。如图 6-2 所示，在线工具采用并排输出的方式解码两种类型的 JWT。左边显示的是使用共享密钥的 JWT。正如你所见，该在线工具能够在不使用任何凭证的情况下轻松地读取令牌内容。然而，我们还需要一个密钥来验证 JWT 的签名，以确保 JWT 没有被篡改。

图 6-2　使用共享密钥的 JWT 与使用非对称公/私密钥对的 JWT 的验证方式

图 6-2 中的右图显示的是使用非对称公/私密钥对的 JWT。该在线工具能够在不使用任何凭证的情况下轻松地读取令牌内容。然而，该在线工具需要使用公钥来验证 JWT 的签名。如果需要生成一个新的 JWT，那么该在线工具还需要一个私钥。我希望图 6-2 中的对比有助于澄清这两者之间的区别，以及为什么在为 broker 和 Pulsar 客户端配置 JWT 认证时，需要使用 JWT 和相关密钥。

值得一提的是，任何拥有有效 JWT 的人都可以使用该令牌来对 Pulsar 进行认证。因此，我们应该采取充分的预防措施，防止其他人获得已签发的 JWT。比如，我们只通过 TLS 加密连接发送 JWT，并将 JWT 中的信息存储在客户端的安全位置。为了开启 JWT 认证，我在 6.1 节提到的 Dockerfile 文件中添加了一条命令。该命令用于执行一个名为 gen-tokens.sh 的脚本，从而生成

JWT 并实现认证，如代码清单 6-15 所示。

代码清单 6-15 已更新的 Dockerfile 文件内容

```
FROM apachepulsar/pulsar-standalone:latest
ENV PULSAR_HOME=/pulsar

...  ◁──── 与代码清单 6-9 所示的内容相同

RUN ["/bin/bash", "-c",
    "/pulsar/manning/security/authentication/jwt/gen-tokens.sh"]
```

执行指定的脚本，为基于
角色的认证生成 JWT

代码清单 6-16 显示了 gen-tokens.sh 脚本的内容。该脚本包含生成 JWT 所需的操作。生成的 JWT 用于完成 broker 认证。

代码清单 6-16 gen-tokens.sh 脚本文件内容

```
#!/bin/bash

# 创建公/私密钥对
/pulsar/bin/pulsar tokens create-key-pair \
  --output-private-key \
     /pulsar/manning/security/authentication/jwt/my-private.key \
  --output-public-key \
     /pulsar/manning/security/authentication/jwt/my-public.key

# 为管理员角色创建 JWT
/pulsar/bin/pulsar tokens create --expiry-time 1y \
    --private-key \
      file:///pulsar/manning/security/authentication/jwt/my-private.key \
    --subject admin > /pulsar/manning/security/authentication/jwt/admin-
 ➡  token.txt
...
```

使用非对称加密时，需要
创建一个密钥对

创建 JWT，并为令牌所有者
授予管理员角色

创建多个令牌，并为令牌
所有者授予其他角色

该脚本将生成若干 JWT，并将其以文本文件的形式存储在 broker 中。这些 JWT 和公钥也会被分发给 Pulsar 客户端。Pulsar 客户端可以使用这些 JWT 和公钥来验证 pulsar-standalone 实例。为了开启 JWT 认证，我们也在 standalone.conf 配置文件中修改了相关参数，如代码清单 6-17 所示。

代码清单 6-17 standalone.conf 配置文件中需要更改的参数

Pulsar 认证机制的必要配置

```
#### JWT 认证 ####
authenticationEnabled=true ◁
authorizationEnabled=true ◁
authenticationProviders=org.apache.pulsar.broker.authentication.
 ➡  AuthenticationProviderTls,org.apache.pulsar.broker.authentication.
 ➡  AuthenticationProviderToken
tokenPublicKey=file:///pulsar/manning/security/
 ➡  authentication/jwt/my-public.key
```

开启授权

将 JWT 提供器添加到
认证提供器列表中

JWT 公钥的位置。
公钥用于验证签名

若想开启 JWT 认证，需要修改 client.conf 配置文件，如代码清单 6-18 所示。之前，我们已经为客户端开启了 TLS 认证。现在，我们需要注释掉这些参数。这是因为，客户端一次只能使用一种认证方法。

代码清单 6-18　client.conf 配置文件中需要更改的参数

```
#### JWT 认证 ####
authPlugin=org.apache.pulsar.client.impl.auth.AuthenticationToken
authParams=file:///pulsar/manning/security/authentication/jwt/admin-token.txt

                                                注释掉以下两个 TLS 认证参数
#### TLS 认证 ####
#authPlugin=org.apache.pulsar.client.impl.auth.AuthenticationTls
#authParams=tlsCertFile:/pulsar/manning/security/authentication/tls/admin.cert
  .pem,tlsKeyFile:/pulsar/manning/security/authentication/tls/admin-pk8.pem
```

现在，让我们重新构建 Docker 镜像。新镜像包括生成 JWT 和开启本节讨论的 JWT 认证所需的更改，如代码清单 6-19 所示。在重新构建 Docker 镜像之前，请确保已经停止并删除任何运行 Docker 镜像的实例。

代码清单 6-19　基于 Dockerfile 文件构建 Docker 镜像

切换到 Dockerfile 文件　　　　　　　　　　　　执行命令，基于 Dockerfile 文件构建 Docker
所在的目录　　　　　　　　　　　　　　　　　镜像并为 Docker 镜像打上标签

```
$ cd $REPO_HOME/pulsar-in-action/docker-images/pulsar-standalone
$ docker build . -t pia/pulsar-standalone-secure:latest
Sending build context to Docker daemon  3.345MB
Step 1/9 : FROM apachepulsar/pulsar-standalone:latest       注意，现在有 9 个步骤，
 ---> 3ed9bffff717                                          而不是 8 个步骤
...
Step 8/9 : RUN ["/bin/bash", "-c", "/pulsar/manning/security/authentication/jwt/
  gen-tokens.sh"]
Step 9/9 : CMD ["/pulsar/bin/pulsar", "standalone"]        执行 gen-tokens.sh 脚本
 ---> Using cache
 ---> a229c8eed874
Successfully built a229c8eed874                             确认成功的消息，包含用来
Successfully tagged pia/pulsar-standalone-secure:latest     引用 Docker 镜像的标签
```

接下来，我们需要再次按照代码清单 6-7 所示的步骤，使用已更新的 Docker 镜像启动一个新的容器。我们采用 SSH 的方式连接 Docker 容器并在新启动的 bash 会话中执行 publish-credentials.sh 脚本。这样一来，我们就可以在本地的 ${HOME}/exchange 目录下查看 JWT。之后，我们尝试在 Java 客户端开启 JWT 认证，如代码清单 6-20 所示。你可以在与本书相关的 GitHub repo 中找到相关代码示例。

代码清单 6-20　JWT 认证

```
import org.apache.pulsar.client.api.*;

public class JwtAuthClient {
public static void main(String[] args) throws PulsarClientException {
    final String HOME = "/Users/david/exchange";
    final String TOPIC = "persistent://public/default/test-topic";

    PulsarClient client = PulsarClient.builder()
      .serviceUrl("pulsar+ssl://localhost:6651/")
      .tlsTrustCertsFilePath(HOME + "/ca.cert.pem")
      .authentication(
          AuthenticationFactory.token(() -> {
        try {
          return new String(Files.readAllBytes(
            Paths.get(HOME+"/admin-token.txt")));
        } catch (IOException e) {
          return "";
        }
        })).build();

    Producer<byte[]> producer =
      client.newProducer().topic(TOPIC).create();

    for (int idx = 0; idx < 100; idx++) {
      producer.send("Hello JWT Auth".getBytes());
    }
     System.exit(0);
  }
}
```

至此，broker 端的所有认证配置均已完成。从现在开始，所有 Pulsar 客户端都必须出示有效的凭证进行认证。本书只介绍了 TLS 认证和 JWT 认证。事实上，Pulsar 支持 4 种认证方式。你可以按照 Pulsar 在线文档中的步骤，开启其他认证。

6.3　授权

只有当 Pulsar 配置的认证提供器成功认证 Pulsar 客户端后，才会授权 Pulsar 客户端。授权用于确定客户端拥有足够的权限来访问特定主题。如果只开启认证，那么任何认证用户都可以对 Pulsar 集群内部的任何名字空间或主题执行任意操作。

6.3.1　角色

在 Pulsar 中，角色用于定义一系列权限，比如访问一组特定主题的权限。管理员将这些权限分配给用户组。Pulsar 利用配置的认证提供器来确定客户端的角色，然后为该客户端分配角色令牌。授权机制利用角色令牌来规定允许客户端执行的操作。

角色令牌就像开锁的钥匙。可能许多人配了同一把钥匙。但是，锁并不关心你是谁，它只关心你是否拥有正确的钥匙。在 Pulsar 中，角色分为三个层次。每个层次的角色都有特定的能力和用途。我们从图 6-3 中可以看出，在涉及数据结构化时，角色的层次结构与 Pulsar 中集群、租户、名字空间的层次结构极为相似。让我们进一步研究这些角色。

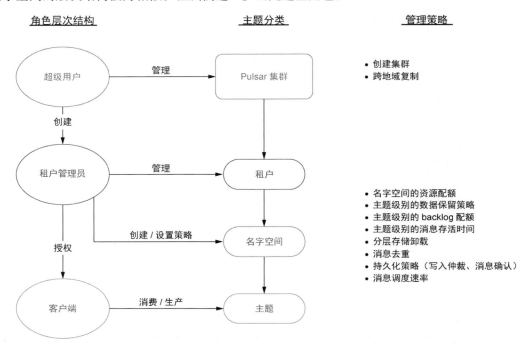

图 6-3   Pulsar 角色层次结构及角色管理任务

1. 超级用户

顾名思义，超级用户可以在 Pulsar 集群的任何级别上执行任何操作。但是，人们认为最好的方式是将租户及其名字空间的管理委托给他人。这个人负责管理该租户的策略。因此，超级用户的主要任务是创建租户管理员。超级用户可以使用 pulsar-admin 命令行工具执行相关命令来创建租户管理员，如代码清单 6-21 所示。

代码清单 6-21   创建租户管理员

```
$PULSAR_HOME/bin/pulsar-admin tenants create tenant-name \    ← 指定租户的名称
    --admin-roles tenant-admin-role \    ←
    --allowed-clusters standalone
```

指定租户所在的集群

指定租户管理员的角色名称

这样一来，超级用户就可以专注于集群范围内的管理任务，比如创建集群、管理 broker、配置租户级别的资源配额等。这样做可以确保所有租户都能得到相应的集群资源。一般来说，由负责设计租户内主题布局的人来管理租户，例如部门主管、项目经理或应用团队负责人等。

2. 租户管理员

租户管理员主要负责设计和实施租户的名字空间。如前所述，名字空间只不过是具有相同策略需求的主题的逻辑集合。名字空间级别的策略适用于该名字空间内的所有主题。用户可以配置数据保留策略、backlog 配额、分层存储卸载等属性。

3. 客户端

客户端可以是任何拥有权限向 Pulsar 主题生产消息或者从 Pulsar 主题中消费消息的应用程序或服务。租户管理员在名字空间级别或者主题级别授予客户端相关权限。名字空间级别的权限意味着这些权限适用于某个特定名字空间内的所有主题。

6.3.2 应用场景举例

假设你在一家名为 GottaEat 的外卖配送公司工作。该公司允许客户从其所有相关餐馆处订外卖，并将订单信息直接发送给你。为了降低成本，公司并没有自己的外卖骑手，而是决定招募个人来配送订单。该公司使用 3 个相互独立的移动应用程序来开展业务，包括一个面向客户的公开应用程序、一个面向所有相关餐馆老板的限制性应用程序，以及一个面向所有授权送货的外卖骑手的限制性应用程序。

1. 下单

接下来，让我们看看该公司的一个非常基本的用例。从客户下订单到外卖骑手送餐，公司均使用基于微服务的应用程序来处理整个过程。这些微服务应用程序采用 Pulsar 传输消息。我们将集中讨论如何在租户 restaurateurs（餐馆老板）和租户 driver（外卖骑手）下创建名字空间，并分别为这两个名字空间授予哪些权限。许多租户会使用租户 microservices（微服务），所以租户 microservices 由应用团队创建和管理。图 6-4 显示了该下单用例中的整体消息流。

在该用例中，客户使用公司的移动应用程序选择一些食物，输入送货地址和付款信息并提交订单。订单信息被移动应用程序发布到主题 persistent://microservices/orders/new 中。

支付验证微服务消费入站订单信息并与信用卡支付系统进行通信，确保在用户付款之后才将订单信息发布到主题 persistent://microservices/orders/paid 中，保留订单支付信息。该微服务还将原始信用卡信息替换为内部跟踪 ID，方便后续查看支付信息。

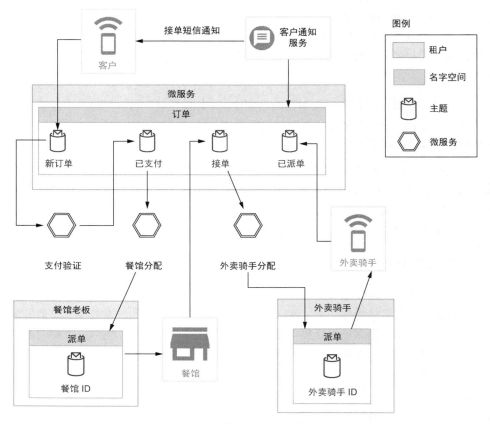

图 6-4   下单用例中的消息流

　　餐馆分配微服务负责找到能够完成订单的餐馆。该微服务从主题 persistent://microservices/
orders/paid 中消费订单信息，然后寻找能够完成订单的餐馆，并根据客户所购食物和送货地址确
定一些候选餐馆。接着，该微服务将订单细节发布到只有餐馆可以访问的特定餐馆主题，例如
persistent://restaurateurs/offers/restaurant_4827，向候选餐馆派单，确保只能由一家餐馆完成订单。
如果被选定餐馆拒绝接单或者没有在规定时间内接单，那么派单就会被取消。随后，该微服务向
下一家餐馆派单，直到有餐馆接单。餐馆通过移动应用程序接单后，该微服务就会将一条有关餐
馆详细信息（包括餐馆位置）的消息发布到主题 persistent://microservices/orders/accepted 中。
　　一旦餐馆接单，外卖骑手分配微服务便将消费来自主题 persistent://microservices/orders/accepted
的消息，然后寻找可以送餐的外卖骑手。该微服务根据外卖骑手所在位置、规划路线等信息选择
一些潜在的外卖骑手，并向只有外卖骑手可以访问的主题发布消息，例如 persistent://drivers/
offers/driver_5063，确保只向一位外卖骑手派单。如果被选定的外卖骑手拒绝接单或者没有在规
定时间内接单，那么派单就会被取消。接着，该微服务将向下一位外卖骑手派单，直到有外卖骑
手接单。外卖骑手接单后，该微服务就会将一条包括外卖骑手详细信息的消息发布到主题

persistent://microservices/orders/dispatched 中，表示已安排交付该订单。

名字空间 persistent://microservices/orders 内所有主题中的消息都有客户 ID（customer_id）和订单号（order_id）两个数据元素。客户通知服务订阅了该名字空间内所有可见的主题。当任一主题内的消息有更新时，客户通知服务都会解析出相关字段并使用这些信息向相应客户的移动应用程序发送通知，以便客户追踪其订单进展。

2. 创建租户

Pulsar 超级用户的首要任务是创建 3 个租户及相关的租户管理员角色。让我们回顾一下创建这 3 个租户需要执行的操作，如代码清单 6-22 所示。

代码清单 6-22　创建 Pulsar 租户

```
$PULSAR_HOME/bin/pulsar-admin tenants create microservices \
  --admin-roles microservices-admin-role

$PULSAR_HOME/bin/pulsar-admin tenants create drivers \
  --admin-roles drivers-admin-role

$PULSAR_HOME/bin/pulsar-admin tenants create restaurateurs \
  --admin-roles restaurateurs -admin-role
```

由于需要把这些租户的管理任务委托给组织内的其他人，因此我简单介绍一下每个租户管理员应该具备哪些特点。

- 微服务租户在多个服务和应用程序之间共享信息。因此，该租户管理员的最佳人选是负责制定跨部门架构决策的 IT 专业人士，比如企业架构师。
- 餐馆老板租户的最佳人选是负责招聘餐馆老板的人。他们负责招揽、审查和管理合作伙伴。他们可以把创建餐馆老板的专有主题作为入职过程中的一项任务。
- 同理，外卖骑手租户的最佳人选是负责招聘外卖骑手的人。

3. 授权策略

根据该用例需求，我们规划了一个整体安全设计方案，如图 6-5 所示。该设计方案定义了以下安全需求：

- 需要访问的应用程序；
- 使用的认证方法；
- 需要访问的主题和名字空间，以及访问方式；
- 为权限分配的角色 ID。

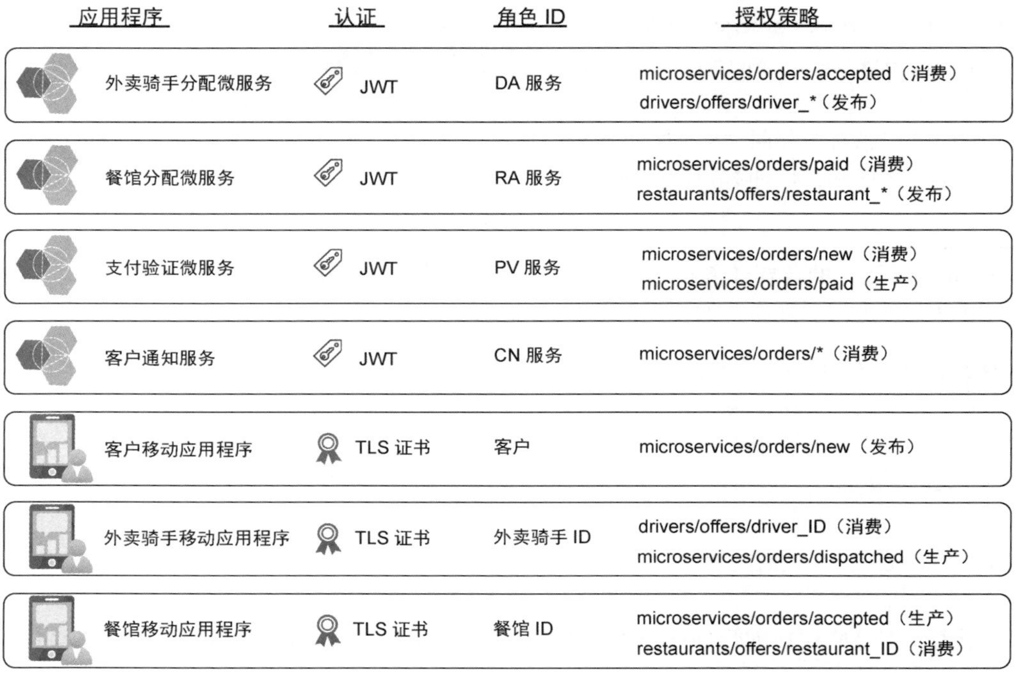

应用程序	认证	角色 ID	授权策略
外卖骑手分配微服务	JWT	DA 服务	microservices/orders/accepted（消费） drivers/offers/driver_*（发布）
餐馆分配微服务	JWT	RA 服务	microservices/orders/paid（消费） restaurants/offers/restaurant_*（发布）
支付验证微服务	JWT	PV 服务	microservices/orders/new（消费） microservices/orders/paid（生产）
客户通知服务	JWT	CN 服务	microservices/orders/*（消费）
客户移动应用程序	TLS 证书	客户	microservices/orders/new（发布）
外卖骑手移动应用程序	TLS 证书	外卖骑手 ID	drivers/offers/driver_ID（消费） microservices/orders/dispatched（生产）
餐馆移动应用程序	TLS 证书	餐馆 ID	microservices/orders/accepted（生产） restaurants/offers/restaurant_ID（消费）

图 6-5　下单用例在应用程序级别的安全设计方案

我们从图 6-5 中可以看出，外卖骑手分配微服务使用 JWT 与 Pulsar 进行验证，并获得"DA 服务"角色令牌。该令牌授予外卖骑手分配微服务从主题 persistent://microservices/orders/accepted 中消费消息的权限，以及向名字空间 persistent://drivers/offers 中的所有主题发布消息的权限。因此，若想为 DA 服务角色配置安全策略，需要执行代码清单 6-23 所示的命令。当为其他服务配置安全策略时，也需要执行类似的命令。值得一提的是，即使可能有多个外卖骑手分配服务实例，它们也可以共享同一个角色 ID。但对于有些移动应用程序来说，情况并非如此。我们需要确切地知道哪个用户正在访问系统，才能配置相应的安全策略。

代码清单 6-23　为外卖骑手分配微服务配置安全策略

创建名字空间 microservices/orders。
这是一次性操作

```
$PULSAR_HOME/bin/pulsar-admin namespaces create microservices/orders

$PULSAR_HOME/bin/pulsar tokens create \          为 DA 服务角色创建 JWT
    --private-key file:///path/to/private-secret.key \
    --subject DA_service > DA_service-token.txt     将 JWT 保存在文本
                                                    文件中，与服务部署
                                                    团队共享该 JWT
```

```
$PULSAR_HOME/bin/pulsar-admin namespaces grant-permission \
   drivers/offers --actions produce --role DA_service
```
授予 DA 服务角色向名字空间 persistent://drivers/offers 中的任何主题发布消息的权限

```
$PULSAR_HOME/bin/pulsar-admin topics grant-permission \
   persistent://microservices/orders/accepted \
   --actions produce \
   --role DA_service
```
授予 DA 服务角色从主题 persistent://microservices/orders/accepted 中消费消息的权限

将 JWT 保存为文本文件，并与需要部署外卖骑手分配微服务的团队共享该令牌。他们可以将 JWT 与外卖骑手分配微服务绑定或者将 JWT 放置在 Kubernetes 密钥等安全位置，以便在运行时访问外卖骑手分配微服务。相比之下，移动应用程序使用自定义的客户端证书。外卖骑手或餐馆老板入职后会获得唯一的 ID。该 ID 与生成的客户端证书相关联。这样一来，在连接 Pulsar 集群时，服务器就能根据 ID 准确识别出他们。比如，4950 号外卖骑手获得通用名称为 `driver_4950` 的客户端证书，并被授予该角色的角色令牌。代码清单 6-24 显示了外卖骑手租户管理员向 Pulsar 集群添加新外卖骑手时需要执行的操作。

代码清单 6-24　新外卖骑手入职

使用外卖骑手提供的私钥生成证书请求

使用通用名称（CN）字段指定该外卖骑手的新角色 ID

```
openssl req -config file:///path/to/openssl.cnf \
        -key file:///path/to/driver-4950.key.pem -new -sha256 \
        -out file:///path/to/driver-4950.csr.pem \
        -subj "/C=US/ST=CA/L=Palo Alto/O=gottaeat-url/CN=driver_4950" \
        -passin pass:${CLIENT_PASSWORD}

openssl ca -config file:///path/to/openssl.cnf \
        -extensions usr_cert \
        -days 100 -notext -md sha256 -batch \
        -in file:///path/to/driver-4950.csr.pem \
        -out file:///path/to/driver-4950.cert.pem \
        -passin pass:${CA_PASSWORD}

$PULSAR_HOME/bin/pulsar-admin topics grant-permission \
   persistent://drivers/offers/driver_4950 \
   --actions consume \
   --role driver_4950

$PULSAR_HOME/bin/pulsar-admin topics grant-permission \
   persistent://microservices/orders/dispatched \
   --actions produce \
   --role driver_4950
```

使用 CSR 文件为新外卖骑手生成 TLS 客户端证书

客户端证书文件的名称。将它与下载的移动应用程序进行绑定

授予 4950 号外卖骑手（`driver_4950`）消费权限，允许其从主题 persistent://microservices/orders/accepted 中消费消息

授予 4950 号外卖骑手（`driver_4950`）生产权限，允许其向主题 persistent://microservices/orders/dispatched 中生产消息

如代码清单 6-24 所示，我们根据新外卖骑手的 ID，专门为其生成 TLS 客户端证书。将该证书与外卖骑手移动应用程序绑定，确保外卖骑手在连接 Pulsar 集群时始终使用该证书来进行验证。外卖骑手也会收到一个链接。他们可以在自己的智能手机上通过点击链接来下载并安装客户端证书。

6.4   消息加密

新的订单主题中有敏感的信用卡信息。除了支付验证服务，其他任何服务都不应该访问这些敏感信息。尽管我们已经配置了 TLS 传输加密，从而保证数据传入 Pulsar 集群过程中的安全性，但是还需要确保存储的也是加密信息。所幸，Pulsar 提供了一些方法，支持在生产者端对消息内容加密，然后再将消息发送给 broker。这些消息的内容不会解密，直到拥有正确私钥的消费者消费它们。

为了发送和接收加密消息，首先需要创建一个非对称公/私密钥对。本书使用的 Docker 镜像里有一个名为 gen-rsa-keys.sh 的脚本，可以用来生成一个公/私密钥对。该脚本位于/pulsar/manning/security/message-encryption 文件夹中，脚本内容如代码清单 6-25 所示。

代码清单 6-25   gen-rsa-keys.sh 脚本内容

```
# 生成私钥
openssl ecparam -name secp521r1 \
    -genkey \
    -param_enc explicit \
    -out /pulsar/manning/security/encryption/ecdsa_privkey.pem

# 生成公钥
openssl ec -pubout \
    -outform pem \
    -in /pulsar/manning/security/encryption/ecdsa_privkey.pem \
    -out /pulsar/manning/security/encryption/ecdsa_pubkey.pem
```

应该把公钥发送给生产者应用程序，也就是本例中的客户移动应用程序。私钥则只能被发送给支付验证服务，因为它需要使用私钥来消费主题 persistent://microservices/orders/new 中的加密消息。代码清单 6-26 显示了生产者如何使用公钥加密消息，然后将消息发送到 Pulsar 主题中。

代码清单 6-26   生产者加密消息

客户端必须能够访问公钥

初始化 `cryptoReader` 配置，以便使用公钥

```
String pubKeyFile = "path to ecdsa_pubkey.pem";
CryptoKeyReader cryptoReader
    = new RawFileKeyReader(pubKeyFile, null);

Producer<String> producer = client
    .newProducer(Schema.STRING)
    .cryptoKeyReader(cryptoReader)
    .cryptoFailureAction(ProducerCryptoFailureAction.FAIL)
    .addEncryptionKey("new-order-key")
    .topic("persistent://microservices/orders/new")
    .create();
```

为密钥命名

配置生产者使用公钥，通过 `cryptoReader` 加密消息

如果无法加密消息，那么生产者需要抛出一个异常

代码清单 6-27 显示了如何配置支付验证服务内的消费者使用私钥来解密它从主题 persistent://microservices/orders/new 中消费的消息。

代码清单 6-27 配置 Pulsar 客户端从加密主题中读取消息

```
String privKeyFile = "path to ecdsa_privkey.pem";
CryptoKeyReader cryptoReader
    = new RawFileKeyReader(null, privKeyFile);

ConsumerBuilder<String> builder = client
    .newConsumer(Schema.STRING)
    .consumerName("payment-verification-service")
    .cryptoKeyReader(cryptoReader)
    .cryptoFailureAction(ConsumerCryptoFailureAction.DISCARD)
    .topic("persistent://microservices/orders/new")
    .subscriptionName("my-sub");
```

客户端必须能够
访问私钥

配置消费者使用私钥,
通过 **cryptoReader**
解密消息

初始化 **crypto-Reader** 配置,以
便使用私钥

如果无法解密消息,
那么消费者直接丢弃
消息

我介绍了如何配置消费者和生产者,以支持消息加密。接下来,我想深入探讨 Pulsar 内部实现加密的细节,以及应该注意的一些关键设计决策,以便更好地理解如何在应用程序中使用消息加密功能。图 6-6 显示了开启消息加密功能时生产者端需要执行的操作。当调用携带原始消息字节的 send 方法时,生产者先内部调用 Pulsar 客户端库,以便获得当前使用的对称 AES 密钥。系统每 4 小时自动轮换一次密钥,防止有人未经授权访问这些密钥。这样一来,即使密钥被泄露,也只有近 4 小时内的主题数据会暴露出来,而不是所有主题数据都会暴露出来。

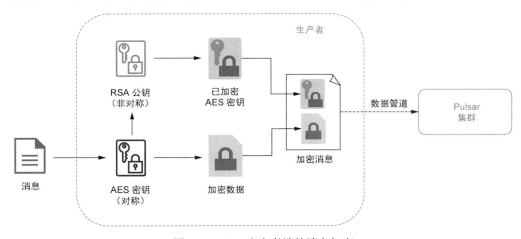

图 6-6 Pulsar 生产者端的消息加密

当前的 AES 密钥用于加密消息的原始字节,然后将加密的原始字节放置在出站消息的数据体中。接下来,使用我们之前生成的 RSA 非对称密钥对中的公钥加密 AES 密钥,然后将加密后的 AES 密钥放置在出站消息的头部属性中。

使用 RSA 非对称密钥对中的公钥对 AES 密钥进行加密后,我们确信只有拥有相应 RSA 私钥的消费者才能解密(继而读取)用于加密消息数据体的 AES 密钥。这也说明出站消息的所有数据均已加密,包括携带 AES 密钥的消息数据体及携带已加密 AES 密钥的消息头部。之后,生产者将消息发送到 Pulsar 集群。这样一来,特定消费者就能消费 Pulsar 集群中的消息。

如图 6-7 所示，收到加密消息后，消费者需要解密消息并访问原始数据。首先，消费者阅读消息头部，找出携带已加密 AES 密钥的 `encryption key` 属性。接着，消费者使用 RSA 非对称密钥对中的私钥解密 `encryption key` 属性的内容并生成 AES 密钥。然后，消费者使用 AES 密钥解密消息内容。AES 密钥是对称的密钥，这意味着它既可以加密数据，也可以解密数据。

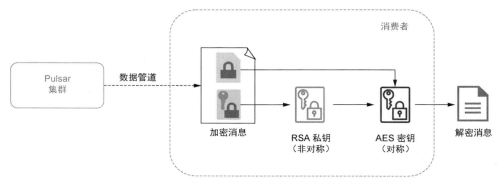

图 6-7 Pulsar 消费者端的消息解密

如果将用来加密消息的 AES 密钥与加密消息存储在一起，Pulsar 就无须专门在内部存储和管理已加密的密钥。但是，如果用来解密 AES 密钥的 RSA 私钥丢失或被删除，那么消息也会丢失，从而导致 Pulsar 无法解密消息。因此，最好的方法是在 AWS KMS 等第三方密钥管理服务中存储和管理 RSA 密钥对。

既然我们都知道 RSA 密钥可能会丢失，那么 RSA 密钥丢失会造成什么影响呢？显然，我们都不希望发生这种事情，但确实无法避免。因此，我们需要考虑应用程序如何应对这种情况，以及如何配置生产者和消费者的行为。

我们先看一看生产者。实际上，生产者只有两个选择。生产者可以选择继续发送没有加密的消息。当数据价值大于在限定时间内存储未加密消息而带来的风险时，可以选择这种解决方案。比如，在上文讨论的下单用例中，与因 RSA 密钥丢失导致的个别丢单情况相比，按时发送客户订单更为重要。我们通过安全的 TLS 连接发送数据，数据丢失风险最小。

生产者也可以选择不发送消息，而是抛出一个异常。一般来说，当暴露数据的风险超过及时发送数据带来的潜在商业价值时，可以选择这种解决方案。一些不面向客户的应用程序（比如后端支付处理系统）没有严格的服务等级协定，因此通常会选择这种解决方案。我们可以配置 `setCryptoFailureAction` 方法来指定生产者要采取的措施，如代码清单 6-26 所示。

如果因为未成功解密消息而导致消费者无法消费消息，那么有三种解决方案。第一种解决方案是将加密消息传递给消费应用程序，由消费应用程序来解密消息。当消费者没有基于消息内容路由消息时，可以采取这种解决方案。比如，消费者根据消息头部信息将消息路由给其下游消费者。

第二种解决方案是明确指出消息发送失败。在这种情况下，broker 会再次发送消息。这种解决方案适用于共享订阅模式。在共享订阅模式下，多个消费者同时通过一个订阅连接。当消息发送失败时，只有当前消费者出现解密问题，比如该消费者的主机上没有私钥，因此无法解密消息。broker 将重新给另外一个消费者发送消息，该消费者能够解密并成功消费消息。这种解决方案不适用于独占订阅模式。在独占订阅模式下，broker 会一直给同一个消费者发送消息，即便其无法处理消息。

第三种解决方案是消费者丢弃消息。这种解决方案适用于独占订阅模式。在独占订阅模式下，消费者根据消息内容路由消息。如果消息发送失败，那么 broker 会一直给该消费者发送消息，消费者会"卡"在重新处理消息的过程中。由于消费者无法消费消息，因此整个主题的 backlog 配额持续增长。预防这种情况发生的唯一办法就是丢弃消息，这也意味着会造成信息缺失。

6.5 小结

- ❏ Pulsar 支持 TLS 传输加密，确保对客户端和 broker 之间传输的数据都进行加密。
- ❏ Pulsar 支持 TLS 认证。Pulsar 将客户端证书签发给受信任的用户。只有持有有效客户端证书的用户才能访问 Pulsar 集群。
- ❏ Pulsar 支持 JWT 认证。Pulsar 支持使用 JWT 验证用户，并为用户设定不同的角色。
- ❏ 通过认证后，Pulsar 为用户分配角色令牌。该角色令牌用于确认用户有权写入或读取 Pulsar 资源。
- ❏ Pulsar 支持消息加密，为存储在本地磁盘上的数据提供安全保障，防止未经授权访问消息中的敏感数据。

6

schema registry

7

本章内容
- 使用 schema 简化微服务开发工作
- 了解 schema 兼容性
- 使用 `LocalRunner` 类在集成开发环境中运行和调试函数
- 在不影响现有消费者的情况下演化 schema

传统数据库采用一种被称为**写时模式**（schema-on-write）的流程。在写时模式下，如果没有定义表的列、行和类型，就无法向表内写入数据，从而确保写入的数据符合预先设定的规范。并且，客户端可以直接从数据库访问数据的 schema 信息，这有助于客户端确定数据的基本结构。

Pulsar 消息以非结构化字节数组的形式进行存储。只有在读取消息时，Pulsar 才会将结构应用于这些数据。这种方法被称为**读时模式**（schema-on-read）。读时模式最先由 Hadoop 和 NoSQL 推广开来。在读时模式下，客户端可以更快、更轻松地获取和处理新的动态数据源。但是，读时模式也有一些缺点。比如，读时模式不支持元数据存储。这样一来，客户端无法访问消息的元数据，也就无法确定所消费主题的 schema。

Pulsar 客户端仅取到一些相互独立、任意类型的记录，但需要采用有效的方式来确定如何解释每条新增记录。在这种情况下，我们可以使用 schema registry。schema registry 是 Pulsar 技术栈的一个重要组成部分，用于追踪所有 Pulsar 主题的 schema。

正如第 6 章提到的，GottaEat 研发团队已经决定采用微服务架构风格。微服务架构风格指的是将一个应用程序构建成一组独立开发、松耦合的协作服务。在微服务架构中，不同的微服务需要处理相同的数据。为了实现相互协作，它们需要了解事件的基本结构，包括字段及其类型等。否则，事件消费者无法对事件数据进行任何有意义的计算。本章将介绍如何利用 schema registry 来极大地简化 GottaEat 公司各应用团队之间的信息共享。

7.1 微服务通信

在构建微服务架构时，我们需要考虑微服务之间的通信问题。微服务之间可以采用多种通信模式，而每种通信模式都各有优缺点。通常情况下，我们可以根据两种因素对这些通信模式进行分类。第一种因素是微服务之间采用的是同步通信还是异步通信。第二种因素是通信是面向单个接收端还是多个接收端，如图 7-1 所示。

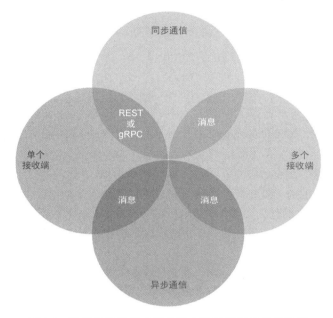

图 7-1 微服务通信模式的分类方法及适用的通信协议

REST 或 gRPC 等协议经常用于基于同步请求/响应的服务间通信机制。在同步通信模式下，一个服务向另一个服务发送请求并等待后者的响应。如果没有收到响应，那么调用服务中断，无法继续完成任务。这种通信模式类似于传统应用程序编程中的过程调用。过程调用就是使用特定的方法向外部服务发出一组特定的参数。

在异步通信模式下，一个服务向另一个服务发送请求，但无须等待后者的响应。如果想实现基于发布/订阅的异步通信机制，那么使用像 Pulsar 这样的消息系统就非常合适。另外，对于拥有多个消息接收端的单个服务而言，若想实现基于发布/订阅的服务间通信，也必须使用消息系统。因为一些接收端可能不在线，所以我们无法确保在所有接收端都确认消息之后再断开服务。因此，让消息系统保留消息是一种更好的解决方案。

了解微服务通信模式的分类方法和相关的通信机制之后，我们就能够清楚地知道可以使用哪些通信机制。但这并不是构建微服务时最值得关注的地方。最重要的是，能够在整合多个微服务的同时保持其独立性。为了做到这一点，无论选择哪种通信机制，都需要在互相协作的微服务之间建立一个协议。

7.1.1 微服务 API

与其他软件开发项目一样，微服务也需要有明确的需求，这有助于开发团队开发出合适的软

件。而且，如果前期制订明确的服务协议，那么微服务开发人员可以直接编写代码，而无须假设
已经获得哪些数据，也无须假设服务中某种特定方法的预期输出效果。本节将介绍各种通信模式
如何支持服务协议。

1. REST 和 gRPC

在评估基于同步请求/响应的服务间通信机制时，REST 和 gRPC 之间最大的一个区别在于数
据体的格式。gRPC 使用的概念模型就是让服务具有清晰的接口定义和结构化的请求及响应消息。
该模型直接将结构化消息转化为编程语言的概念，如接口、函数、方法和数据结构。该模型还支
持自动生成客户端库。微服务开发团队之间共享这些客户端库，并将其作为他们之间的正式协议。

虽然 REST 范式没有规定任何结构，但其消息数据体通常采用 JSON 等弱类型的数据序列化
系统。因此，REST API 缺乏正式的机制来指定服务之间传输消息的格式。数据以原始字节的形
式在服务之间来回传输。接收端服务必须反序列化这些数据。然而，这些消息的数据体采用一种
必须遵守的隐含结构。因此，服务开发团队之间只有相互协作才能更改消息的数据体。这样做可
以确保一个开发团队所做的任何更改不会影响其他开发团队，比如删除某个其他服务所需的字
段。这种操作违反服务之间的非正式协议，并给依赖该特定字段来执行其处理逻辑的消费服务带
来麻烦。

这个问题不仅局限于 REST 协议，而是所有弱类型数据通信协议的一个缺点。因此，如果基
于消息的服务间通信采用弱类型的数据序列化系统，那么它也存在这个问题。

2. 消息协议

我们从图 7-1 中可以看出，大多数服务间通信模式只能由基于消息的通信协议来提供支持。
在 Pulsar 中，所有消息均包括消息数据体和用户自定义属性两部分。这两部分内容分别以原始字
节和键-值对的形式进行存储。虽然将消息数据体存储为原始字节极具灵活性，但是每条消息的
消费者也都需要将这些原始字节转化为消费应用程序期望的格式，如图 7-2 所示。

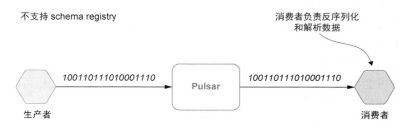

图 7-2　Pulsar 既接收原始字节，也输出原始字节

微服务之间通过消息进行通信。为了实现这一点，生产者和消费者需要共同确定互换消息的
基本结构，包括字段及其相关类型。通常情况下，定义这些消息的基本结构的元数据被称为
schema。schema 正式定义了如何将原始消息字节转化为更正式的类型结构，比如，如何将存储
在消息数据体中的数字 0 和 1 映射为编程语言的对象类型。

schema 与生产、消费消息的服务之间使用的正式协议最为相似。我们可以把 schema 看作 API。

应用程序依赖于 API，并期望 API 兼容所有的变更，这样应用程序仍然可以正常运行。

7.1.2 schema registry 的必要性

schema registry 集中存储一个组织使用的所有 schema 信息。这样做极大地简化了应用团队之间共享 schema 信息的操作。schema registry 为所有服务和开发团队提供 schema，确保他们之间相互协作。对于任何既定主题，构建外部的消息 schema registry 时，我们都需要考虑以下问题。

❑ 如果正在消费消息，我们将如何解析和解释数据？
❑ 如果正在生产消息，我们预期的消息格式是什么？
❑ 所有消息都采用相同的格式还是 schema 已经发生改变？
❑ 如果 schema 已经发生改变，那么主题中的消息格式有哪些？

构建一个集中式 schema registry，并在整个组织范围内统一使用 schema，有助于更容易地发现和消费数据。假如我们为一个共同经营的商业实体（如客户、产品或订单）定义一个标准的 schema，而且几乎所有的应用程序都使用这个 schema，那么所有生产消息的应用程序都能以最新的格式生产消息。同样，消费消息的应用程序也无须对数据进行转换，就能使其符合不同的格式。从数据发现的角度来看，在 schema registry 中明确定义消息的结构之后，数据科学家无须咨询开发团队就能更好地理解数据的结构。

7.2 schema registry 详解

schema registry 支持消息生产者和消费者通过 broker 来协调 Pulsar 主题数据的结构，而无须额外为元数据提供服务层。Kafka 等其他消息系统还需要独立的 schema registry 组件。

7.2.1 架构

默认情况下，Pulsar 使用 BookKeeper 表服务来存储 schema。BookKeeper 提供持久、可复制的存储，确保不会丢失 schema。此外，它还提供一个简单、方便的键-值 API。由于 schema 应用于 Pulsar 主题层面，因此 Pulsar 主题名被用作键。值则由一个被称为 `SchemaInfo` 的数据结构来表示。代码清单 7-1 列出了 `SchemaInfo` 中的字段。

代码清单 7-1 Pulsar `SchemaInfo` 示例

schema 的名称必须具有唯一性，且
与 schema 关联的主题名相匹配

当使用 Avro 或 JSON 等通用序列化库时，支持使用预定义的 schema 类型，如 **STRING** 或 **struct**

```
    {
        "name": "my-namespace/my-topic",
        "type": "STRING",
        "schema": "",
        "properties": {}
    }
```

如果使用 Avro 等一些已支持的序列化类型，那么该字段就是原始 schema 数据

一些用户自定义属性

我们从图 7-3 中可以看出，Pulsar 客户端通过 schema registry 获取相关主题的 schema，并利用序列化器/反序列化器将字节转换为适当的类型。这样一来，消费者无须过多关注用于转换字节的代码，只需专注于业务逻辑即可。

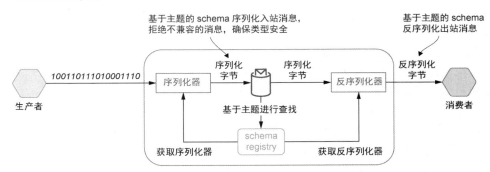

图 7-3　schema registry 既可以序列化发布到 Pulsar 主题中的字节，也可以反序列化发送给消费者的字节

schema registry 使用 `type` 字段和 `schema` 字段的取值来决定如何序列化、反序列化消息数据体中的字节。schema registry 支持多种 schema 类型，主要分为基础类型和复杂类型。`type` 字段用于指定主题的 schema 类型。

1. 基础类型

目前，Pulsar 支持几种基础的 schema 类型，如 BOOLEAN、BYTES、FLOAT、STRING 和 TIMESTAMP 等。如果 `type` 字段指定预定义 schema 类型的名称，那么 schema registry 会自动将消息字节序列化、反序列化为对应的编程语言类型，如表 7-1 所示。

表 7-1　基础类型

基础类型名称	说　　明
BOOLEAN	二进制值，0 表示 false，1 表示 true
INT8	8 位带符号的整数
INT16	16 位带符号的整数
INT32	32 位带符号的整数
INT64	64 位带符号的整数
FLOAT	32 位单精度浮点数（IEEE 754）
DOUBLE	64 位双精度浮点数（IEEE 754）
BYTES	8 位无符号字节序列
STRING	Unicode 字符序列
TIMESTAMP	自 1970 年 1 月 1 日起的毫秒数，以 INT64 形式存储

SchemaInfo 对象中已经使用 type 字段指明某种基础类型，所以无须使用 schema 字段指定 schema 数据。

2. 复杂类型

当消息需要更复杂的 schema 类型时，我们可以使用 Avro、JSON、Protobuf 等 Pulsar 支持的通用序列化库。在 SchemaInfo 对象中，当 type 字段是空字符串时，则表示使用的是某种复杂的 schema 类型。schema 字段是一个 UTF-8 编码的 JSON 字符串，用来定义 schema 数据。接下来，让我们用 Avro schema 举例，更加直观地说明 schema registry 如何简化这一过程。

Avro 是一种数据序列化格式，它使用 JSON 格式通过独立于语言的 schema 来定义复杂的数据类型。Avro 数据被序列化为紧凑的二进制数据格式。用户只能通过写入二进制数据时使用的 schema 才能读取这些二进制数据。Avro 要求 reader 能够访问原 writer 的 schema，以便反序列化二进制数据。因此，通常情况下，schema 和二进制数据一起存储在文件的开头。最初，Avro 用来存储具有大量相同类型记录的文件。这样，只需一次存储 schema，就能在迭代记录时重复使用该 schema。

然而，在消息传递过程中，每条消息都必须携带 schema，如图 7-4 所示。这样一来，就会消耗内存、网络带宽和磁盘空间。schema registry 可以避免这种情况发生。在 schema registry 中，当注册使用 Avro schema 的生产者或消费者时，Avro schema 以 JSON 格式存储在 SchemaInfo 对象的 schema 字段中。如图 7-3 所示，schema registry 为生产者和消费者使用的 Avro 序列化器和反序列化器提供 Avro schema 定义。这样一来，就不需要每条消息都携带 schema。此外，生产者和消费者可以使用缓存的序列化器或反序列化器处理后续消息，直到遇到带有不同 schema 版本的消息。

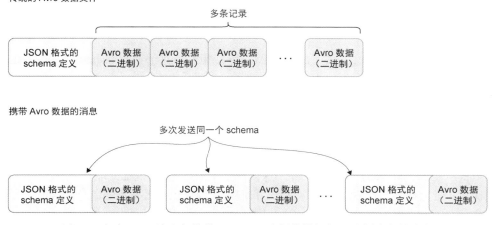

图 7-4　每条 Avro 消息都携带 schema，确保能够解析二进制消息的内容

7.2.2　schema 版本

Pulsar 主题的 `SchemaInfo` 对象都有对应的 schema 版本。当生产者使用某个 `SchemaInfo` 发布消息时，该消息会携带相关的 schema 版本信息，如图 7-5 所示。将 schema 版本信息与消息一起存储后，消费者就可以使用该 schema 版本信息在 schema registry 中查找对应的 schema，然后使用查找到的 schema 来反序列化消息。

由 Avro 数据和 schema 版本信息组成的消息

图 7-5　当使用 schema registry 时，Avro 数据只携带 schema 版本信息，而非整个 schema 的描述信息。消费者使用 schema 版本信息来检索基于该版本的反序列化器

Avro 数据只携带 schema 版本信息，而非整个 JSON 格式的 schema 描述信息。这种方法简单、高效。schema 版本按递增的顺序排列，比如 schema v1、schema v2 等。当第一个带有 schema 类型的消费者或生产者连接到主题时，该 schema 被标记为 schema v1。一旦加载完初始 schema，broker 就会获得相关主题的 schema 信息，并在本地保留一份副本，从而实现 schema 约束。

像 Pulsar 这样的消息系统可能会无限期地保留消息。因此，一些消费者需要使用旧 schema 版本来处理这些消息。schema registry 保留了所有消息的 schema 历史版本，以便消费者处理这些历史消息。

7.2.3　schema 兼容性

即使需求和应用不断地发展变化，保持微服务使用的消息的兼容性也至关重要。在 Pulsar 中，所有生产者和消费者都可以自由地使用自己的 schema。因此，一个 Pulsar 主题很可能有多条携带不同 schema 版本的消息。如图 7-5 所示，该主题既有携带 schema v8 的消息，也有携带 schema v9 的消息。

需要指出的是，schema registry 无法确保所有生产者和消费者都使用完全相同的 schema，只能确保它们使用的 schema 能够相互兼容。假设一个开发团队添加或删除某个字段，或者将 `type` 字段的取值从 `STRING` 改为 `TIMESTAMP`，这就改变了消息的 schema。为了维护潜在的生产者-消费者协议，避免不小心破坏消费者微服务，我们需要确保生产者发布的消息包含消费者需要的所有信息。否则，收到的消息就有可能会“破坏”现有应用程序，因为有人已经删除了这些应用程序所需的字段。

schema registry 负责验证 schema 兼容性。当生产者连接到 Pulsar 主题时，schema registry 会检查 schema 的兼容性。如果 schema 改变且该变更不会“破坏”消费者并导致异常，那么 schema registry 认为该变更具有兼容性，允许生产者连接到主题并发布携带新 schema 的消息。这种方法有助于防止其他开发团队引入的一些变更"破坏"已经从 Pulsar 主题消费消息的现有应用程序。

1. 生产者端的 schema 兼容性验证

如图 7-6 所示，当带有 schema 的生产者连接到主题时，它将使用的 schema 副本发送给 broker。broker 根据传入的 schema 创建 `SchemaInfo` 对象，并将其发送给 schema registry。如果该 schema 已经与该主题相关联，那么生产者可以连接到主题，继续使用指定的 schema 来发布消息。

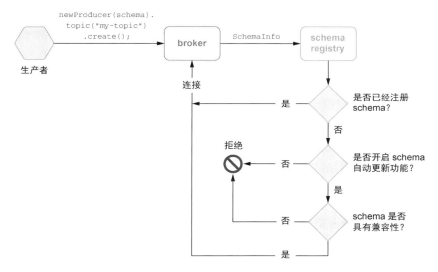

图 7-6　生产者端 schema 兼容性验证的逻辑流程

如果生产者没有在 schema registry 中注册主题的 schema，那么 schema registry 会检查相关名字空间的 `AutoUpdate` 策略配置，确定已经允许生产者在 schema registry 中注册该主题的 schema 版本。如果 `AutoUpdate` 策略禁止注册新的 schema 版本，那么 broker 会拒绝该生产者。如果允许注册新的 schema，则 schema registry 会检查 schema 兼容性。通过检查后，生产者在 schema registry 中注册 schema。这样一来，生产者就能使用新的 schema 版本连接 broker。如果该 schema 版本无法兼容其他 schema 版本， broker 则拒绝该生产者。

2. 消费者端的 schema 兼容性验证

如图 7-7 所示，带有 schema 类型的消费者连接到主题时，它将使用的 schema 副本传给 broker。broker 根据传入的 schema 创建 `SchemaInfo` 对象，并将其传给 schema registry。

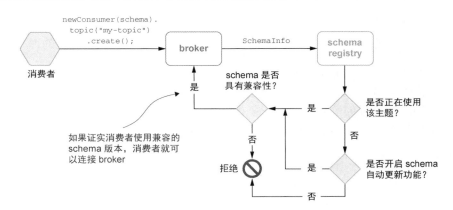

图 7-7　消费者端 schema 兼容性验证的逻辑流程

如果某个主题没有任何活跃的生产者或消费者，没有任何注册的 schema，或者没有任何数据，那么我们认为该主题是"未使用"的主题。除上述情况以外，schema registry 会检查相关名字空间的 `AutoUpdate` 策略配置，确定已经允许消费者在 schema registry 中注册该主题的 schema 版本。如果 `AutoUpdate` 策略禁止注册新的 schema 版本，那么 broker 拒绝该消费者。如果允许注册新的 schema，则 schema registry 会检查 schema 兼容性。通过检查后，消费者在 schema registry 中注册 schema。这样一来，消费者就能使用新的 schema 版本连接 broker。如果该 schema 无法兼容其他 schema 版本，则 broker 拒绝该消费者。schema registry 也会检查"使用中"的主题的 schema 兼容性。

7.2.4　schema 兼容性检查策略

schema registry 支持 6 种兼容性检查策略。这 6 种兼容性检查策略都可以在每个主题中进行配置。值得注意的是，所有的兼容性检查都从消费者的角度出发。即使涉及生产者端的兼容性检查，其目的也是防止收到现有消费者无法处理的消息。schema registry 使用底层序列化库（如 Avro）的兼容性规则来判断新 schema 是否兼容当前 schema。默认情况下，schema registry 支持向后兼容（`BACKWARD`）。接下来，我们将详细描述 3 种兼容性检查策略。

1. 向后兼容

向后兼容意味着消费者使用新 schema 处理生产者使用上一个 schema 写入的数据。假设生产者和消费者都使用 Avro schema v1。但是，负责开发其中一个消费者的团队决定在 schema 中添加一个名为 `status` 的字段来表示客户忠诚计划。该计划有白银级、黄金级和白金级 3 种状态，如图 7-8 所示。在这种情况下，我们认为 schema v2 支持向后兼容，因为它为新添加的字段指定了一个默认值。

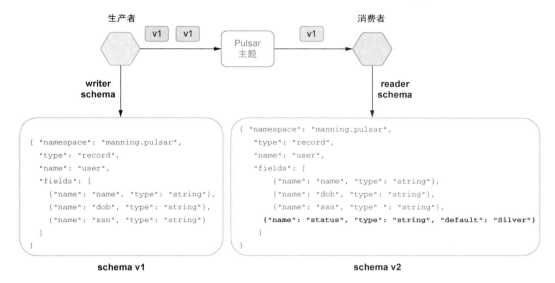

图 7-8　向后兼容指消费者使用新 schema 处理生产者使用上一个 schema 写入的数据

向后兼容允许消费者读取用 schema v1 写入的数据，因为在对使用 schema v1 序列化的消息进行反序列化时，缺失字段将使用 schema v2 中指定的默认值。也就是说，消费者默认所有客户的忠诚状态都是白银级（Silver）。

在这种情况下，你可以使用向后兼容策略。然而，向后兼容只适用于消费者比生产者领先一个 schema 版本的情况。如果消费者比生产者领先多个 schema 版本，那么可以使用向后兼容全部（BACKWARD_TRANSITIVE）策略。

让我们来扩展一下上个例子中的用例。现在，我们在应用程序中添加一个新的微服务。该微服务负责确定客户的忠诚状态，并发布包含 status 字段的消息。

另外，一开始引入 status 字段需求的微服务接受了安全性审查，并确定拥有客户的身份证号码会带来太大的安全风险，所以删除了 status 字段。从图 7-9 中可以看出，生产者 A 使用 schema v1，生产者 B 使用包括 status 字段的 schema v2，消费者使用删除了 ssn 字段的 schema v3。

在向后兼容全部策略下，使用 schema v3 的消费者可以处理生产者使用 schema v1 和 schema v2 生产的消息。由于 schema v3 为 status 字段指定了一个默认值，因此使用 schema v3 的消费者也可以读取使用 schema v1 写入的数据。在对使用 schema v1 序列化的消息进行反序列化时，缺失字段将使用 schema v3 中指定的默认值。同样，由于使用 schema v2 序列化的消息包含 schema v3 中要求的所有字段，因此消费者可以简单地忽略这些消息中的 ssn 字段。

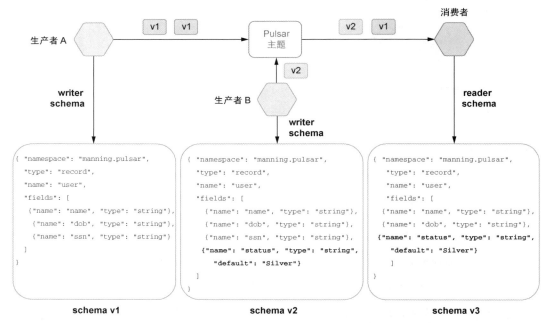

图 7-9   向后兼容全部指消费者使用新 schema 处理生产者使用之前的任意 schema 版本写入的数据

2. 向前兼容

向前兼容（FORWARD）意味着消费者可以使用旧的 schema 处理生产者使用最新的 schema 写入的数据。假设生产者和消费者都使用 Protobuf schema v1。但是，负责开发其中一个生产者的团队决定在 schema 中添加一个名为 age 的字段来表示一个新的基于不同年龄组的营销计划，如图 7-10 所示。

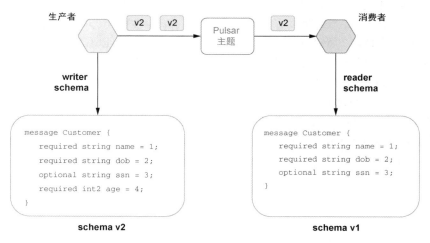

图 7-10   向前兼容指消费者可以使用旧的 schema 处理生产者使用最新的 schema 写入的数据

在这种情况下，我们认为 schema v2 支持向前兼容。这是因为，schema v2 只新增了一个字段，而以前的 schema 版本不包含这个字段。此时，消费者可以读取使用 schema v2 写入的数据。在对使用 schema v2 序列化的消息进行反序列化时，消费者会忽略这个新增的 age 字段。由于不依赖该新增字段，因此消费者可以继续处理这些消息。

在这种情况下，你可以使用向前兼容策略。然而，向前兼容只适用于消费者比生产者晚一个 schema 版本的情况。如果消费者比生产者晚多个 schema 版本，则可以使用向前兼容全部（FORWARD_TRANSITIVE）策略。

让我们扩展一下上个例子中的用例。我们在应用程序中添加了一个新的微服务，它负责根据 age 字段来确定客户的人口统计信息，返回一条包含全新字段 demo 的消息，并删除可选字段 ssn，如图 7-11 所示。

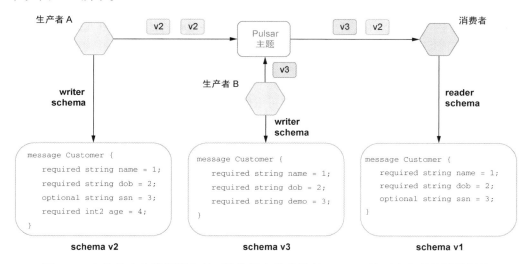

图 7-11　向前兼容全部指消费者可以使用之前的任意 schema 处理生产者使用最新的 schema 写入的数据

在向前兼容全部策略下，使用 schema v1 的消费者可以处理生产者使用 schema v2 和 schema v3 生产的消息。由于 schema v1 中的 ssn 是可选字段，因此消费者可以读取使用 schema v3 写入的数据。这是因为 ssn 是可选字段，而且消费者可以将该字段的取值设置为空。另外，由于使用 schema v2 和 schema v3 序列化的消息中都包含 schema v1 没有指定的字段，因此消费者可以简单地忽略消息中的这些新增字段。对于消费者而言，这些不是必需字段。

3. 完全兼容

完全兼容（FULL）指既向后兼容又向前兼容。这意味着使用旧 schema 的消费者可以处理生产者使用新 schema 写入的数据，使用新 schema 的消费者也可以处理生产者使用旧 schema 写入的数据。

JSON 等一些数据格式不支持完全兼容。每项变更只能向前兼容或向后兼容。但是，Avro 和 Protobuf 等一些支持定义带有默认值字段的数据格式支持完全兼容。在完全兼容策略下，你可以添加或删除带有默认值的字段。在这种情况下，可以使用完全兼容或完全兼容全部（FULL_TRANSITIVE）策略。

7.3　使用 schema registry

假设你在一家名为 GottaEat 的外卖配送公司工作。该公司允许客户从其所有相关餐馆处订外卖，并将外卖直接送到指定的地点。客户可以通过公司网站或移动应用程序下订单。公司使用一个独立的网络来交付外卖订单。外卖骑手在其智能手机上下载一个移动应用程序。外卖骑手会收到配送范围内需要配送的外卖订单通知，并可以选择接受或拒绝订单。

一旦外卖骑手接单，该订单信息就会被添加到外卖骑手当晚的行程中。外卖骑手通过移动应用程序获取餐馆地址和订单地址。相关餐馆老板也会收到订单、检查订单，并确定取餐的时间窗口。系统可以根据这些信息更好地安排外卖骑手，以防止他们太早（导致浪费外卖骑手的时间）或太晚（导致外卖食物变冷或订单延迟配送）送餐。

作为这个项目的首席架构师，你已经确定可以使用微服务架构来满足企业的需求。该微服务架构支持将配送问题建模成为以事件驱动的问题。这使得相互独立的微服务之间能够基于消息进行通信。为此，你规划出订单用例的高级设计方案，如图 7-12 所示。你还需要确定如何使用 Pulsar 来实现这个设计方案。该订单用例的总体流程如下。

❶客户使用公司网站或移动应用程序提交订单，并将其发布到"客户订单"主题中。

❷订单验证服务订阅"客户订单"主题并验证订单信息，获取付款信息（例如信用卡卡号或礼品卡卡号）和付款确认信息。

❸系统将经过验证的订单发布到"已验证订单"主题中。客户通知服务和餐馆通知服务都可以订阅该主题。比如，客户通知服务向客户发送短信，确认客户已通过移动应用程序下单。餐馆通知服务将订单发布到与该订单相关的餐馆订单主题中，例如 persistent://restaurants/orders/<餐馆 ID>。

❹餐馆检查从自己的主题传来的订单，并将订单的状态从"新订单"更新为"已接单"，然后提供自己认为可以将外卖食物准备好的取餐时间窗口。

❺订单配送服务将已接受的订单分配给外卖骑手，并使用 Pulsar 的正则表达式（regex）订阅功能，从所有餐馆订单主题（如 persistent://restaurants/orders/<餐馆 ID>）中消费订单信息，并将"已接单"设置为关键字来过滤消息。根据过滤后的信息和外卖骑手现有的送货清单，订单配送服务选择一些候选外卖骑手来配送订单，并将一组候选外卖骑手的信息发布到"候选外卖骑手"主题中。

❻外卖骑手邀请服务从"候选外卖骑手"主题中获取消息，并向列表中的每位外卖骑手推送通知，为他们提供订单信息。当其中某位外卖骑手接单后，外卖骑手邀请服务会接到通知，然后将订单信息发布到该外卖骑手的个人订单主题中，即 persistent://drivers/orders/<外卖骑手 ID>。

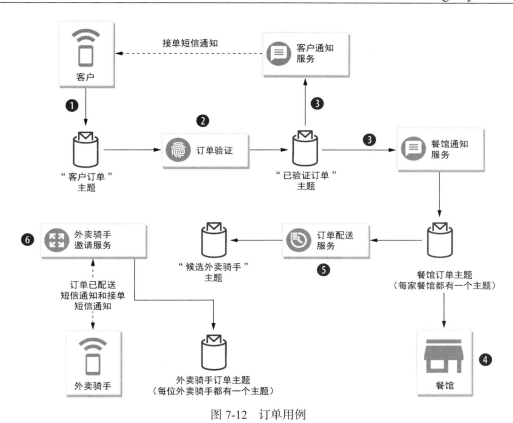

图 7-12 订单用例

　　你还需要考虑外卖骑手送单路线、通知客户订单状态等用例。但是，本章只讲述订单用例，以及 schema registry 如何简化这些微服务的开发工作。让我们来看一看本章使用的 GitHub 项目的结构。对于这一部分，请参考分支 0.0.1 中的代码。本章使用一个多模块的 Maven 项目，包含三个子模块。在接下来的几节中，我们将逐一讨论。

7.3.1　使用 Avro 建模外卖订单事件

　　第一个模块（domain-schema）包含 GottaEat 订单用例使用的所有 Avro schema 定义文件。你可以使用纯 JSON 或 Avro IDL 文本文件来定义 Avro schema。但是，你需要将这些 schema 文件保存到某个地方。domain-schema 模块就是用来保存这些 schema 文件的。

　　从 domain-schema 模块的内容中可以看出，我创建了一个名为 src/main/resources/avro/order/food-order.avdl 的 Avro IDL schema 定义文件，具体内容如代码清单 7-2 所示。该 schema 文件定义了 FoodOrder 对象的初始数据模型。该数据模型可用于多种微服务。另外，该 schema 文件还可以生成多个 Java 类。基于 Java 的微服务都可以使用这些 Java 类。

代码清单 7-2 food-order.avdl

schema 类型所在的名字空间,
与 Java 包的名称相对应

从其他文件中导入 Avro schema
定义,将几个 schema 组合在一
起使用

```
@namespace("com.gottaeat.domain.order")
protocol OrderProtocol {
  import idl "../common/common.avdl";
  import idl "../payment/payment-commons.avdl";
  import idl "../resturant/resturant.avdl";

  record FoodOrder {          FoodOrder 记录的定义
    long order_id;
    long customer_id;
    long resturant_id;
    string time_placed;
    OrderStatus order_status;
    array<OrderDetail> details;          每个 FoodOrder 都包含
    com.gottaeat.domain.common.Address delivery_location;     一条或多条外卖信息
    com.gottaeat.domain.payment.CreditCard payment_method;
    float total = 0.0;
  }                                        使用 schema 文件中已
                                           定义的 schema 类型
  record OrderDetail {
    int quantity;
    float total;
    com.gottaeat.domain.resturant.MenuItem food_item;
  }

  enum OrderStatus {
    NEW, ACCEPTED, READY, DISPATCHED, DELIVERED
  }
}
```

　　如代码清单 7-3 所示,我们将 Avro Maven 插件的相关配置添加到 pom.xml 文件的插件(`<plugin>`)部分。这样 Avro Maven 插件能够根据项目的 schema 定义自动生成 Java 类。

代码清单 7-3 配置 Avro Maven 插件

```
<plugin>
  <groupId>org.apache.avro</groupId>
  <artifactId>avro-maven-plugin</artifactId>
  <version>1.9.1</version>
  <executions>
    <execution>                           生成 Java
      <phase>generate-sources</phase>     源文件
      <goals>
        <goal>idl-protocol</goal>         schema 文件采用
      </goals>                            IDL 格式
      <configuration>
        <sourceDirectory>
          ${project.basedir}/src/main/resources/avro/order
        </sourceDirectory>
        <outputDirectory>                 使用包含 food-order.avdl
          ${project.basedir}/src/main/java   的目录作为源目录
```

指定生成
的 Java 源
文件的保
存目录

```
          </outputDirectory>
        </configuration>
      </execution>
    </executions>
</plugin>
```

完成 Avro schema 定义并配置 Avro Maven 插件之后，我们就可以执行代码清单 7-4 中的命令来生成 Java 类，并将生成的 Java 类保存到代码清单 7-3 指定的目录下。该命令生成、编译 Java 类的源文件，将其打包成 JAR 包（domain-schema-0.0.1.jar），然后将该 JAR 包发布到本地 Maven 仓库中。

代码清单 7-4　根据 Avro schema 定义生成 Java 类

```
$ cd ./domain-schema
$ mvn install
[INFO] Scanning for projects...
[INFO] -------------------< com.gottaeat:domain-schema >-------------------
[INFO] Building domain-schema 0.0.1
[INFO] ----------------------------[ jar ]----------------------------
[INFO]
[INFO] --- avro-maven-plugin:1.9.1:idl-protocol (default) @ domain-schema ---
[INFO]
[INFO] --- maven-compiler-plugin:3.8.1:compile (default-compile)
[INFO] Compiling 8 source files to domain-schema/target/classes
[INFO]
[INFO] --- maven-jar-plugin:2.4:jar (default-jar) @ domain-schema ---
[INFO] Building jar: /domain-schema/target/domain-schema-0.0.1.jar
[INFO]
[INFO] --- maven-install-plugin:2.4:install (default-install)
[INFO] Installing /domain-schema/target/domain-schema-0.0.1.jar to ..
[INFO] ----------------------------------------------------------------
[INFO] BUILD SUCCESS
[INFO] ----------------------------------------------------------------
```

如代码清单 7-5 所示，生成的 Java 类保存在本项目 Java 源文件夹的子文件夹中。这些文件的内容太长，我们无法在此复制这些内容。但是，如果用文本编辑器打开这些文件，你会发现这些文件包含由 Avro 自动生成的 POJO（Plain Old Java Object），还包含 schema 文件中的所有字段定义，以及将对象序列化为 Avro 二进制格式或从 Avro 二进制格式中反序列化出对象的方法。

代码清单 7-5　列出生成的所有 Java 类

```
ls -R src/main/java/*
gottaeat

src/main/java/com/gottaeat:
domain

src/main/java/com/gottaeat/domain:
common          order          payment          resturant

src/main/java/com/gottaeat/domain/common:
Address.java
```

```
src/main/java/com/gottaeat/domain/order:
FoodOrder.java  OrderDetail.java  OrderProtocol.java OrderStatus.java

src/main/java/com/gottaeat/domain/payment:
CardType.java   CreditCard.java

src/main/java/com/gottaeat/domain/resturant:
MenuItem.java
```

至此，我们为外卖订单事件创建了基于 Java 的 domain 数据模型。本项目中的其他微服务都可以使用该数据模型。

7.3.2   发布外卖订单事件

对于其他团队开发的客户移动应用程序，我们决定不创建对其的依赖关系，而是使用这个工具来生成负载，进行测试。customer-mobile-app-simulator 模块包含一个 IO 连接器，旨在模拟客户用来下单的移动应用程序。我们在 CustomerSimulatorSource 类中定义该 IO 连接器，如代码清单 7-6 所示。

代码清单 7-6 CustomerSimulatorSource IO 连接器

实现 source 接口，定义
3 种重写方法

生成随机外卖订单
的 Java 类

```
import org.apache.pulsar.io.core.Source;
import org.apache.pulsar.io.core.SourceContext;
public class CustomerSimulatorSource implements Source<FoodOrder> {

    private DataGenerator<FoodOrder> generator = new FoodOrderGenerator();

    @Override
    public void close() throws Exception {
    }

    @Override
    public void open(Map<String, Object> map, SourceContext ctx)
        throws Exception {

    }

    @Override
    public Record<FoodOrder> read() throws Exception {
      Thread.sleep(500);
    return new CustomerRecord<FoodOrder>(generator.generate());
    }

    static private class CustomerRecord<V> implements Record<FoodOrder> {
      ...
    }
    ...
}
```

外卖订单
生成间隔
为半秒

向输出主题
发布新生成
的外卖订单

用来发送 FoodOrder
对象的 Java 包装类

LocalRunner 的
代码

第 5 章提到，Pulsar 内部的函数框架会反复调用 source 连接器的读取方法，并将返回值发布到配置好的输出主题中。在本用例中，返回值是一个由项目内部名为 `FoodOrderGenerator` 的类生成的随机外卖订单。该外卖订单采用 domain-schema 模块中的 Avro schema。因此，我们使用 `LocalRunner` 来调试 `CustomerSimulatorSource` IO 连接器，如代码清单 7-7 所示。

代码清单 7-7　使用 `LocalRunner` 来调试 `CustomerSimulatorSource` IO 连接器

```
...
public static void main(String[] args) throws Exception {
  SourceConfig sourceConfig = SourceConfig.builder()
      .className(CustomerSimulatorSource.class.getName())    ◁── 指定要运行的
      .name("mobile-app-simulator")                               连接器类
      .topicName("persistent://orders/inbound/food-orders")
      .schemaType("avro")                                     指定连接器发布
      .build();                                               消息的目标主题

  // 假设已经使用--volume=${HOME}/exchange 命令启动 Docker 容器
  String credentials_path = System.getProperty("user.home") +
                        File.separator + "exchange" + File.separator;

  LocalRunner localRunner = LocalRunner.builder()
  .brokerServiceUrl("pulsar+ssl://localhost:6651")
  .clientAuthPlugin("org.apache.pulsar.client.impl.auth.AuthenticationTls")
  .clientAuthParams("tlsCertFile:" + credentials_path +
      "admin.cert.pem,tlsKeyFile:" + credentials_path + "admin-pk8.pem")
  .tlsTrustCertFilePath(credentials_path + "ca.cert.pem")
  .sourceConfig(sourceConfig)
  .build();

localRunner.start(false);                                    指定用于连接 Pulsar    指定 broker
Thread.sleep(30 * 1000);                                     集群的 TLS 证书        的 URL
localRunner.stop();
}                                                            启动 LocalRunner

                                                             停止运行 LocalRunner
```

从代码清单 7-7 中可以看出，`LocalRunner` 已经连接到在本地运行的 pulsar-standalone-secure Docker 镜像的实例。我们在第 5 章中创建了该镜像。这也是为什么代码中有 TLS 证书、trust store 等安全配置。这些安全配置依赖于为该容器生成的安全凭证。

7.3.3　消费外卖订单事件

最后，让我们看一看 order-validation-service 模块。该模块包含一个名为 Order-ValidationService 的类，如代码清单 7-8 所示。本章只给出图 7-12 所示的微服务的一个概念实现。order-validation-service 模块负责接受输入的外卖订单并验证外卖订单的正确性和付款确认信息等。接下来，我们会添加更多的逻辑支持。但是，目前 `OrderValidationService` 类只是简单地把收到的所有外卖订单写入 stdout，然后转发到配置好的输出主题。

7

代码清单 7-8   OrderValidationService

```
import org.apache.pulsar.functions.api.Context;
import org.apache.pulsar.functions.api.Function;
import com.gottaeat.domain.order.FoodOrder;

public class OrderValidationService implements Function<FoodOrder, FoodOrder> {

@Override
public FoodOrder process(FoodOrder order, Context ctx) throws Exception {
    System.out.println(order.toString());
    return order;
}
...
}
```

这个类还有一个包含 LocalRunner 配置项在内的主方法，这样我们就可以在本地进行调试，如代码清单 7-9 所示。

代码清单 7-9   OrderValidationService 的 LocalRunner 代码

```
public static void main(String[] args) throws Exception {

  Map<String, ConsumerConfig> inputSpecs =
    new HashMap<String, ConsumerConfig> ();
  inputSpecs.put("persistent://orders/inbound/food-orders",
              ConsumerConfig.builder().schemaType("avro").build());     ← 指定消费带有 Avro
                                                                            schema 的消息

  FunctionConfig functionConfig =
    FunctionConfig.builder()
      .className(OrderValidationService.class.getName())    ← 指定要运行的类
      .inputs(Collections.singleton(
         "persistent://orders/inbound/food-orders"))    ← 指定 Pulsar 函数消费
      .inputSpecs(inputSpecs)                                消息的目标主题
      .name("order-validation")
      .output("persistent://orders/inbound/valid-food-orders")
      .outputSchemaType("avro")
      .runtime(FunctionConfig.Runtime.JAVA)
      .build();                                      ← 指定 broker 的 URL

    // 假设已经使用--volume=${HOME}/exchange 命令启动 Docker 容器
    String credentials_path = System.getProperty("user.home") +
                        File.separator + "exchange" + File.separator;

  LocalRunner localRunner = LocalRunner.builder()
  .brokerServiceUrl("pulsar+ssl://localhost:6651")
  .clientAuthPlugin("org.apache.pulsar.client.impl.auth.AuthenticationTls")
  .clientAuthParams("tlsCertFile:" + credentials_path +
       "admin.cert.pem,tlsKeyFile:" + credentials_path + "admin-pk8.pem")
  .tlsTrustCertFilePath(credentials_path + "ca.cert.pem") ←
  .functionConfig(functionConfig)
  .build();
                                               指定用于连接 Pulsar
                                               集群的 TLS 证书
```

指定 Pulsar 函数发布消息的目标主题

```
localRunner.start(false);   ◁——— 启动 LocalRunner
Thread.sleep(30 * 1000);
localRunner.stop();   ◁——— 停止运行 LocalRunner
}
```

可以看出，LocalRunner 已经连接到同一个 Pulsar 实例。这也是为什么代码中有 TLS 证书、trust store 等安全配置。这些安全配置依赖于为该容器生成的安全凭证。

7.3.4　完整示例

既然已经了解每个 Maven 模块的代码，现在我们可以对 CustomerSimulatorSource 和 OrderValidationService 之间的交互进行端到端的演示。值得注意的是，在第一次演示中，这两个类使用完全相同的 schema 版本，例如 domain-schema-0.0.1.jar。因此，生产者和消费者的 schema 相互兼容。

我们首先需要运行 pulsar-standalone-secure Docker 镜像的实例，这也是我们用来进行测试的 Pulsar 集群。执行代码清单 7-10 所示的命令，启动一个实例（如果还没有正在运行的实例），发布两个 LocalRunner 实例所需的安全凭证，并创建即将使用的主题。

代码清单 7-10　准备 Pulsar 集群

启动 pulsar-standalone-secure Docker 镜像，
添加用来共享安全凭证的映射卷

将所有的安全凭证发布到本地的
${HOME}/exchange 目录

```
$ docker run -id --name pulsar --hostname pulsar.gottaeat-url -p:6651:6651
  -p 8443:8443 -p 80:80 --volume=${HOME}/exchange:/pulsar/manning/dropbox
  -t pia/pulsar-standalone-secure:latest

$ docker exec -it pulsar bash   ◁——— 采用 SSH 的方式登录刚刚
                                     启动的 Docker 容器

root@pulsar:/# /pulsar/manning/security/publish-credentials.sh
root@pulsar:/# /pulsar/bin/pulsar-admin tenants create orders
root@pulsar:/# /pulsar/bin/pulsar-admin namespaces create orders/inbound
root@pulsar:/# /pulsar/bin/pulsar-client consume -n 0 -s my-sub
  persistent://orders/inbound/food-orders
```

创建即将使用的租户
和名字空间

在指定主题上启动消费者

代码清单 7-10 中的最后一行命令用来在指定主题上启动消费者。该主题使用 Customer-SimulatorSource 类来发布 FoodOrder 事件。最后一条命令支持自动创建主题，也支持确认已发布消息到该主题中。在命令行运行界面，我们可以监控写入的消息，也可以切换到正在使用的本地 IDE 来查看 GitHub 项目中与本章相关的代码。切换到 customer-mobile-app-simulator 模块并运行 CustomerSimulatorSource 类（类似于一个 Java 应用程序），就可以执行 LocalRunner 代码，如代码清单 7-7 所示。

如果一切按照预期进行，那么你会在命令行界面中看到 Avro 消息，因为 broker 正在将这些消息发送给消费者。在下面的预期输出中，你会看到消息数据体既包含可读文本，也包含二进制数据。

```
----- got message -----
?????????20200310?AFrench Fries
Large@?@Fountain Drink
Small??709 W 18th StChicagoIL
66012&5555 6666 7777 8888
66011123?A
```

这是因为我们使用命令行来启动消费者。在这种情况下，消费者没有关联的 schema。因此，消息的原始字节采用 Avro 二进制格式进行编码。未经反序列化，这些带有原始字节的消息就被发送给消费者。这也让我们知道在生产者和消费者之间传输的消息的实际内容。

接下来，让我们切换回 IDE。切换到 order-validation-service 模块并运行 Order-ValidationService 类（类似于一个 Java 应用程序），就可以执行 LocalRunner 代码，如代码清单 7-9 所示。这些打印到 stdout 的消息包含外卖订单数据。但是，现在这些消息是 JSON 格式的数据，而不是我们在无 schema 的消费者窗口中看到的 Avro 二进制数据。这是因为该函数拥有关联的 schema。这就意味着 Pulsar 根据 Avro schema 定义自动将原始消息字节序列化为适当的 Java 类。

```
{"order_id": 4, "customer_id": 471, "resturant_id": 0, "time_placed": "2020-
    03-14T09:16:13.821", "order_status": "NEW", "details": [{"quantity": 10,
    "total": 69.899994, "food_item": {"item_id": 3, "item_name": "Fajita",
    "item_description": "Chicken", "price": 6.99}}], "delivery_location":
    {"street": "3422 Central Park Ave", "city": "Chicago", "state": "IL",
    "zip": "66013"}, "payment_method": {"card_type": "VISA",
    "account_number": "9999 0000 1111 2222", "billing_zip": "66013", "ccv":
    "555"}, "total": 69.899994}

{"order_id": 5, "customer_id": 152, "resturant_id": 1, "time_placed": "2020-
    03-14T09:16:14.327", "order_status": "NEW", "details": [{"quantity": 6,
    "total": 12.299999, "food_item": {"item_id": 1, "item_name":
    "Cheeseburger", "item_description": "Single", "price": 2.05}},
    {"quantity": 8, "total": 31.6, "food_item": {"item_id": 2, "item_name":
    "Cheeseburger", "item_description": "Double", "price": 3.95}}],
    "delivery_location": {"street": "123 Main St", "city": "Chicago",
    "state": "IL", "zip": "66011"}, "payment_method": {"card_type": "VISA",
    "account_number": "9999 0000 1111 2222", "billing_zip": "66013", "ccv":
    "555"}, "total": 43.9}
```

Avro 支持 schema 演变，这是 Avro 的一个最佳特性。这也让 Avro 适用于基于消息的微服务通信。当一个正在写入消息的服务更新其 schema 时，消费消息的服务可以继续处理这些消息，而不需要更改任何代码。只要确保生产者使用的 schema 版本与消费者使用的 schema 版本相互兼容即可。

目前，生产者和消费者使用同一个 JAR 包，即 domain-schema-0.0.1.jar。因此，二者使用相同的 schema 版本。虽然这是预期的行为，但它无法有效地展示 schema 的演变能力。在 7.4 节中，我们使用 0.0.2 分支上的项目代码来展示 schema 的演变能力。因此，在查看示例之前，需要切换到 0.0.2 分支。最重要的是，确保 Docker 容器保持原样运行。

7.4　schema 的演变

在与客户的移动应用程序团队一起开周会时，我们得知，他们在初测中发现了一个技术需求缺口。具体地说，当前使用的外卖订单的 schema 无法支持客户根据自己的特殊口味定制食物。客户无法指定"不加洋葱"的汉堡包或"多加鳄梨酱"的卷饼。因此，必须修改外卖订单的 schema，在原来的"菜单项"（menu item）类型上添加一个名为 customizations 的字段，如代码清单 7-11 所示。

代码清单 7-11　schema 的演变

```
@namespace("com.gottaeat.domain.resturant")

protocol ResturantsProtocol {

  record MenuItem {
    long item_id;
    string item_name;
    string item_description;
    array<string> customizations = [""];
    float price;
  }
}
```

新增字段支持定制单个外卖选项，并带有默认值

修改完 domain-schema 模块中的 schema 后，将 pom.xml 文件中的 artifact 版本更新为版本 0.0.2，这样就可以区分这两个版本了。修改源代码后，执行代码清单 7-12 所示的命令，生成 Java 类的源文件，编译生成的源文件，并将它们封装成名为 domain-schema-0.0.2.jar 的 JAR 包。

代码清单 7-12　基于更新的 Avro schema 生成 Java 类

```
$ cd ./domain-schema
$ mvn install
```

请确保正在构建的是版本 0.0.2。如果忘记更新 pom.xml 文件中的版本号，而依旧使用版本 0.0.1，那么新构建的 JAR 包会覆盖原来使用旧 schema 版本的 domain-schema-0.0.1.jar，最终结果将与本章示例有所不同。如果不小心覆盖了 domain-schema-0.0.1.jar，那么可以先删除新添加的 customizations 字段并重新构建 domain-schema-0.0.1.jar。构建完 domain-schema-0.0.1.jar 后，重新添加 customizations 字段，并把版本号改为 0.0.2，然后再重新构建新版本。如果在 src/main/java/com/gottaeat/domain/restaurant/MenuItem.java 中发现 customizations 字段，那么说明生成的 Java 类是基于新的 schema 版本。

接下来，我们更新 customer-mobile-app-simulator 模块中的 domain-schema 依赖关系的版本号，以便使用新的 schema 版本，如代码清单 7-13 所示。

代码清单 7-13　更新 domain-schema 依赖关系的版本号

```
<dependency>
  <groupId>com.gottaeat</groupId>
  <artifactId>domain-schema</artifactId>
```

```
<version>0.0.2</version>
</dependency>
```

在 0.0.2 分支中，我们更新了 `FoodGenerator`，支持外卖订单的 `customizations` 字段。`FoodGenerator` 基于新构建的 JAR 包，如代码清单 7-11 所示。如果遇到任何编译错误，那么说明很可能还在引用旧的 JAR 包。此时，你可以刷新 Maven 依赖关系，确保使用的是 0.0.2 版本的 JAR 包，然后再次运行 `CustomerSimulatorSource` 的 LocalRunner。更新的 `FoodGenerator` 内部逻辑会为每一种碳酸饮料添加一个 `customizations` 字段，用来指定碳酸饮料类型，如可口可乐、雪碧等。它也会随机地给其他食物添加 `customizations` 字段。

```
----- got message -----
n?.2020-03-14T15:10:16.773?@Fountain Drink        类型为可口可乐的
SmallCoca-Cola??123 Main StChicagoIL    ◄———      碳酸饮料
66011&1234 5678 9012 3456
66011000?@
----- got message -----
p?.2020-03-14T15:10:17.273?@Fountain Drink        类型为酸奶油的
Large                                             食物
     Sprite@??@BurritBeefSour Cream??@?_A  ◄———
              FajitaChickenExtra Cheese??@ 844 W Cermark RdChicagoIL
66014&1234 5678 9012 3456
66011000???A
```

如果再观察一下无 schema 的消费者控制台窗口，你会看到偶尔有一条带有 `customizations` 字段的记录。这表明我们基于更新后的 0.0.2 版本生产消息，这也是预期行为。最后，我们将在 `order-validation-service` 模块内运行 `OrderValidationService` 的 LocalRunner。该模块仍使用包含旧 schema 的 domain-schema-0.0.1.jar。

由于 schema 0.0.2 向后兼容 `OrderValidationService` 使用的 schema 0.0.1，因此能够消费基于新 schema 版本的消息。从如下反序列化的 Avro 消息可以看出，因为这些较新的消息使用旧 schema 反序列化数据，所以新添加的自定义字段被忽略了。这也符合我们的预期。因为消费者从一开始就不知道这些字段，所以它们并不影响消费者的功能。

```
{"order_id": 55, "customer_id": 73, "resturant_id": 0, "time_placed": "2020-
    03-14T15:10:16.773", "order_status": "NEW", "details": [{"quantity": 7,
    "total": 7.0, "food_item": {"item_id": 10, "item_name": "Fountain
    Drink", "item_description": "Small", "price": 1.0}}],
    "delivery_location": {"street": "123 Main St", "city": "Chicago",
    "state": "IL", "zip": "66011"}, "payment_method": {"card_type": "AMEX",
    "account_number": "1234 5678 9012 3456", "billing_zip": "66011", "ccv":
    "000"}, "total": 7.0}

{"order_id": 56, "customer_id": 168, "resturant_id": 0, "time_placed": "2020-
    03-14T15:10:17.273", "order_status": "NEW", "details": [{"quantity": 2,
    "total": 4.0, "food_item": {"item_id": 11, "item_name": "Fountain
    Drink", "item_description": "Large", "price": 2.0}}, {"quantity": 1,
    "total": 7.99, "food_item": {"item_id": 1, "item_name": "Burrito",
    "item_description": "Beef", "price": 7.99}}, {"quantity": 2, "total":
    13.98, "food_item": {"item_id": 3, "item_name": "Fajita",
```

"item_description": "Chicken", "price": 6.99}}], "delivery_location":
{"street": "844 W Cermark Rd", "city": "Chicago", "state": "IL", "zip":
"66014"}, "payment_method": {"card_type": "AMEX", "account_number":
"1234 5678 9012 3456", "billing_zip": "66011", "ccv": "000"}, "total":
25.97}

值得注意的是，我们不需要改动 `OrderValidationService` 的代码。因此，假如在生产环境中，即使修改了移动应用程序的代码，也不会影响当前服务实例的运行，更不会中断服务。即便 API（消息格式）发生改变，两者之间也完全解耦、互不影响。

7.5 小结

- 本章描述了不同的微服务通信风格及为什么 Pulsar 非常适合基于异步发布/订阅的服务间通信。
- schema registry 使消息的生产者和消费者能够在主题层面上协调数据结构，并在生产者端执行 schema 兼容性检查。
- schema registry 支持 6 种兼容性检查策略，其中包括向前兼容、向后兼容和完全兼容。并且，每一种兼容性检查都从消费者的角度出发。
- Avro 的接口定义语言（interface definition language，IDL）适合对 Pulsar 事件进行建模。它可以模块化 schema 类型，并利于各种微服务轻松共享 schema 类型。
- Pulsar 支持配置 schema registry，强制执行 Pulsar 主题的向前兼容和/或向后兼容，确保连接的生产者或消费者使用与所有现有客户端兼容的模式。

7

Part 3

使用 Apache Pulsar 开发应用程序

在第三部分中，我们不仅讨论原理和简单的例子，更要基于虚构送餐服务的一个更现实的用例，深入探讨 Pulsar Functions 作为微服务应用程序开发框架的用法。第三部分演示如何在实际场景中实现来自企业集成及微服务领域的常见设计模式，重点介绍各种设计模式的用法，如基于内容的路由和过滤、弹性和真实场景中的数据访问。

第 8 章演示如何实现常见的消息路由模式，如消息拆分、基于内容的路由和过滤。这一章还展示如何实现各种消息转换模式，如值提取和消息翻译。

第 9 章强调在微服务中构建弹性的重要性，并演示如何在基于 Java 的 Pulsar 函数中借助 resilience4j 库来实现这一点。这一章涵盖基于事件的应用程序中可能发生的各种故障情形，以及可以用来将微服务与这些故障情形隔离开来的模式，以最大限度地延长应用程序的正常运行时间。

第 10 章重点介绍如何从 Pulsar 函数内部访问各种外部系统的数据，并展示在微服务中获取信息的不同方法，以及在延迟方面应该考虑的因素。

第 11 章介绍使用各种机器学习框架在 Pulsar 函数内部署多种机器学习模型的过程，还介绍一个非常重要的方面：如何将必要的信息输入模型以获得准确的预测结果。

第 12 章介绍在边缘计算环境中使用 Pulsar 函数对物联网数据进行实时分析。这一章首先详细描述边缘计算环境及该架构的各层，然后展示如何利用 Pulsar Functions 来处理边缘信息，并且只转发摘要，而不是整个数据集。

## 第 8 章

Pulsar Functions 模式

本章内容
- ❏ 基于 Pulsar Functions 设计应用程序
- ❏ 使用 Pulsar Functions 实现成熟的消息传递模式

第 7 章介绍了一个名为 GottaEat 的虚构送餐服务，并概述了基本的订单用例，即客户通过公司的移动应用程序下单。该过程中的第一个微服务是 OrderValidationService，它负责在将订单转发给外卖骑手进行配送之前确保订单的有效性，如果订单有效，就将其转发给外卖骑手进行配送，否则将向客户报告错误。

然而，验证比仅仅确保所有字段的类型和格式正确要复杂一些。在这种特定的情况下，只有当客户提供的付款方式得到批准、银行的资金得到授权、至少有一家餐馆愿意提供所有请求的食物，并且最重要的是，客户提供的送货地址可以解析为经纬度和街道地址时，订单才被认为是有效的。如果我们无法确认所有这些信息，则订单被视为无效，并通知相应的客户。因此，OrderValidationService 不是一个可以独立做出所有这些决策的简单微服务，而必须与其他系统协调。它很好地说明，Pulsar 应用程序可以由几个较小的函数和服务组成。

OrderValidationService 必须与其他几个微服务和外部系统集成，以执行支付处理、地理编码和下单等操作，从而完全验证订单。因此，最好寻找现有的解决方案来应对这些挑战，而不是重新发明轮子。由 Gregor Hohpe 和 Bobby Woolf 所著的《企业集成模式》一书介绍的模式提供了很好的参考。这本书介绍了几个不限于特定技术、经过时间验证的模式，用于应对常见的集成挑战。这些模式根据所解决问题的类型进行分类，并适用于大多数基于消息的集成平台。在接下来的几节中，我将演示如何使用 Pulsar Functions 来实现这些模式。

8.1 数据管道

为了有效地设计基于 Pulsar Functions 的应用程序，你需要熟悉数据流编程和数据管道的概念。我将概述这些编程模型，并说明为何 Pulsar Functions 天生适合这种编程风格。

8.1.1　过程式编程

传统的计算机程序被建模为一系列顺序操作，其中每个操作都依赖于前一个操作的输出。这些程序无法并行执行，因为它们操作相同的数据，必须等待前一个操作完成后才能执行下一个操作。在这种编程模型中考虑一个基本的订单录入应用程序的逻辑。假设我们将编写一个名为 processOrder 的简单函数，该函数将执行以下步骤序列（直接或间接地通过调用另一个函数）以完成处理并返回一个表示处理成功的订单号。

(1) 检查给定商品的库存，确保其有货。

(2) 检索客户信息（送货地址、付款方式、优惠券、会员等）。

(3) 计算价格，包括销售税、运费、优惠券、会员折扣等。

(4) 接受客户付款。

(5) 更新库存中的商品数量。

(6) 通知仓库关于订单的信息，以便进行处理和发货。

(7) 将订单号返回给客户。

每个步骤都针对同一订单进行操作，并依赖于前一步骤的输出。比如，在计算价格之前，不能接受客户付款。每个步骤都必须等待前一步骤完成后才能继续进行，这使得无法同时执行这些步骤。

8.1.2　数据流编程

与过程式编程不同，数据流编程侧重于通过一系列独立的数据处理函数传递数据，这些函数通过明确定义的输入和输出进行连接。预定义的操作序列通常被称为**数据管道**，这是基于 Pulsar Functions 的应用程序应该建模的方式。这里的重点是让数据经过一系列阶段，每个阶段处理数据并产生新的输出。数据管道中的每个处理阶段都应该能够仅基于传入的消息执行数据处理。这消除了处理依赖关系，并允许每个函数在数据到达时立即执行。

数据管道的常见类比是汽车工厂的装配线。与在一个地点逐辆组装汽车不同，每辆汽车在制造过程中会经历一系列阶段。每个阶段都会添加汽车的不同零部件，但这些操作可以并行完成，而无须按顺序进行。因此，可以同时组装多辆汽车，从而有效地提高了工厂的产能。

基于 Pulsar Functions 的应用程序应该被设计为由多个单独的 Pulsar 函数组成的拓扑结构。这些函数执行数据处理操作，并通过 Pulsar 的输入主题和输出主题进行连接。这些拓扑结构可以被视为有向无环图，其中函数或微服务充当处理单元，边表示用于将数据从一个函数传递到另一个函数的输入主题–输出主题对，如图 8-1 所示。

数据管道充当分布式处理框架，其中的每个函数都是一个独立的处理单元，可以在下一个输入到达时立即执行。此外，这些松耦合的组件之间以异步方式通信，这使它们能够以自己的节奏运行，而不会被阻塞并等待另一个组件响应。这使得我们能够并行运行多个任意组件的多个实例，以提供所需的吞吐量。因此，在设计应用程序时，请记住这一点：尽可能使函数和服务独立，以便在需要时利用这种并行性。让我们重新审视订单录入用例，以演示如何将其实现为图 8-2 所示的数据管道。正如"数据流"一词所示,最好专注于图中的数据流动部分。

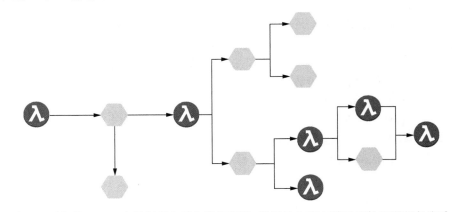

图 8-1　最好将 Pulsar 应用程序表示为数据管道。数据从左到右通过函数和微服务流动,
　　　　以一系列步骤实现业务逻辑

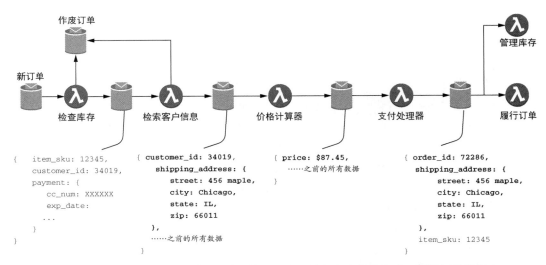

图 8-2　订单录入用例的数据流。随着数据在流程的各个步骤中流动,原始订单数据会
　　　　被附加额外信息,这些信息将在下一步骤中使用

　　如你所见,流程中的每个步骤都将原始订单与下一步骤所需的附加信息一起传递(比如,客户 ID 和送货地址已由检索客户信息的服务添加到消息中)。由于该阶段所需的所有数据都在消息中,因此每个函数在下一份数据到达时就可以执行。

　　支付处理器从消息中删除付款信息,并发布包含新生成的订单 ID、送货地址和商品 SKU 的消息。多个函数正在消费这些消息;库存管理函数使用 SKU 从可用库存中减少商品数量,而订单履行函数需要 SKU 和送货地址才能将商品发给客户。我希望这个例子能让你更好地理解如何设计和建模基于 Pulsar Functions 的应用程序。接下来，我们探讨更高级的设计模式。

8.2　消息路由模式

消息路由模式是一种通过特定条件将消息定向到不同主题的架构模式，用于控制数据在 Pulsar 应用程序的拓扑结构中的流动。本节介绍的每个模式都为动态路由消息提供了经过验证的指南，我将介绍如何使用 Pulsar Functions 来实现它们。

8.2.1　分割器模式

OrderValidationService 接收包含三项相关信息（送货地址、付款信息和订单本身）的消息，这些信息必须以不同的方式进行验证。验证每项信息都需要与响应时间可能较长的外部服务进行交互。解决这个问题的一种朴素的方法是按顺序逐个执行这些步骤。然而，这种方法会导致每个传入的订单延迟非常高。这是因为当按顺序执行这三个子任务时，总延迟等于各个延迟的总和。

由于这些中间服务的结果之间没有依赖关系（比如，付款验证不依赖于地理编码的结果），因此更好的方法是并行执行每个子任务。这样一来，整体延迟将被降低为执行时间最长的子任务的延迟。为了能够并行执行子任务，OrderValidationService 将实现分割器模式，以拆分消息的各个元素，以便使用不同的服务进行处理。如图 8-3 所示，OrderValidationService 由几个微服务和较小的函数组成，从而实现了整个验证过程。

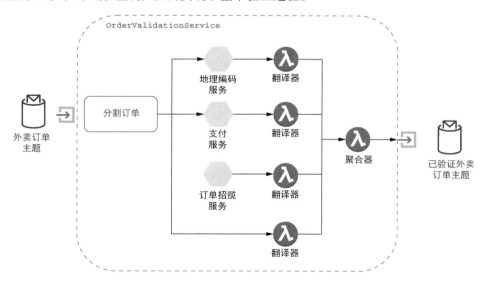

图 8-3　OrderValidationService 的拓扑结构由多个微服务和函数组成，并采用了分割器模式

我们的解决方案在使用网络资源方面也应该是高效的，并且可以避免将整个外卖订单项发送给每个微服务，因为它们只需要消息的部分内容来执行处理任务。如代码清单 8-1 所示，我们只发送订单 ID 和消息的部分内容给这些中间服务。订单 ID 将用于使用聚合器函数将这些中间服务调用的结果组合成最终结果。

代码清单 8-1 OrderValidationService 的分割器模式实现

初始化所有的主题名称，以便
我们知道在哪里发布消息

```java
public class OrderValidationService implements Function<FoodOrder, Void> {

  private boolean initalized;
  private String geoEncoderTopic, paymentTopic,
  private String resturantTopic, orderTopic;

  @Override
  public Void process(FoodOrder order, Context ctx) throws Exception {
    if (!initalized) {
        init(ctx);
    }
```

将订单 ID 添加到消息属性中，以便我们使用它来关联结果

只将消息中的
支付元素发送
给支付服务

```java
    ctx.newOutputMessage(geoEncoderTopic, AvroSchema.of(Address.class))
      .property("order-id", order.getMeta().getOrderId() + "")
        .value(order.getDeliveryLocation()).sendAsync();

    ctx.newOutputMessage(paymentTopic, AvroSchema.of(Payment.class))
      .property("order-id", order.getMeta().getOrderId() + "")
      .value(order.getPayment()).sendAsync();
```

只将消息中的地址元素
发送给地理编码服务

```java
    ctx.newOutputMessage(orderTopic, AvroSchema.of(FoodOrderMeta.class))
      .property("order-id", order.getMeta().getOrderId() + "")
      .value(order.getMeta()).sendAsync();
```

只将消息中的
外卖订单元素
发送给订单招
揽服务

```java
    ctx.newOutputMessage(resturantTopic, AvroSchema.of(FoodOrder.class))
      .property("order-id", order.getMeta().getOrderId() + "")
      .value(order).sendAsync();
```

将外卖订单的元数据直
接发送给聚合器主题，
因为我们不需要处理它

```java
    return null;
  }
  private void init(Context ctx) {
    geoEncoderTopic = ctx.getUserConfigValue("geo-topic").toString();
    paymentTopic = ctx.getUserConfigValue("payment-topic").toString();
    resturantTopic = ctx.getUserConfigValue("restaurant-topic").toString();
    orderTopic = ctx.getUserConfigValue("aggregator-topic").toString();
    initalized = true;
  }
```

这些消息元素的异步处理方式使得收集结果变得颇具挑战性。每个元素都由响应时间不同的服务进行处理。（比如，地理编码服务将调用一个网络服务，支付服务需要与银行进行通信以确保订单支付，每家餐馆都需要手动回复以接受或拒绝订单。）这些问题使得组合多条相关消息的

过程变得复杂，而在这种情况下，聚合器便能派上用场。

聚合器是一个有状态的组件，它接收来自被调用服务（如地理编码服务、支付服务等）的所有响应消息，并使用订单 ID 将这些响应进行关联。一旦收集到完整的响应集合，它就会将单条聚合消息发布到输出主题中。当实现聚合器时，必须考虑以下三个关键因素。

❑ **相关性**：消息如何相互关联？
❑ **完整性**：何时准备好发布结果消息？
❑ **聚合**：如何将传入的消息组合成单一的结果？

对于本用例，我们决定将订单 ID 作为关联 ID，帮助我们识别哪些响应消息属于同一组。只有在收到订单的所有三条消息后，我们才会将结果视为完整。这也被称为"等待所有"策略。最后，生成的响应将被合并成类型为 ValidatedFoodOrder 的单个对象。

让我们来看看代码清单 8-2 所示的聚合器函数的实现。由于 Pulsar Functions 的强类型特性，我们无法定义接受多个响应对象类型（如来自支付服务的 AuthorizedPayment 对象和来自地理编码服务的 Address 类型等）的接口。因此，我们在这些服务和 OrderValidationAggregator 之间使用了翻译器函数。每个翻译器函数将中间服务的自然返回类型转换为 ValidatedFoodOrder 对象，这样就可以在单个 Pulsar 函数中接受来自这些服务的消息。

代码清单 8-2 OrderValidationService 的聚合器函数

```
public class OrderValidationAggregator implements
    Function<ValidatedFoodOrder, Void> {

  @Override
  public Void process(ValidatedFoodOrder in, Context ctx) throws Exception {
    Map<String, String> props = ctx.getCurrentRecord().getProperties();
    String correlationId = props.get("order-id");

    ValidatedFoodOrder order;
    if (ctx.getState(correlationId.toString()) == null) {          // 检查是否已经收到了
      order = new ValidatedFoodOrder();                             // 该订单的一些响应
    } else {
      order = deserialize(ctx.getState(correlationId.toString())); // 如果有，将字节反序列
    }                                                              // 化为一个 Validated-
                                                                   // FoodOrder 对象
    updateOrder(order, in);        // 每条消息都将是 Validated-
                                   // FoodOrder 类型，但只包含 4
                                   // 个字段中的一个

    if (isComplete(order)) {       // 检查是否已经收
      ctx.newOutputMessage(ctx.getOutputTopic(),   // 到了所有 4 条消
                AvroSchema.of(ValidatedFoodOrder.class))  // 息。如果是，就
        .properties(props)         // 表明已完成
        .value(order).sendAsync();         // 一旦订单聚合完成，
                                           // 就可以清除它
      ctx.putState(correlationId.toString(), null);    // 如果没有，则序列化
    } else {                                           // 对象，并将其存储在
      ctx.putState(correlationId.toString(), serialize(order));  // 上下文中，直到下一
    }                                                            // 条消息到达
}
```

```
      return null;
   }

private boolean isComplete(ValidatedFoodOrder order) {      ◁─────
   return (order != null && order.getDeliveryLocation() != null
      && order.getFood() != null && order.getPayment() != null
      && order.getMeta() != null);
   }

private void updateOrder(ValidatedFoodOrder val,
                         ValidatedFoodOrder res) {      ◁─────
   if (res.getDeliveryLocation() != null
      && val.getDeliveryLocation() == null) {
    val.setDeliveryLocation(response.getDeliveryLocation());
   }

   if (resp.getFood() != null && val.getFood() == null) {
      val.setFood(response.getFood());
   }

   if (resp.getMeta() != null && val.getMeta() == null) {
      val.setMeta(response.getMeta());
   }

   if (resp.getPayment() != null && val.getPayment() == null) {
      val.setPayment(response.getPayment());
   }
}
private ByteBuffer serialize(ValidatedFoodOrder order) throws IOException {
      ...
   }

private ValidatedFoodOrder deserialize(ByteBuffer buffer) throws IOException,
➥ ClassNotFoundException {
      ...
   }
}
```

只有收到了所有 4 条消息，我们才认为对象是完整的

复制对象中的所有字段

该辅助方法将 `ValidatedFoodOrder` 对象转换为 `ByteBuffer`

该辅助方法从 `ByteBuffer` 中读取 `ValidatedFoodOrder` 对象

　　需要指出的是，由于流式架构的并行性质，聚合器可能随时以任意顺序接收到多个订单的消息。因此，聚合器会维护一份内部列表，用于记录已接收到消息的订单。如果给定订单 ID 的列表不存在，则假定该消息是集合中的第一条消息，并将其添加到内部列表中。为了确保列表不会无限增长，需要定期清理该列表。这就是聚合器在完成聚合后会确保清理列表的原因。

8.2.2　动态路由器模式

　　如果你希望并行处理消息的不同部分，并且已经预先知道将有多少元素且数量将保持不变，那么分割器模式非常有用。然而在一些情况下，我们无法事先确定消息将被路由到哪里，而必须根据消息本身的内容和其他外部条件来确定。`OrderSolicitationService` 就是这样一个例子，它是 `OrderValidationService` 调用的 3 个微服务之一。

　　该微服务通知餐馆有外卖订单,并等待每个餐馆老板接单或拒单(如果接单,何时可以取餐)。显然,餐馆列表取决于几个因素。我们希望根据餐馆提供食物的能力来路由订单(比如,把"巨无霸"订单发送给麦当劳)。同时,我们不希望将订单不加选择地广播给所有麦当劳餐厅,因此我们根据它们与送货地点的接近程度来缩小列表的范围。由于该列表是针对每条消息构建的,因此收件人列表模式是最佳选择。

　　OrderSolicitationService 的整体流程如图 8-4 所示,其中包括 3 个阶段。在第一阶段,根据我们已经讨论过的因素计算出预期的收件人列表。在第二阶段,遍历收件人列表,并将订单转发给每个收件人。在第三阶段,服务等待每个收件人的回应,并选择一个赢家来完成订单。一旦选择了一个赢家,所有其他收件人都会被通知他们没有抢到订单。

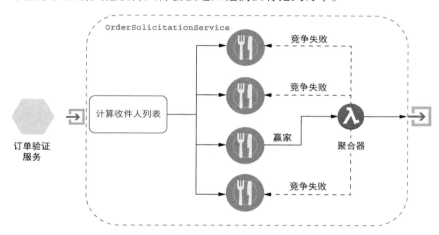

图 8-4　OrderSolicitationService 的拓扑结构,它实现了动态路由器模式

　　代码清单 8-3 展示了上述逻辑。该实现依赖于消息属性来传递对聚合器至关重要的元数据。订单 ID 被包含在消息中,以标识响应与哪个订单相关联。all-restaurants 属性用于编码所有候选餐馆。在消息中包含这些信息使得聚合器能够知道需要向哪些餐馆发送"没有抢到订单"的消息。消息属性中包含的最后一个元数据项是 return-addr 属性,其中包含聚合器订阅的主题名称。这样一来,我们就可以避免在每个消息接收者的逻辑中硬编码这些信息,而可以动态地提供这些信息。这是《企业集成模式》中定义的返回地址模式的一种实现。

代码清单 8-3　OrderSolicitationService 实现了收件人列表模式

```
public class OrderSolicitationService implements Function<FoodOrder, Void> {

    private String rendevous = "persistent://resturants/inbound/accepted";

    @Override
    public Void process(FoodOrder order, Context ctx) throws Exception {

        List<String> cand = getCandidates(order,          ← 基于订单和送餐
                           order.getDeliveryLocation());       地址构建收件人
                                                                列表
```

```
if (CollectionUtils.isNotEmpty(cand)) {
    String all = StringUtils.join(cand, ",");
    int delay = 0;
    for (String topic: cand) {          ←── 将订单发送给列表
        try {                               中的每个收件人
            ctx.newOutputMessage(topic, AvroSchema.of(FoodOrder.class))
                .property("order-id", order.getMeta().getOrderId() + "") ←──
                .property("all-restaurants", all)
                .property("return-addr", rendevous) ←── 告诉每个收件人去哪里发送他们的响应消息
                .value(order).deliverAfter( (delay++ * 10), TimeUnit.SECONDS); ←─
        } catch (PulsarClientException e) {
            e.printStackTrace();
        }
    }
}

return null;
}

private List<String> getCandidates(FoodOrder order, Address deliveryAddr) {
    ...          ←── 构建收件人列表的逻辑
}
}
```

使用订单 ID
检查相关性

囊括所有餐馆，这
样做就可以通知没
有抢到订单的餐馆

尽量错开消息的发
送时间，以减少被
拒绝的响应数量

收件人列表按照优先顺序返回（比如，离送餐地址最近的餐馆、当晚业务最少的餐馆等），我们使用 Pulsar 的延迟消息传递能力来将订单招揽请求间隔开。这样做的目的是尽量避免拒绝被餐馆接受的订单。我们不希望因为无法成功接单而激怒餐馆老板。因此，我们缓慢地增加餐馆的数量，以防止同时有太多未处理的请求。

由于 OrderSolicitationService 可以将订单发送给多个收件人，因此需要对响应进行协调，并将订单授予其中一个响应者。虽然有许多可用的策略，但我们暂且让它只接受第一个响应。这个处理逻辑将使用类似于我们用于 OrderValidationService 的聚合器来实现。如代码清单 8-3 所示，我们使用消息属性传递每个收件人应该响应的主题名称。相应的聚合器应该配置为监听此主题，以便接收响应消息并通知未抢到订单的餐馆。然后，餐馆的移动应用程序可以通过将订单从视图中移除来对通知做出响应。

如代码清单 8-4 所示，我们仍然根据订单 ID 检查相关性，但完成标准将从等待所有消息接收者的响应转变为首次得到响应。即使我们尽力防止发送多条未完成的征求消息，聚合器仍然需要适应这种情况。它通过保留每个订单接收到获胜投标的时间来实现这一点。这使得聚合器可以忽略同一订单的所有后续响应，因为我们知道另一家餐馆已经被授予了该订单。为了防止这个数据结构变得过大并引起内存溢出的情况，我已经加入了一个后台进程，定期唤醒并清除列表中所有比获胜投标的时间戳早的记录。

代码清单 8-4　OrderSolicitationService 的聚合器模式

```
public class OrderSolicitationAggregator implements
    Function<SolicitationResponse, Void> {
```

```
@Override
public Void process(SolicitationResponse response, Context context)
    throws Exception {

 Map<String, String> props = context.getCurrentRecord().getProperties();
 String correlationId = props.get("order-id");
 List<String> bids = Arrays.asList(                         ← 解码所有餐馆 ID
    StringUtils.split(props.get("all-restaurants")));  ←

 if (context.getState(correlationId) == null) {   ← 第一个响应胜出
    // 第一个响应胜出                                 从响应消息中获取
    String winner = props.get("restaurant-id");   ← 获胜餐馆的 ID
    bids.remove(winner);
    notifyWinner(winner, context);        ←
    notifyLosers(bids, context);          ←        发送一条消息给
                                                   获胜餐馆，告知
    // 记录收到中标的时间                              其获胜
    ByteBuffer bb = ByteBuffer.allocate(32);
    bb.asLongBuffer().put(System.currentTimeMillis());
    context.putState(correlationId, bb);      给所有未获胜的餐馆
 }                                             发送一条消息

 return null;
}

private void notifyLosers(List<String> bids, Context context) {
  ...
}

private void notifyWinner(String s, Context context) {
  ...
  }
}
```

从列表中删除获胜餐馆

8.2.3　基于内容的路由器模式

　　基于内容的路由器模式使用消息内容来确定将其路由给哪个主题。基本思想是检查每条消息的内容，然后根据在内容中找到或未找到的值将消息路由到特定目的地。对于订单验证用例，支付服务接收到一条消息，该消息的内容会根据客户使用的付款方式而变化。

　　目前，系统支持信用卡支付、PayPal、Apple Pay 和电子支票。这些支付方式中的每一种都必须由不同的外部系统进行验证。因此，支付服务的目标是根据消息的内容将消息定向到适当的系统。图 8-5 展示了订单上的付款方式为信用卡支付，并将详细的付款信息转发给 CreditCardService。

8

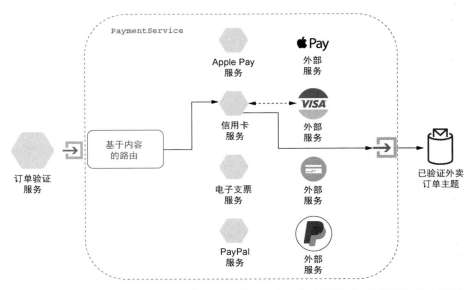

图 8-5 `PaymentService` 拓扑结构实现了基于内容的路由器模式，并根据订单中提供的付款方式将付款信息路由给相应的服务

每种支持的支付类型都有一个关联的中间微服务（比如 Apple Pay 服务、信用卡服务等），该微服务配置了适当的凭证、端点等。这些中间微服务调用适当的外部服务进行支付授权，并在收到授权后将响应转发给 `OrderValidationService` 聚合器，与订单相关的其他响应一起组合。代码清单 8-5 显示了 `PaymentService` 中基于内容的路由器模式的实现。

代码清单 8-5 `PaymentService` 实现的基于内容的路由器模式

```
public class PaymentService implements Function<Payment, Void> {
private boolean initalized = false;
private String applePayTopic, creditCardTopic, echeckTopic, paypalTopic;

public Void process(Payment pay, Context ctx) throws Exception {
  if (!initalized) {
    init(ctx);
  }

  Class paymentType = pay.getMethodOfPayment().getType().getClass();
  Object payment = pay.getMethodOfPayment().getType();

  if (paymentType == ApplePay.class) {
    ctx.newOutputMessage(applePayTopic, AvroSchema.of(ApplePay.class))
       .properties(ctx.getCurrentRecord().getProperties())
       .value((ApplePay) payment).sendAsync();
  } else if (paymentType == CreditCard.class) {
    ctx.newOutputMessage(creditCardTopic, AvroSchema.of(CreditCard.class))
       .properties(ctx.getCurrentRecord().getProperties())
       .value((CreditCard) payment).sendAsync();
```

将 `ApplePay` 对象发送给 Apple Pay 服务

将 `CreditCard` 对象发送给信用卡服务

```
        } else if (paymentType == ElectronicCheck.class) {
          ctx.newOutputMessage(echeckTopic, AvroSchema.of(ElectronicCheck.class))
            .properties(ctx.getCurrentRecord().getProperties())
            .value((ElectronicCheck) payment).sendAsync();
        } else if (paymentType == PayPal.class) {
          ctx.newOutputMessage(paypalTopic, AvroSchema.of(PayPal.class))
            .properties(ctx.getCurrentRecord().getProperties())
            .value((PayPal) payment).sendAsync();
        } else {
          ctx.getCurrentRecord().fail();
        }

        return null;
      }

      private void init(Context ctx) {
        applePayTopic = (String)ctx.getUserConfigValue("apple-pay-topic").get();
        creditCardTopic = (String)ctx.getUserConfigValue("credit-topic").get();
        echeckTopic = (String)ctx.getUserConfigValue("e-check-topic").get();
        paypalTopic = (String)ctx.getUserConfigValue("paypal-topic").get();
        initalized = true;
      }
    }
```

拒绝其他所有支付方式

将 **ElectronicCheck** 对象发送给电子支票服务

将 **PayPal** 对象发送给 PayPal 服务

中间服务的输出主题是可配置的

信用卡服务收到交易的授权号码后，将其发送到已验证外卖订单主题，因为我们需要该授权号码来收款。

8.3 消息转换模式

流数据的常见示例包括物联网传感器、服务器和安全日志、实时广告及移动应用程序和网站的点击流数据。在这些场景中，我们有不断生成数千甚至数百万个非结构化数据元素或半结构化数据元素的数据源，其中常见的数据元素包括纯文本、JSON 和 XML。每个数据元素都必须转换为适合处理和分析的格式。

这类处理在所有流媒体平台上都很常见。这些数据转换任务与传统的 ETL 处理类似，主要关注点是确保摄取的数据被规范化、丰富化，并转换为更适合处理的格式。消息转换模式用于在数据流图拓扑中处理消息内容，以解决流式架构中的这些问题。本节介绍的每个模式都提供了动态转换消息的经验指南。

8.3.1 消息翻译器模式

正如我们之前看到的，OrderValidationService 对不同的服务进行了多个异步调用，每个调用都会生成具有不同 schema 类型的消息。所有这些消息都必须由 OrderValidationAggregator 组合成单一的响应。然而，Pulsar 函数只能接受单一类型的传入消息，因此我们不能直接将这些消息发布到服务的输入主题，如图 8-6 所示，因为 schema 不兼容。

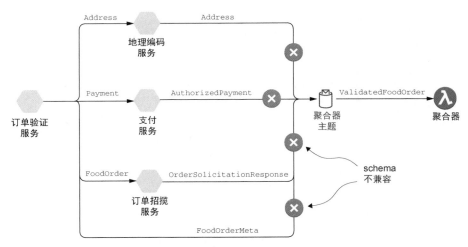

图 8-6　每个中间微服务都生成具有不同 schema 类型的消息。因此，它们不能直接发布
到聚合器的输入主题中

为了消费具有不同 schema 的消息，每个中间微服务的结果必须被路由到对应的消息转换函数。消息转换函数将这些响应消息转换为与 OrderValidationAggregator 的输入主题相同的类型，即代码清单 8-6 所示的 schema 类型。我们选择使用一个对象类型，该对象类型是每个消息类型的组合。这种方法使我们能够将每个中间微服务的响应直接复制到 ValidatedFoodOrder 对象的相应字段中。

代码清单 8-6　ValidatedFoodOrder 的定义

从 **OrderValidationService**
转发的 **FoodOrderMeta** 数据

```
record ValidatedFoodOrder {
    FoodOrderMeta meta;
    com.gottaeat.domain.resturant.SolicitationResponse food;
    com.gottaeat.domain.common.Address delivery_location;
    com.gottaeat.domain.payment.AuthorizedPayment payment;
}
```

订单招揽服务的响应类型

地理编码服务的
响应类型

支付服务的
响应类型

虽然消费每个响应消息类型的逻辑略有不同，但概念基本相同。如代码清单 8-7 所示，处理支付服务生成的 AuthorizedPayment 消息的逻辑很简单。只需要创建一个类型适当的对象，并将支付服务发布的 AuthorizedPayment 对象复制到包装对象的相应字段中，然后将其发送给聚合器进行消费。

代码清单 8-7　支付适配器的实现

```
public class PaymentAdapter implements Function<AuthorizedPayment, Void> {

    @Override
```

```
public Void process(AuthorizedPayment payment, Context ctx)
        throws Exception {
    ValidatedFoodOrder result = new ValidatedFoodOrder();
    result.setPayment(payment);

    ctx.newOutputMessage(ctx.getOutputTopic(),
        AvroSchema.of(ValidatedFoodOrder.class))
    .properties(ctx.getCurrentRecord().getProperties())
    .value(result).send();

    return null;
    }
}
```

新建包装对象

向聚合器的输入主题发布一条类型为 **ValidatedFoodOrder** 的消息

用 **Authori-zedPayment** 更新 **payment** 字段

复制订单 ID,以便将其与其他响应消息进行关联

　　其他每个微服务也都有类似的适配器。一旦所有对象值都被填充,订单就将被视为已验证,并可以发布到 ValidatedFoodOrder 主题进行进一步处理。

　　值得注意的是,每一个适配器函数都必须从对应主题中消费微服务响应的消息,然后再将包装对象发布到 OrderValidationAggregator 的输入主题中。因此,我们需要创建这些响应主题并配置微服务以向它们发布消息,如图 8-7 所示。除了在需要合并不同 Pulsar 函数的结果的情况下非常有用,这种模式还可用于适应从外部系统(如数据库)摄取数据并将其转换为所需的 schema 格式以便处理。

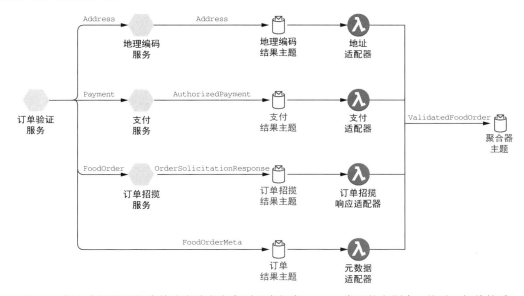

图 8-7　每个中间微服务将其响应消息发布到具有相应 schema 类型的主题中。然后,相关的适配器函数消费这些消息并将它们转换为聚合器主题中预期的 ValidatedFoodOrder schema 类型

8.3.2   内容增强器模式

在处理流事件时，通常需要在接收到的消息中添加下游系统所需的额外信息。在我们的示例中，传给 `OrderValidationService` 的客户订单事件将包含一个原始、未经验证的街道地址，但消费微服务还需要一个包含经纬度的地理编码位置，以便为外卖骑手提供导航。

这种问题通常使用内容增强器模式来解决。"内容增强"是指使用传入消息中的信息来增强原始消息内容的过程。在本例中，我们将从外部源检索数据并将其添加到传出消息中，如图 8-8 所示。地理编码服务将获取客户提供的送餐地址的详细信息，并将其传递给 Google Maps Web 服务。然后，与该地址对应的经纬度将包含在传出消息中。

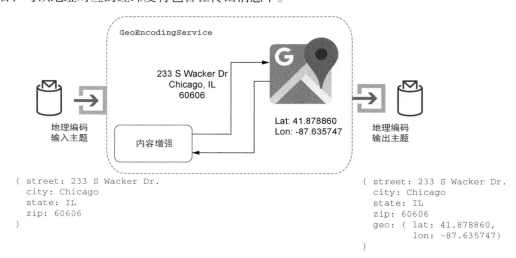

图 8-8   地理编码服务通过使用提供的街道地址来查找相应的经纬度，并将其添加到地址对象中

代码清单 8-8 显示了调用 Google Maps Web 服务并为传入的地址对象添加经纬度值的 `Geo-EncodingService` 的实现。

代码清单 8-8   `GeoEncodingService` 实现内容增强器模式

```java
public class GeoEncodingService implements Function<Address, Address> {
  boolean initalized = false;
  String apiKey;
  GeoApiContext geoContext;

  public Void process(Address addr, Context context) throws Exception {
    if (!initalized) {
      init(context);
    }

    Address result = new Address();
    result.setCity(addr.getCity());
```

```
    result.setState(addr.getState());
    result.setStreet(addr.getStreet());
    result.setZip(addr.getZip());

    try {
      GeocodingResult[] results =
          GeocodingApi.geocode(geoContext, formatAddress(addr)).await();

      if (results != null && results[0].geometry != null) {
        Geometry geo = results[0].geometry;
        LatLon ll = new LatLon();
        ll.setLatitude(geo.location.lat);
          ll.setLongitude(geo.location.lng);
          result.setGeo(ll);
      }

      } catch (InterruptedException | IOException | ApiException ex) {
        context.getCurrentRecord().fail();
        context.getLogger().error(ex.getMessage());
      } finally {
        return result;
      }
  }

  private void init(Context context) {
    apiKey = context.getUserConfigValue("apiKey").toString();
    geoContext = new GeoApiContext.Builder()
            .apiKey(apiKey).maxRetries(3)
            .retryTimeout(3000, TimeUnit.MILLISECONDS).build();
    initalized = true;
  }
}
```

该服务使用配置属性提供的 API 密钥调用 Google Maps Web 服务，并使用第一个响应作为经纬度值的来源。如果调用 Web 服务失败，那么我们将消息标记为“失败”，以便稍后重试。

虽然使用外部服务是内容增强器模式的常见用例之一，但也有一些仅基于消息内容执行内部计算的实现，比如计算消息大小或消息内容的 MD5 哈希值，并将其添加到消息属性中。这使得消息消费者能够验证消息内容是否被篡改。

另一个常见的用例是从操作系统中检索当前时间，并将时间戳附加到消息中，以指示接收或处理消息的时间。如果你希望按照接收顺序处理消息，或者希望在处理过程的每个步骤中附加接收时间戳，那么这些信息对于保持消息顺序非常有用。如果你附加了接收时间戳，还可以将其用于识别有向无环图中的瓶颈。

8.3.3 内容过滤器模式

通常情况下，出于安全考虑或其他原因，从传入消息中删除或屏蔽一个或多个数据元素可能是有用的。内容过滤器模式本质上与内容增强器模式相反，因为它旨在执行相反的操作。

我们之前讨论过的 `OrderValidationService` 就是内容过滤器的一个例子,它会将传入的 `FoodOrder` 消息分解成较小的部分,然后将它们路由给适当的微服务进行处理。这样做不仅可以尽可能减少发送到每个微服务的数据量,还可以隐藏敏感的支付信息,以防其他不需要访问该信息的服务获取它。

考虑另一种情况,其中一个事件包含敏感数据元素,例如信用卡号码。内容过滤器可以检测到消息中的这些模式,并完全删除敏感数据元素,使用单向哈希函数(如 SHA-256)对其进行屏蔽,或者对数据字段进行加密。

8.4　小结

- ❑ Pulsar Functions 框架是一个分布式处理框架。它非常适用于数据流编程,其中数据在并行执行的阶段中进行处理,就像流水线一样。
- ❑ 基于 Pulsar Functions 的应用程序可以被建模为数据管道,其中函数执行计算并使用输入主题/输出主题来传递数据。
- ❑ 在设计传递消息的微服务应用程序时,通常可以采用现有的设计模式,比如 Gregor Hohpe 和 Bobby Woolf 在《企业集成模式》一书中提到的那些模式。
- ❑ 可以使用 Pulsar Functions 来实现成熟的消息传递模式,这使得你可以在应用程序中使用经过时间验证的解决方案。

第 9 章

弹性模式

本章内容
- ❑ 如何使基于 Pulsar Functions 的应用程序能够抵御不利事件
- ❑ 使用 Pulsar Functions 实现成熟的弹性模式

作为 GottaEat 订单录入微服务的架构师，你的主要目标是开发一个系统，使它能够全天候地接受客户下单，并在客户可接受的响应时间内完成确认。该系统必须始终可用，否则你的公司不仅会损失收入、流失客户，声誉也会受损。因此，你必须在设计系统时考虑如何使其既具有高可用性又具有弹性，以持续提供服务。每个架构师都希望自己的系统具有弹性，但这究竟意味着什么呢？弹性体现了系统在面对不利的事件和条件引发的中断时的承受能力，即在这样的情况下仍然保持一定的运行能力。相应的定量指标有可用性、容量、性能、可靠性和稳健性。

保持弹性很重要，因为无论你的 Pulsar 应用程序设计得多好，都会遭遇意外事件，比如电力中断或网络通信中断。这些意外事件最终会破坏拓扑结构。不利事件终将发生，只是时间问题。弹性体现了当这些干扰性事件发生时，你的系统会做什么。Pulsar 函数能够检测到这些事件吗？一旦检测到，它能否正确地对其做出响应？函数在之后能否正确地恢复？

高弹性系统使用多种反应性弹性技术，主动检测不利事件并对其做出响应，以自动恢复到正常运行状态，如图 9-1 所示。这在流环境中尤其有用，因为任何服务中断都可能导致无法从源头捕获数据并永久丢失数据。

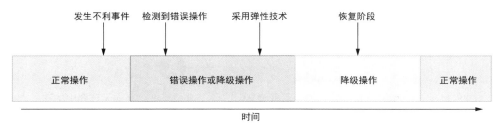

图 9-1　高弹性系统将自动检测不利事件，并采取积极措施使自身恢复到正常运行状态

显然，运用任何反应性弹性技术的关键是能够检测不利事件。本章将介绍如何使用 Pulsar Functions 检测故障，以及一些可以在 Pulsar 函数中使用的弹性技术。

9.1   Pulsar Functions 的弹性

正如我们在第 8 章中所看到的，所有基于 Pulsar Functions 的应用程序本质上都是由几个通过输入主题和输出主题相互连接的 Pulsar 函数组成的拓扑结构。这些拓扑结构可以被看作有向无环图，数据根据消息的值通过不同的路径流动。从弹性的角度来看，我们可以考虑将整个有向无环图作为一个系统，使其免受不利事件的影响。

9.1.1   不利事件

为了实施全面的弹性策略，我们首先必须确定可能影响运行中的 Pulsar 应用程序拓扑的所有不利事件。与其试图列出每个 Pulsar 函数可能发生的每种可能情况，不如将不利事件分为以下几类：函数死亡、函数滞后和函数无进展。

1. 函数死亡

让我们从最严重的事件开始。所谓函数死亡，即应用程序拓扑中的 Pulsar 函数突然中断运行。这种情况可能由多种物理因素引起，比如服务器崩溃或停电；也可能由非物理因素引起，比如函数本身遭遇内存溢出的情况。无论根本原因是什么，函数死亡对系统的影响都将是严重的，因为有向无环图中的数据将突然停止流动。

如果图 9-2 所示的函数停止运行，那么所有下游消费者都将停止接收消息，并且有向无环图将在流程的这一点上被实质性地阻塞。从最终用户的角度来看，应用程序将停止产生输出，这在外卖示例中就意味着整个订单录入流程将完全停止。

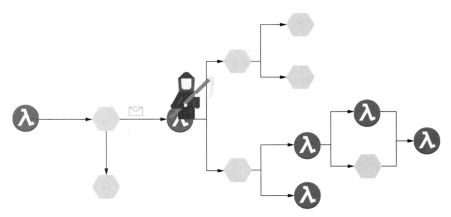

图 9-2　当一个函数终止运行并停止消费消息时，整个应用程序在有向无环图中的那一
点上被实质性地阻塞，所有下游处理都将停止

所幸，输入主题将充当缓冲区，并保留主题的消息，直到受主题的消息保留策略限制。此处提到这种情况的目的是让你意识到尽早解决这个问题的重要性，因为如果不重新运行函数，那么最终可能会丢失消息。

如果你正在使用推荐的 Kubernetes 运行时来托管 Pulsar 函数，那么只要你在 Kubernetes 环境中拥有足够的计算资源，Pulsar Functions 框架就会自动检测到关联的 Kubernetes pod 故障并为你重新启动它。你还应该采取监控和警报措施，以便检测到物理主机运行中断并相应地做出响应。这些都是额外的弹性措施。

2. 函数滞后

对 Pulsar 应用程序的性能产生负面影响的另一类不利事件是函数滞后。当函数输入主题中的消息到达速率大于函数的处理速率时，就会发生滞后。在这种情况下，函数在处理传入消息时会越来越落后，导致消息准备好被处理和最终被处理之间的滞后时间越来越长。

考虑这样一种情况：函数 A 每秒向函数 B 的输入主题发布 150 个事件，如图 9-3 所示。然而，函数 B 每秒只能处理 75 个事件，这导致每秒有 75 个事件被缓冲在主题内。如果这种处理不均衡的情况持续存在，那么输入主题中的消息数量将继续增长。

图 9-3　函数 B 每秒只能处理 75 个事件，而函数 A 每秒产生 150 个事件。这导致每秒积压 75 个事件，每秒引入一秒的延迟

最初，这种延迟将开始影响服务等级协定。对外卖示例来说，订单录入流程将变得缓慢，因为客户必须等待他们的订单被处理和确认。最终，延迟将变得过高，以至于客户无法忍受，他们会因为移动应用程序响应不及时而放弃下单。这可能导致这样的情况：客户的订单被放入队列并在客户决定撤单后才被处理。由于响应不及时，客户以为他们未成功下单。这对于业务来说将是一场噩梦，因为我们将不得不退款并通知餐馆订单已被取消。

为了加入一些数据支持，让我们假设上述情况发生在订单验证有向无环图内的高峰业务时间内，比如一个周五的晚上 7 点左右。在此之后 10 分钟内下单的订单将排在已经积累在函数 B 的输入主题中的其他订单（共有 45 000 个，即 75 个事件/秒 × 60 秒 × 10 分钟）之后进行处理。以每秒处理 75 个事件的速度，需要 10 分钟来处理这些已存在的消息，然后才能最终处理该订单。因此，7 点 10 分下的订单要等到 7 点 20 分后才能被处理！为了满足服务等级协定并避免因函数滞后而导致客户撤单，我们需要进行性能测试，以确定订单验证服务中每个函数的平均处理速率，并持续监控未来是否存在处理不均衡的情况。

所幸，如果你正在使用推荐的 Kubernetes 运行时来托管 Pulsar 函数，那么 Pulsar Functions 框架将让你能够使用代码清单 9-1 所示的命令来提高函数的并行性，这应该有助于缓解处理不均衡的情况。因此，应对这类不利事件的方法是更新函数的并行度，使之达到可接受的水平。在本示例中，消息生产与消息消费的比率为 2∶1，你可能希望函数 A 实例与函数 B 实例的比率至少与此相同。

9

代码清单 9-1　提高函数的并行性

```
$ bin/pulsar-admin functions update \
  --name FunctionA \
  --parallelism 5 \
  ...
```

将实例的比率调整为 2 : 1 在理论上可以缓解问题，但我建议在消费者端保留一两个额外的实例。这不仅可以提供额外的处理能力，使你的应用程序能够处理消息激增的情况，还可以使函数在出现延迟之前有效地抵御一个或多个实例发生故障的情况。

3. 函数无进展

无进展函数与滞后函数在两个方面有所不同。第一个方面是它们成功处理消息的能力。对于滞后函数来说，所有的消息都能够成功处理，只是处理速度太慢；而对于无进展函数来说，部分或全部消息无法成功处理。

第二个方面是问题的解决方法。对于滞后函数来说，最常见的解决方法是提高函数实例的并行性以适应传入的消息量。遗憾的是，对于无进展函数来说，没有简单的解决方法，唯一的解决方法是在 Pulsar 函数内部添加处理逻辑，以检测和响应这些处理异常。让我们退后一步，回顾一下在 Pulsar 函数中处理异常时，我们所拥有的有限选择。

你可以完全忽略错误并明确地确认消息，告诉 broker 你已经处理完成。显然，对于某些用例，比如支付服务，在继续处理订单之前，我们需要收到授权信息。另一个选择是在 Pulsar 函数代码的 `catch` 块中对消息进行否定确认。这样做将告诉 broker 重新投递消息。最后，可能存在这样一种情况，即由于未捕获的异常或调用远程服务时出现网络超时，函数根本没有发送确认信息。如图 9-4 所示，在任何一种情况下，这些消息都将被标记为重新投递。

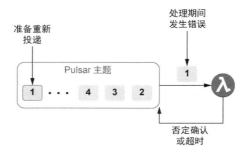

图 9-4　当 Pulsar 函数发送否定确认信息或在配置的时间内未确认消息时，消息将延迟
　　　　一分钟后被重新投递

随着越来越多被否定的消息在主题中堆积，系统会越来越慢，因为它会反复尝试重新投递、失败，然后再次尝试。这会浪费处理周期，更糟糕的是，这些消息将永远无法从主题中清除。随着时间的推移，它们的影响只会不断增加。因此，这类不利事件被称为函数无进展——它未能在新消息上取得进展。

让我们重新审视这样一个场景：一个函数每秒可以成功处理 75 个事件，并且该函数正在调用一个远程服务，比如信用卡授权服务。此外，函数调用的终端实际上是一个负载均衡器，它将调用分发到 3 个服务实例中的一个，其中一个实例中断了。每 3 条消息将抛出一个异常，并且消息将被否定确认，导致每秒约有 25 个事件处理失败。这将使函数的有效处理速率从每秒 75 个事件下降到每秒 50 个事件。处理速度的降低是函数无进展的第一个明显迹象。

扩大实例规模也无法解决问题，因为这样做会以相应的速度增加故障数量。如果将函数的并行性提高一倍，以达到每秒 150 个事件的消费速率，那么每秒将有 50 个事件处理失败。事实上，无论添加多少个实例，有三分之一的消息仍然需要重新处理。值得注意的是，每条重新处理的消息还会经历一分钟的延迟惩罚，这将对应用程序的响应速度产生负面影响。

现在让我们考虑一下网络故障对同一个函数的影响。每次处理一条消息时，都会调用负载均衡器，但由于网络故障，我们无法访问它。不仅所有的消息都处理失败了，而且每条消息的处理时间都需要 30 秒，因为它必须等待网络超时异常被抛出。对有向无环图的影响将与函数死亡时相同，但函数并没有死亡。相反，这个函数实际上处于"僵尸状态"，即使重新启动函数也无济于事，因为根本问题不在函数本身。

导致消息无法处理的根本问题可能完全不同，但可以根据其自我纠正的可能性分为两大类：**瞬态故障和非瞬态故障**。瞬态故障包括与组件和服务的临时网络连接丢失、服务暂时不可用或当 Pulsar 函数调用一个繁忙的远程服务时可能发生的超时。这些类型的故障通常是可以自我纠正的。如果在适当的延迟后重新处理消息，很可能会成功。一个这样的场景是，支付服务在服务过载时调用外部的信用卡授权服务。在服务恢复之后，后续的调用大概率会成功。

相反，非瞬态故障需要外部干预才能解决，包括灾难性的硬件故障、过期的安全凭证或错误的消息数据。考虑这样一种情况：订单验证服务向支付服务的输入主题发布了一条包含无效支付信息（例如错误的信用卡号码）的消息。无论我们尝试多少次使用该卡作为支付方式进行授权，它都将被拒绝。另一个潜在的情况是我们用于支付服务的凭证已过期。在这种情况下，尝试授权任何客户的信用卡都将失败。

往往很难区分不同的场景，我们需要能够检测非瞬态故障（如无效的信用卡号码）和瞬态故障（如过载的远程服务）之间的区别，以便有针对性地做出不同的响应。所幸，我们可以使用相应的异常类型和其他数据来明智地猜测给定故障的瞬态性质，并相应地采取适当的措施。

9.1.2 故障检测

当涉及在 Pulsar Functions 拓扑结构中检测故障时，只需检查数据在整个拓扑结构中的流动程度即可。简单地说，应用程序的吞吐量是否跟得上来自输入主题的数据量，还是落后了？数据应该像血液在人体中流动一样，不间断且稳定地流动。不应该有任何阻塞导致某些区域的数据流动被切断。

到目前为止，我们讨论过的所有不利事件都对数据流动产生了相似的影响：未处理消息稳步增加。在 Pulsar 中，指示这种阻塞的关键指标是 backlog。在 Pulsar 应用程序的输入主题中出现不断增加的 backlog，这表明出现操作降级或故障。明确地说，我所说的不是 backlog 中的绝对消息数量，而是这个数量本身在一段时间（比如业务高峰期）内的变化趋势。

如图 9-5 所示，当 Pulsar 应用程序或函数的吞吐量无法跟上输入主题中不断增长的数据量时，就出现了反压（backpressure）。这种情况表明应用程序的处理能力不足且性能下降，必须解决这个问题才能满足服务等级协定。"反压"这个术语源自流体力学，用于指示一些阻力限制数据在拓扑结构中流动，就像厨房水槽中的堵塞物对水流的影响一样。与之类似，这种情况不仅会影响消费消息的 Pulsar 函数，而且对整个拓扑结构都有影响。

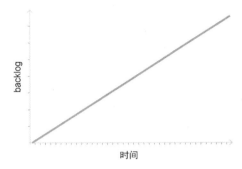

图 9-5　当特定订阅的 backlog 随时间稳步增加时，就出现了反压，表明 Pulsar 函数或应用程序的性能下降

到目前为止，我们讨论过的所有不利事件——函数死亡、函数滞后和函数无进展——都可以通过函数输入主题是否存在反压来检测。你应该监控以下主题级别的指标，以检测 Pulsar 函数中的反压。

❑ `pulsar_rate_in`：衡量消息进入主题的速率（每秒进入的消息数）。

❑ `pulsar_rate_out`：衡量消息从主题中消费的速率（每秒消费的消息数）。

❑ `pulsar_storage_backlog_size`：衡量主题的 backlog 总大小（以字节为单位）。

上述所有指标都会被定期发布给 Prometheus，并可以由与该平台集成的任何可观察性框架进行监控。函数的任一输入主题中的 backlog 增加都表明发生了一个或多个不利事件，并应触发警报。

9.2　弹性设计模式

我们已经讨论了使用 Pulsar Functions 框架本身提供的特性为 Pulsar 应用程序提供弹性的一些选项，比如自动重启已死亡的函数。然而，Pulsar 函数通常需要与外部系统进行交互以执行处理任务。这样做间接地将这些外部系统的弹性问题引入到 Pulsar 应用程序中。如果远程系统无响应，那么结果将是应用程序内部的函数滞后或无进展。

正如我们在第 8 章中所看到的，GottaEat 订单验证流程依赖于几个第三方服务来接单。如果由于任何原因无法与这些外部系统通信，那么整个业务都将停滞。鉴于我们与这些服务的所有交互都是通过网络连接进行的，明显存在间歇性网络故障、高延迟期、服务不可用或其他中断的可能性，因此应用程序必须对这些故障类型具有弹性，并能够自动从中恢复，这一点至关重要。虽然你可以尝试自己实现弹性设计模式，但是这类问题最好使用由专家开发的第三方库来解决。

与远程服务交互所产生的问题非常常见，以至于 Netflix 在 2013 年开发了自己的容错库，命名为 Hystrix，并开源了它。Hystrix 包含多种处理这些问题的弹性设计模式。虽然该库不再处于积极开发状态，但它的一些概念已经在一个名为 resilience4j 的新开源项目中实现。正如我们将看到的那样，这使得在基于 Java 的 Pulsar 函数中利用这些模式变得很容易，因为大部分逻辑已经在 resilience4j 库中实现，你可以专注于选择要使用的模式。接下来，我们将代码清单 9-2 所示的配置添加到 Maven pom.xml 文件的依赖部分中，以将该库添加到我们的项目中。

代码清单 9-2 将 resilience4j 库添加到项目中

```
<dependencies>
    <dependency>
        <groupId>io.github.resilience4j</groupId>
        <artifactId>resilience4j-all</artifactId>
        <version>1.7.1</version>
    </dependency>

    ...
</dependencies>
```

在接下来的几节中，我将介绍这些模式及它们如何用于使基于 Pulsar Functions 的微服务与外部系统的交互对故障场景具有弹性。除了描述模式解决的问题，我还将介绍在实现模式时需要考虑的问题和注意事项，以及模式的使用示例。值得注意的是，这些模式的设计使得它们可以相互组合使用。当你需要在 Pulsar 函数中使用多个模式时，这一点特别有用（比如，在与外部 Web 服务交互时，可以同时使用重试模式和断路器模式）。

9.2.1 重试模式

与远程服务通信时，可能会遭遇任意数量的瞬态故障，包括网络连接丢失、服务暂时不可用，以及当远程服务非常繁忙时可能发生的服务超时。这些故障通常是可以自我纠正的，随后对服务的调用很可能会成功。如果你在 Pulsar 函数中遇到此类故障，则重试模式让你能够根据错误的性质以三种方式之一处理故障。如果错误表明故障不是瞬态的，比如由于错误凭证而导致的身份验证失败，则不应重新尝试调用，因为同样的故障很可能会再次发生。

如果异常表明连接超时或以其他方式指示请求由于系统繁忙而被拒绝，那么最好在重新尝试调用之前等待一段时间，以便远程服务有足够的时间恢复。否则，立即重新尝试调用，因为你没有理由相信后续的调用会失败。为了在函数内部实现这种逻辑，需要将远程服务调用包装在装饰器中，如代码清单 9-3 所示。

代码清单 9-3　在 Pulsar 函数中使用重试模式

依赖 resilience4j 库中的几个类

```
import io.github.resilience4j.retry.Retry;
import io.github.resilience4j.retry.RetryConfig;
import io.github.resilience4j.retry.RetryRegistry;
import io.vavr.CheckedFunction0;
import io.vavr.control.Try;

public class RetryFunction implements Function<String, String> {

  public String apply(String s) {

    RetryConfig config =
      RetryConfig.custom()
        .maxAttempts(2)
        .waitDuration(Duration.ofMillis(1000))
        .retryOnResult(response -> (response == null))
        .retryExceptions(TimeoutException.class)
        .ignoreExceptions(RuntimeException.class)
        .build();

    CheckedFunction0<String> retryableFunction =
      Retry.decorateCheckedSupplier(
        RetryRegistry.of(config).retry("name"),
        () -> {
          HttpGet request =
            new HttpGet("http://www.google.com/search?q=" + s);

          try (CloseableHttpResponse response =
                  HttpClients.createDefault().execute(request)) {
            HttpEntity entity = response.getEntity();
            return (entity == null) ? null : EntityUtils.toString(entity);
          }
        });

    Try<String> result = Try.of(retryableFunction);
    return result.getOrNull();
  }
}
```

这是在函数接口中定义的方法，将被调用以处理每条消息

自定义重试配置项

指定重试之间暂停 1 秒

指定最多进行两次重试

如果返回结果为 null，则重试

指定被视为瞬态故障并重试的异常列表

指定被视为非瞬态故障且不重试的异常列表

使用自定义重试配置项装饰函数

提供 lambda 表达式。如有必要，将执行并重试

执行装饰函数，直到收到结果或达到重试限制为止

如果未收到响应，则返回结果或 null

代码清单 9-3 将字符串作为输入，使用给定的输入字符串调用搜索引擎的 API，并返回结果。最重要的是，它将尝试多次调用 HTTP 端点，而无须否定确认消息并将其重新传递给函数。相反，消息只需从 Pulsar 主题传递一次，并且重试都在同一个调用中完成，如图 9-6 所示。这样一来，我们就可以避免在决定放弃外部系统之前多次传递相同的消息。

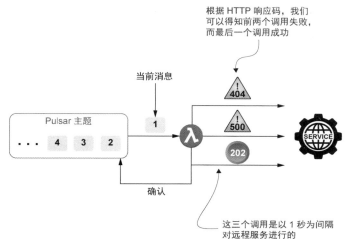

图 9-6 当使用重试模式时，远程服务会重复调用相同的消息。在本例中，前两个调用
　　　　失败，但第三个调用成功，因此消息得到确认。这样一来，我们就可以避免对
　　　　消息进行否定确认并每次延迟处理 1 分钟

　　传递给 `Retry.decorateCheckedSupplier` 方法的第一个参数是我们之前在代码中配置的重试对象。它定义了重试次数、重试之间的暂停时间，以及哪些异常表示我们应该重试函数调用，哪些异常表示我们不应该重试。

　　对于不熟悉在 Java 中使用 lambda 表达式的人来说，需要知道将被调用的实际逻辑被封装在第二个参数中。该参数接受一个函数定义，由 `()->` 语法表示，并包括之后的大括号内的所有代码。生成的对象是一个装饰函数，它随后被传入 `Try.of` 方法中，该方法会自动处理所有的重试逻辑。"装饰"这个术语来自装饰器模式，这是一种众所周知的设计模式，它允许在运行时动态地向对象添加行为。

　　虽然我们可以使用 `try/catch` 语句和计数器来实现类似的逻辑，但由 resilience4j 库提供的装饰函数是更优雅的解决方案。此外，它还让我们能够通过用户配置属性在部署 Pulsar 函数时动态配置重试属性。

问题和考虑

　　虽然重试模式在与外部系统交互时非常有用，比如在与 Web 服务或数据库交互时，但在 Pulsar 函数中实现它时，请务必考虑以下因素。

- ❑ 根据应用程序的业务需求调整重试间隔。过于激进的重试策略，其重试间隔过短，可能会给已经过载的服务增加额外负荷，使情况变得更糟。可以考虑使用指数退避策略，以指数方式增加重试间隔（如 1 秒、2 秒、4 秒、8 秒等）。

- ❑ 在选择重试次数时，请考虑操作的关键性。在某些情况下，与其进行多次重试以影响处理延迟，不如快速失败。比如，对于面向客户的应用程序，最好在少量重试及短暂延迟后失败，而不是给最终用户引入长时间延迟。

9

- 在使用这个模式时要小心，特别是在幂等操作上，否则可能会出现意想不到的副作用。比如，对外部信用卡授权服务的调用被成功接收并处理，但未能发送响应。在这种情况下，如果重试逻辑再次发送请求，那么客户的信用卡可能会被多次扣款。

- 记录所有重试，以便尽快识别和纠正潜在的连接问题。这一点非常重要。除了常规日志文件外，还可以用 Pulsar 指标向 Pulsar 管理员传达重试次数。

9.2.2　断路器模式

重试模式旨在处理瞬态故障，因为它使应用程序能够在期望成功的情况下执行重试操作。与重试模式不同，断路器模式防止应用程序执行可能由非瞬态故障导致失败的操作。

断路器模式是由 Michael Nygard 在其著作《发布！设计与部署稳定的分布式系统（第 2 版）》中推广的，旨在防止已知远程服务无响应时，增加额外的调用而使其不堪重负。也就是说，在经过一定次数的失败尝试之后，我们将认为该服务要么不可用，要么过载，并拒绝对该服务的所有后续调用。这样做的目的是通过避免向我们已经知道不太可能成功响应的远程服务发送请求，防止远程服务进一步过载。

该模式得名于其操作模仿了物理电路的断路器。当一定时间内的故障数量超过可配置的阈值时，断路器会"跳闸"，所有装饰有断路器的函数调用将立即失败。断路器充当一个状态机，其初始状态为闭合状态，表示数据可以通过断路器流动。

如图 9-7 所示，所有传入的消息都会导致对远程服务的调用。然而，断路器会跟踪有多少次对服务的调用产生了异常。当异常的次数超过配置的阈值时，就说明远程服务无响应或过于繁忙。因此，为了防止对已经过载的服务造成额外负荷，断路器会转换到打开状态，如图 9-8 所示。这类似于物理断路器在遇到电涌时跳闸，以防止电流流入已经过载的电源插座。

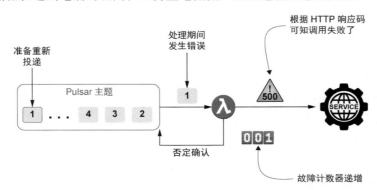

图 9-7　断路器的初始状态为闭合状态，这意味着每条消息都会调用服务。处理消息 1 时发生异常，因此故障计数器会递增，并且消息会被否定确认。如果计数器超过配置的阈值，那么断路器将被触发并转换为打开状态

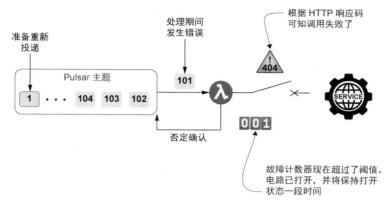

图 9-8 一旦断路器的故障计数器超过配置的阈值，电路将立即转换到打开状态，并且所有后续的消息将立即被否定确认。这样做可以防止对可能失败的服务进行额外的调用，并给予服务一些时间来恢复

　　一旦断路器被触发，它就将保持打开状态一段时间（时间是预先配置的）。在此期间，不会对该服务进行任何调用。这给予了服务修复潜在问题的时间。预设的时间过去后，电路转换到半打开状态，允许有限数量的请求调用远程服务。

　　半打开状态旨在防止正在恢复的服务被所有积压的消息请求淹没。当服务正在恢复时，它处理请求的能力可能一开始是有限的。只发送有限数量的请求可以防止恢复后的系统被压垮。断路器维护一个成功计数器，每条允许调用服务并成功完成的消息都会增加该计数器，如图 9-9 所示。

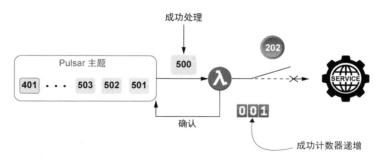

图 9-9 当断路器处于半打开状态时，允许有限数量的消息调用服务。一旦有足够数量的调用成功完成，断路器就将转换回闭合状态。然而，如果有任何消息处理失败，断路器就将立即转换回打开状态

　　如果所有请求都成功，就假设导致先前问题的故障已经解决，并且服务已准备好再次接受请求。因此，断路器将切换回闭合状态并恢复正常操作。然而，如果在半打开状态下发送的任何消息失败，那么断路器将立即切换回打开状态（不使用故障计数器阈值），并重新启动计时器，以给服务额外的时间来从故障中恢复。

该模式在远程服务从非瞬态故障中恢复时，为应用程序提供稳定性，方法是快速拒绝可能失败并可能导致整个应用程序发生级联故障的请求。通常情况下，该模式与重试模式结合使用，以处理远程服务遭遇的瞬态故障和非瞬态故障。要在 Pulsar 函数中使用断路器模式，需要将远程服务调用包装在装饰器中，如代码清单 9-4 所示。该代码清单显示了从 GottaEat 的支付服务调用 CreditCardAuthorizationService 的实现，假设客户使用信用卡付款。

代码清单 9-4　在 Pulsar 函数中使用断路器模式

使用 circuitbreaker 包中的类

```
...
import io.github.resilience4j.circuitbreaker.*;
import io.vavr.CheckedFunction0;
import io.vavr.control.Try;

public class CreditCardAuthorizationService
    implements Function<CreditCard, AuthorizedPayment> {

public AuthorizedPayment process(CreditCard card, Context ctx)
    throws Exception {

CircuitBreakerConfig config = CircuitBreakerConfig.custom()
  .failureRateThreshold(20)
  .slowCallRateThreshold(50)
  .waitDurationInOpenState(Duration.ofMillis(30000))
  .slowCallDurationThreshold(Duration.ofSeconds(10))
  .permittedNumberOfCallsInHalfOpenState(5)
  .minimumNumberOfCalls(10)
  .slidingWindowType(SlidingWindowType.TIME_BASED)
    .slidingWindowSize(5)
    .ignoreException(e -> e instanceof
        UnsuccessfulCallException &&
    ((UnsuccessfulCallException)e).getCode() == 499 )
  .recordExceptions(IOException.class,
                UnsuccessfulCallException.class)
  .build();

CheckedFunction0<String> cbFunction =
  CircuitBreaker.decorateCheckedSupplier(
    CircuitBreakerRegistry.of(config).circuitBreaker("name"),
    () -> {
    OkHttpClient client = new OkHttpClient();
    StringBuilder sb = new StringBuilder()
      .append("number=").append(card.getAccountNumber())
      .append("&cvc=").append(card.getCcv())
      .append("&exp_month=").append(card.getExpMonth())
      .append("&exp_year=").append(card.getExpYear());

    MediaType mediaType =
            MediaType.parse("application/x-www-form-urlencoded");
    RequestBody body =
            RequestBody.create(sb.toString(), mediaType);
```

转换到打开状态之前的慢速调用次数

转换到打开状态之前的故障次数

在转换到半打开状态之前保持打开状态的时长

任何超过 10 秒的调用都被视为慢速调用，并被计数

在半打开状态下可以进行的调用次数

采用故障计数器之前的最小调用次数

使用基于时间的故障计数窗口

在重新启动故障计数之前使用 5 分钟时间窗口

不计入故障计数的异常列表

计入故障计数的异常列表

自定义断路器配置项

提供 lambda 表达式。如果断路器允许，则执行该表达式

```
      Request request = new Request.Builder()
        .url("https://noodlio-pay.p.rapidapi.com/tokens/create")
        .post(body)
        .addHeader("x-rapidapi-key", "SIGN-UP-FOR-KEY")
        .addHeader("x-rapidapi-host", "noodlio-pay.p.rapidapi.com")
        .addHeader("content-type",
                    "application/x-www-form-urlencoded")
        .build();
      try (Response response = client.newCall(request).execute()) {
        if (!response.isSuccessful()) {
          throw new UnsuccessfulCallException(response.code());
        }
        return getToken(response.body().string());
      }
    }
  );

  Try<String> result = Try.of(cbFunction);
  return authorize(card, result.getOrNull());
}

private String getToken(String json) {
  ...
}

private AuthorizedPayment authorize(CreditCard card, String token) {
  ...
}
}
```

执行装饰函数，直到收到结果或达到重试限制为止

返回授权付款信息。如果没有收到响应，则返回 `null`

传递给 `CircuitBreaker.decorateCheckedSupplier` 方法的第一个参数是一个 `Circuit-Breaker` 对象，该对象基于代码之前定义的配置，指定了故障计数阈值、保持打开状态的时长，以及哪些异常指示方法调用失败，哪些异常则没有。有关这些参数和其他参数的详细信息，请参考 resilience4j 文档。

如果断路器闭合，将调用的实际逻辑在作为第二个参数传入的 lambda 表达式中定义。如你所见，函数定义内的逻辑向名为 Noodlio Pay 的第三方信用卡授权服务发送 HTTP 请求，该服务返回一个授权令牌，稍后可用于从提供的信用卡中收款。结果对象是一个装饰函数，它随后被传入 `Try.of` 方法中。该方法会自动处理所有断路器逻辑。如果调用成功，那么授权令牌将从 Noodlio Pay 响应对象中提取并在 `AuthorizedPayment` 对象中返回。

问题和考虑

虽然断路器模式在与外部系统交互时非常有用，比如在与 Web 服务或数据库交互时，但在实现它时，请务必考虑以下因素。

❑ 考虑根据异常本身的严重程度调整断路器策略，因为请求可能因多种原因而失败，其中一些错误可能是短暂的，而另一些错误则不是短暂的。在出现非短暂错误的情况下，立即打开断路器可能比等待错误发生特定次数更合理。

9

- 避免在使用多个独立提供者的 Pulsar 函数中使用单个断路器。比如，GottaEat 支付服务基于不同的支付方式分别使用 4 个远程服务。如果调用仅通过一个断路器进行，那么一个有故障的服务可能会触发断路器，并阻止对其他 3 个可能成功的服务的调用。
- 断路器应记录所有失败的请求，以便尽快识别和纠正底层连接问题。除了常规日志文件外，还可以用 Pulsar 指标向 Pulsar 管理员传达重试次数。
- 断路器模式可以与重试模式结合使用。

9.2.3　速率限制器模式

断路器模式的设计思路是在一段时间内检测到预设数量的故障后才禁止服务调用，而速率限制器模式则是在给定时间内的调用次数达到预设数量后禁止服务调用，无论其成功与否。顾名思义，速率限制器模式用于限制远程服务的调用频率，并且适用于希望限制一定时间内的调用次数的情况。一个例子是，调用一个限制每分钟只能使用 60 次免费 API 密钥的 Web 服务，比如 Google API。

使用此模式时，所有传入的消息都会导致对远程服务的调用，直到达到预配置的次数。速率限制器会跟踪已经对服务进行了多少次调用，一旦达到限制，就会在预设时间窗口的剩余时间内禁止任何额外的调用，如图 9-10 所示。为了在 Pulsar 函数中使用速率限制器模式，需要将远程服务调用包装在一个装饰器中，如代码清单 9-5 所示。

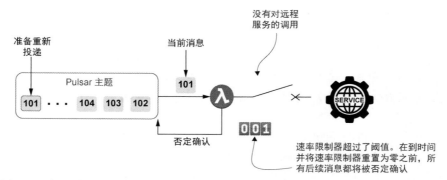

图 9-10　如果将速率限制器配置为每分钟允许 100 个调用，则前 100 条消息将被允许调用服务。第 101 条消息和所有后续消息将不被允许调用服务，并且会被否定确认。1 分钟过去后，可以处理另外 100 条消息

代码清单 9-5　在 Pulsar 函数中使用速率限制器模式

```
import io.github.resilience4j.decorators.Decorators;
import io.github.resilience4j.ratelimiter.*;

...
public class GoogleGeoEncodingService implements Function<Address, Void> {

  public Void process(Address addr, Context ctx) throws Exception {
```

```
if (!initalized) {
    init(ctx);
}
```
初始化速率
限制器

装饰对 Google Maps
API 的 REST 调用
```
CheckedFunction0<String> decoratedFunction =
        Decorators.ofCheckedSupplier(getFunction(addr))
    .withRateLimiter(rateLimiter)
    .decorate();
```
分配速率限制器

解析 REST
调用的响应
```
LatLon geo = getLocation(
    Try.of(decoratedFunction)          调用装饰函数
        .onFailure(
            (Throwable t) -> ctx.getLogger().error(t.getMessage())
    ).getOrNull());

if (geo != null) {
    addr.setGeo(geo);
    ctx.newOutputMessage(ctx.getOutputTopic(),
                        AvroSchema.of(Address.class))
        .properties(ctx.getCurrentRecord().getProperties())
    .value(addr)
    .send();
} else {
    // 我们进行了一次有效的调用，但没有得到有效的地理位置反馈
}
return null;
}

private void init(Context ctx) {
config = RateLimiterConfig.custom()
        .limitRefreshPeriod(Duration.ofMinutes(1))
        .limitForPeriod(60)
        .timeoutDuration(Duration.ofSeconds(1))
        .build();
```
速率间隔为
1 分钟

将每个速率间
隔的调用限制
设置为 60 次

在后续调用之间
等待 1 秒
```
rateLimiterRegistry = RateLimiterRegistry.of(config);
rateLimiter = rateLimiterRegistry.rateLimiter("name");
initalized = true;
}
```
返回包含 REST API
调用逻辑的函数
```
    private CheckedFunction0<String> getFunction(Address addr) {
        CheckedFunction0<String> fn = () -> {
            OkHttpClient client = new OkHttpClient();
            StringBuilder sb = new StringBuilder()
        .append("https://maps.googleapis.com/maps/api/geocode")
        .append("/json?address=")
        .append(URLEncoder.encode(addr.getStreet().toString(),
        StandardCharsets.UTF_8.toString())).append(",")
        .append(URLEncoder.encode(addr.getCity().toString(),
            StandardCharsets.UTF_8.toString())).append(",")
        .append(URLEncoder.encode(addr.getState().toString(),
            StandardCharsets.UTF_8.toString()))
        .append("&key=").append("SIGN-UP-FOR-KEY");
```

9

```
    Request request = new Request.Builder()
     .url(sb.toString())
     .build();

   try (Response response = client.newCall(request).execute()) {
     if (response.isSuccessful()) {
     return response.body().string();
     } else {
     String reason = getErrorStatus(response.body().string());
      if (NON_TRANSIENT_ERRORS.stream().anyMatch(
          s -> reason.contains(s))) {
        throw new NonTransientException();
      } else if (TRANSIENT_ERRORS.stream().anyMatch(
          s -> reason.contains(s))) {
      }
        throw new TransientException();
     return null;
     }
   }

  };
  return fn;
 }

 private LatLon getLocation(String json) {
 ...
 }
}
```

如果得到有效的响应，则返回包含经纬度的 JSON 字符串

根据错误消息确定错误类型

解析 Google Maps REST API 调用的 JSON 响应

该函数调用 Google Maps API，并限制每分钟尝试次数为 60 次，以符合 Google 免费账户使用条款。如果调用次数超过此限制，则 Google 会暂时阻止我们的账户对 API 的访问，这是一种预防措施。我们已经采取积极措施来防止出现这种情况。

问题和考虑

虽然速率限制器模式在与外部系统交互时非常有用，比如在与 Web 服务或数据库交互时，但在实现它时，请务必考虑以下因素。

- ❑ 这种模式几乎肯定会降低函数的吞吐量，因此请务必在整个数据流中考虑到这一点，以确保上游函数不会使速率限制函数不堪重负。
- ❑ 应该使用这种模式来保护远程服务免受过多的调用或限制调用次数，以避免超过配额，否则将导致你的应用程序被第三方供应商锁定。

9.2.4 时间限制器模式

时间限制器模式用于限制在终止与客户端的连接之前调用远程服务所花费的时间。这有效地绕过了远程服务的超时机制，让我们能够确定何时放弃远程调用并终止与客户端的连接。

当你对整个数据管道有严格的服务等级协定，并且为与远程服务进行交互分配了一小段时间

时，此行为非常有用。这使得 Pulsar 函数可以在 Web 服务没有响应的情况下继续执行处理任务，而无须等待 30 秒或更长时间的连接超时。这样做可以提高函数的吞吐量，因为它不再需要浪费 30 秒等待来自故障服务的响应。

考虑这样一种情况：首先调用内部缓存服务（例如 Apache Ignite）来查看在调用外部服务以获取值之前是否拥有所需的数据。这样做的目的是通过消除对远程服务的冗长调用来加快函数内部的处理速度。然而，你可能面临缓存服务本身无响应的风险，这将导致在调用缓存服务时出现长时间的暂停，而这将完全违背缓存的目的。因此，你决定为缓存调用分配 500 毫秒的时间预算，以限制无响应缓存对函数的影响。

为了在 Pulsar 函数中使用时间限制器模式，需要将远程服务调用包装在 CompletableFuture 中，并通过 TimeLimiter 的 executeFutureSupplier 方法执行它，如代码清单 9-6 所示。此查找函数假设缓存是在调用 Google Maps API 的函数内部填充的。这使我们可以稍微重新组织地理编码过程，使查找发生在调用 GeoEncodingService 之前，如图 9-11 所示。

代码清单 9-6　在 Pulsar 函数中使用时间限制器模式

```java
import io.github.resilience4j.timelimiter.TimeLimiter;
import io.github.resilience4j.timelimiter.TimeLimiterConfig;
import io.github.resilience4j.timelimiter.TimeLimiterRegistry;

public class LookupService implements Function<Address, Address> {
private TimeLimiter timeLimiter;
private IgniteCache<Address, Address> cache;
private String bypassTopic;
private boolean initalized = false;

    public Address process(Address addr, Context ctx) throws Exception {
        if (!initalized) {
            init(ctx);                          // 初始化时间限制器
        }                                       // 和 Ignite 缓存
                                                // 通过时间限制器调
                                                // 用缓存查找并限制
                                                // 调用的持续时间
        // 异步执行的缓存查找
        Address geoEncodedAddr = timeLimiter.executeFutureSupplier(
          () -> CompletableFuture.supplyAsync(() ->
          { return cache.get(addr); }));
                                                // 如果有缓存命中，则将值发布
                                                // 到不同的输出主题中
        if (geoEncodedAddr != null) {
            ctx.newOutputMessage(bypassTopic, AvroSchema.of(Address.class))
            .properties(ctx.getCurrentRecord().getProperties())
            .value(geoEncodedAddr)
            .send();
        }

        return null;
    }
    // 旁路主题是
    // 可配置的
    private void init(Context ctx) {
        bypassTopic = ctx.getUserConfigValue("bypassTopicName")
            .get().toString();
        TimeLimiterConfig config = TimeLimiterConfig.custom()
```

```
          .cancelRunningFuture(true)                          ← 取消超过时间
将时间限制    .timeoutDuration(Duration.ofMillis(500))           限制的调用
设置为 500    .build();
毫秒
        TimeLimiterRegistry registry = TimeLimiterRegistry.of(config);
        timeLimiter = registry.timeLimiter("my-time-limiter"); ←─ 根据配置创建
                                                                   时间限制器
        IgniteConfiguration cfg = new IgniteConfiguration();
配置 Apache    cfg.setClientMode(true);
Ignite 客户端  cfg.setPeerClassLoadingEnabled(true);

        TcpDiscoveryMulticastIpFinder ipFinder =
         new TcpDiscoveryMulticastIpFinder();

         ipFinder.setAddresses(Collections.singletonList(
         ➥  "127.0.0.1:47500..47509"));

连接到 Apache   cfg.setDiscoverySpi(new TcpDiscoverySpi().setIpFinder(ipFinder));
Ignite 服务    Ignite ignite = Ignition.start(cfg);
        cache = ignite.getOrCreateCache("geo-encoded-addresses");  ←─
        }                                              检索存储地理编码
    }                                                  地址的本地缓存
```

再次强调，这种设计旨在加快地理编码过程，因此我们需要限制在放弃调用之前等待 Apache Ignite 响应的时间。如果缓存查找成功，那么 LookupService 将直接向与 GeoEncodingService 相同的地理编码输出主题发布消息。下游消费者不关心是谁发布了消息，只要消息内容正确即可。

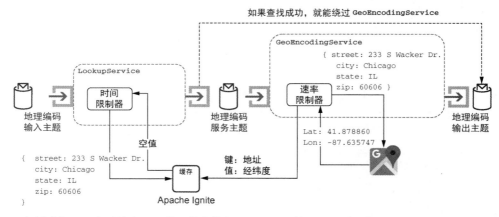

图 9-11　如果我们已经有了给定地址的经纬度信息，那么可以使用查找服务来防止对 GeoEncodingService 进行不必要的调用。缓存中填充了来自 Google Maps API 调用的结果

问题和考虑

虽然时间限制器模式在与外部系统交互时非常有用，比如在与 Web 服务或数据库交互时，但在实现它时，请务必考虑以下因素。

❑ 根据应用程序的服务等级协定要求调整时间限制。过于激进的时间限制会导致成功的调用过早被放弃，从而导致远程服务执行不必要的工作，Pulsar 函数也可能丢失数据。

❑ 不能在幂等操作上使用此模式，否则可能产生意外的副作用。最好只在查找调用和其他不改变状态的函数或服务上使用此模式。

9.2.5 缓存模式

如果你不想编写单独的函数来执行查找操作，那么可以使用 resilience4j 库提供的一种用缓存装饰函数调用的方法。代码清单 9-7 展示了如何使用缓存抽象装饰 Java lambda 表达式。缓存抽象将函数的每次调用结果存储在一个缓存实例中，并在调用 lambda 表达式之前尝试从缓存中检索先前缓存的结果。

代码清单 9-7 在 Pulsar 函数中使用缓存模式

```java
import javax.cache.CacheManager;
import javax.cache.Caching;
import javax.cache.configuration.MutableConfiguration;
import io.github.resilience4j.cache.Cache;
import io.github.resilience4j.decorators.Decorators;
...
public class GeoEncodingServiceWithCache implements Function<Address, Void> {

  public Void process(Address addr, Context ctx) throws Exception {

    if (!initalized) {
       init(ctx);          ← 初始化缓存
    }

    CheckedFunction1<String, String> cachedFunction = Decorators    ← 装饰对 Google Maps API 的 REST 调用
      .ofCheckedSupplier(getFunction(addr))
      .withCache(cacheContext)      ← 分配缓存
      .decorate();

    LatLon geo = getLocation(                                     ← 在调用函数之前检查缓存
    Try.of(() -> cachedFunction.apply(addr.toString())).get());

    if (geo != null) {              ← 如果有经纬度信息，则发送
      addr.setGeo(geo);
      ctx.newOutputMessage(ctx.getOutputTopic(),AvroSchema.of(Address.class))
        .properties(ctx.getCurrentRecord().getProperties())
        .value(addr)
        .send();
    }
    return null;
  }

  private void init(Context ctx) {
    CacheManager cacheManager =                                  ← 使用已配置的缓存实现
      Caching.getCachingProvider().getCacheManager();
```

解析来自缓存或 REST 调用的响应

9

```
cacheContext = Cache.of(cacheManager.createCache(    ◁──── 创建地址缓存
  "addressCache", new MutableConfiguration<>()));
initalized = true;
}
                                                         返回包含 REST API
                                                         调用逻辑的函数
private CheckedFunction0<String> getFunction(Address addr) {
    // 和以前一样
}                                                        如果得到有效的响应,
                                                         则返回包含经纬度信息
                                                         的 JSON 字符串
private LatLon getLocation(String json) {    ◁──
    // 和以前一样
}
}
```

应该配置函数以使用分布式缓存实现,例如 Ehcache、Caffeine 或 Apache Ignite。如果从分布式缓存中检索失败,那么异常将被忽略,并调用 lambda 表达式来检索值。请参阅首选供应商的文档,以详细了解如何配置和使用特定于供应商的 JCache 功能规范。

与单独的查找服务方法相比,这种方法的不足在于,无法限制你愿意等待缓存调用完成的时间。因此,如果分布式缓存服务不可用,那么每个调用可能需要等待 30 秒的网络超时。

问题和考虑

虽然缓存模式在与外部系统交互时非常有用,比如在与 Web 服务或数据库交互时,但在实现它时,请务必考虑以下因素。

- ❑ 这种模式仅适用于相对静态的数据集,例如地理编码地址。不要尝试缓存可能经常更改的数据,否则应用程序所用的数据可能不正确。
- ❑ 限制缓存的大小,以避免在 Pulsar 函数中引起内存溢出的情况。如果需要更大的缓存,那么应考虑使用分布式缓存,如 Apache Ignite。
- ❑ 通过对数据实施老化策略,防止缓存中的数据过时。一旦数据达到一定"年龄",就会被自动清除。

9.2.6   回退模式

回退模式用于在主要资源不可用时为函数提供替代资源。考虑这样一种情况:通过负载均衡器端点调用内部数据库,但负载均衡器发生故障。与其容忍单个硬件故障导致整个应用程序中断,不如完全绕过负载均衡器,直接连接数据库。代码清单 9-8 展示了如何实现这样一个函数。

代码清单 9-8   在 Pulsar 函数中使用回退模式

主连接经过负载均衡器

```
import io.github.resilience4j.decorators.Decorators;
import io.vavr.CheckedFunction0;
import io.vavr.control.Try;

public class DatabaseLookup implements Function<String, FoodOrder> {
    private String primary = "jdbc:mysql://load-balancer:3306/food";
```

```java
private String backup = "jdbc:mysql://backup:3306/food";
private String sql = "select * from food_orders where id=?";
private String user = "";
private String pass = "";
private boolean initalized = false;

public FoodOrder process(String id, Context ctx) throws Exception {
  if (!initalized) {
    init(ctx);
  }

  CheckedFunction0<ResultSet> decoratedFunction =
    Decorators.ofCheckedSupplier( () -> {
      try (Connection con =
           DriverManager.getConnection(primary, user, pass)) {
        PreparedStatement stmt = con.prepareStatement(sql);
        stmt.setLong(1, Long.parseLong(id));
        return stmt.executeQuery();
      }
    })
    .withFallback(SQLException.class, ex -> {
      try (Connection con =
           DriverManager.getConnection(backup, user, pass)) {
        PreparedStatement stmt = con.prepareStatement(sql);
        stmt.setLong(1, Long.parseLong(id));
        return stmt.executeQuery();
      }
    })
    .decorate();

  ResultSet rs = Try.of(decoratedFunction).get();
  return ORMapping(rs);
}
private void init(Context ctx) {
  Driver myDriver;
  try {
    myDriver = (Driver) Class.forName("com.mysql.jdbc.Driver")
    .newInstance();
    DriverManager.registerDriver(myDriver);
    // 从用户属性设置局部变量
    ...
    initalized = true;
  } catch (Throwable t) {
    t.printStackTrace();
  }

}

private FoodOrder ORMapping(ResultSet rs) {
  // 执行关系到对象的映射
}
}
```

备用连接直接连接到数据库服务器

在 init 方法中从用户属性设置数据库凭证

第一次调用是通过负载均衡器进行的

如果抛出 SQLException，则通过备用 URL 重试查询

获取成功的结果集

执行 ORM 以返回 FoodOrder 对象

加载数据库驱动程序类并注册它

这种模式可能发挥作用的另一种情况是，我们有多个第三方信用卡授权服务可供选择，并且我们希望因为某种原因无法连接主服务时尝试连接另一个服务。请注意，withFallback 方法的第一个参数是触发备用代码的异常类型，因此只有在错误指示主服务不可用时才联系第二个信用卡授权服务，而不是在信用卡被拒绝时联系。

问题和考虑

虽然回退模式在与外部系统交互时非常有用，比如在与 Web 服务或数据库交互时，但在实现它时，请务必考虑以下因素。

这种模式只在以下情况下有用：要么有一条可从 Pulsar 函数访问服务的替代路径，要么有提供相同功能的服务副本。

9.2.7　凭证刷新模式

凭证刷新模式用于自动检测会话凭证何时过期并需要刷新。考虑以下情况：你正在从 Pulsar 函数内部与需要会话令牌进行身份验证的 AWS 服务进行交互。通常，这些令牌只能在短时间内使用，并且有一个与之关联的过期时间（如 60 分钟）。因此，如果正在与需要此类令牌的服务进行交互，那么你需要一种策略，在当前令牌过期时自动生成新的令牌，以使 Pulsar 函数持续处理消息。代码清单 9-9 展示了如何使用 Java 的 Vavr 函数库自动检测过期的会话令牌并刷新它。

代码清单 9-9　自动刷新凭证

静态凭证用于获取访问令牌

```java
public class PaypalAuthorizationService implements Function<PayPal, String> {
private String clientId;
private String secret;                    // 访问令牌的
private String accessToken;               // 本地副本
private String PAYPAL_URL = "https://api.sandbox.paypal.com";

                                          // 使用当前访问
                                          // 令牌首次尝试
                                          // 授权付款
public String process(PayPal pay, Context ctx) throws Exception {
  return Try.of(getAuthorizationFunction(pay))
    .onFailure(UnauthorizedException.class, refreshToken())
    .recover(UnauthorizedException.class,
       (exc) -> Try.of(getAuthorizationFunction(pay)).get())
  .getOrNull();
}
```

返回最终结果

通过再次调用授权方法，尝试从未经授权的异常中恢复

```java
private CheckedFunction0<String> getAuthorizationFunction(PayPal pay) {
  CheckedFunction0<String> fn = () -> {
    OkHttpClient client = new OkHttpClient();
    MediaType mediaType =
       MediaType.parse("application/json; charset=utf-8");
    RequestBody body =
RequestBody.create(buildRequestBody(pay), mediaType);

    Request request =
       new Request.Builder()
```

如果引发未经授权的异常，则调用 refreshToken 函数

构建 JSON 请求主体

```
            .url("https://api.sandbox.paypal.com/v1/payments/payment")
            .addHeader("Authorization", accessToken)      ◁──┐ 提供用于授权的
            .post(body)                                       │ 当前访问令牌值
            .build();

        try (Response response = client.newCall(request).execute()) {  ◁──┐
          if (response.isSuccessful()) {                                    │ 授权付款
            return response.body().string();                               │
          } else if (response.code() == 500) {
            throw new UnauthorizedException();   ◁──┐ 根据响应码引发
          }                                          │ 未经授权的异常
          return null;
      }};

      return fn;
    }

  private Consumer<UnauthorizedException> refreshToken() {
      Consumer<UnauthorizedException> refresher = (ex) -> {
        OkHttpClient client = new OkHttpClient();
        MediaType mediaType =
          MediaType.parse("application/json; charset=utf-8");
        RequestBody body = RequestBody.create("", mediaType);

        Request request = new Request.Builder().url(PAYPAL_URL +   ◁──┐ 请求新的
          "/v1/oauth2/token"?grant_type=client_credentials")           │ 访问令牌
        .addHeader("Accept-Language", "en_US")
        .addHeader("Authorization",
            Credentials.basic(clientId, secret))   ◁──┐
        .post(body)                                     │ 在请求新访问令牌时
        .build();                                       │ 提供静态凭证

        try (Response response = client.newCall(request).execute()) {
          if (response.isSuccessful()) {
            parseToken(response.body().string());   ◁──┐ 从 JSON 响应中解析
          }                                             │ 新的访问令牌
        } catch (IOException e) {
          e.printStackTrace();
        }};
        return refresher;
    }

  private void parseToken(String json) {
  // 从响应对象解析新的访问令牌
  }

  private String buildRequestBody(PayPal pay) {
  // 构建付款授权请求 JSON
  }
}
```

这个模式的关键在于将对 PayPal 支付授权 REST API 的第一个调用包装在一个 `try` 容器类型中，该类型表示可能会导致异常或成功返回值的一种计算。它还让我们能够将计算链接在一起，

这意味着我们能以可读性更强的方式处理异常。在代码清单 9-9 中，整个尝试–失败–刷新–重试逻辑仅用 5 行代码处理。虽然可以轻松地使用更传统的 `try/catch` 逻辑结构实现相同的逻辑，但要理解起来会更困难。

第一个调用包含在 `try` 结构中，调用 PayPal 付款授权 REST API，如果成功，返回该成功调用的 JSON 响应。更有趣的情况是，当第一个调用失败时，只有在异常类型为 `Unauthorized-Exception` 时才调用 `onFailure` 方法内的函数。这仅在第一个调用返回 500 状态码时发生。

`onFailure` 方法内的函数试图通过解决问题来刷新访问令牌。最后，在访问令牌刷新之后，使用恢复方法对 PayPal 付款授权 REST API 进行再一次调用。因此，如果初始失败是由于会话令牌过期，那么此代码块将尝试自动解决问题，无须手动干预或中断服务，甚至不必在之后重试尝试处理消息。这是至关重要的，因为函数直接与客户端应用程序交互，响应时间很重要。

问题和考虑

虽然凭证刷新模式在与外部系统交互时非常有用，比如在与使用过期令牌的 Web 服务交互时，但在实现它时，请务必考虑以下因素。

- 此模式仅适用于基于令牌的身份验证机制，并且该机制提供了一个对 Pulsar 函数可见的令牌刷新 API。
- 从令牌刷新 API 返回的令牌应存储在安全位置，以防止未经授权访问服务。

9.3　多层弹性

正如你可能已经注意到的，在前面几节中，我一次只使用了一个模式。但是，如果你想在 Pulsar 函数中使用多个模式，该怎么做呢？在有些情况下，让函数使用重试模式、缓存模式和断路器模式会非常有用。

所幸，你可以轻松地使用 resilience4j 库中的任意一个或多个模式来装饰远程服务调用，从而为函数提供多层弹性。代码清单 9-10 展示了对地理编码函数实现这一点有多简单。

代码清单 9-10　在 Pulsar 函数中使用多个弹性模式

```
public class GeoEncodingService implements Function<Address, Void> {
  private boolean initalized = false;
    private Cache<String, String> cacheContext;
    private CircuitBreakerConfig config;
    private CircuitBreakerRegistry registry;
    private CircuitBreaker circuitBreaker;
    private RetryRegistry rertyRegistry;
    private Retry retry;

    public Void process(Address addr, Context ctx) throws Exception {
    if (!initalized) {
      init(ctx);
    }
```

```
        CheckedFunction1<String, String> resilientFunction = Decorators
            .ofCheckedSupplier(getFunction(addr))              ← Google Maps REST API 调用
使用缓  →   .withCache(cacheContext)
存装饰      .withCircuitBreaker(circuitBreaker)               ←    使用断路器装饰
        →  .withRetry(retry)
           .decorate();
使用重
试策略  LatLon geo = getLocation(Try.of(() ->                      调用装饰函数获取
装饰          resilientFunction.apply(addr.toString())).get());  ←  实际的经纬度

        if (geo != null) {
          addr.setGeo(geo);
          ctx.newOutputMessage(ctx.getOutputTopic(),AvroSchema.of(Address.class))
            .properties(ctx.getCurrentRecord().getProperties())
            .value(addr)
            .send();
        } else {
          // 我们进行了有效的调用，但没有得到有效的地理数据
        }

        return null;
      }
                                                      像之前一样初始化
    private void init(Context ctx) {             ←    弹性配置
        // 配置缓存（一次）
        CacheManager cacheManager = Caching.getCachingProvider()
    .getCacheManager();

        cacheContext = Cache.of(cacheManager
          .createCache("addressCache", new MutableConfiguration<>()));

        config = CircuitBreakerConfig.custom()
        ...
        cbRegistry = CircuitBreakerRegistry.of(config);
        circuitBreaker = cbRegistry.circuitBreaker(ctx.getFunctionName());

        RetryConfig retryConfig = RetryConfig.custom()
        ...
        retryRegistry = RetryRegistry.of(retryConfig);
        retry = retryRegistry.retry(ctx.getFunctionName());
        initalized = true;
      }
    }
```

　　在这种特定的配置下，调用函数之前将检查缓存。任何失败的调用都将根据定义的配置进行重试。如果有足够多的调用失败，那么断路器将被触发，以防止后续对远程服务的调用，直到有足够的时间让服务恢复。

　　请记住，这些基于代码的弹性模式也可以与 Pulsar Functions 框架提供的弹性能力一起使用，比如自动重启 Kubernetes pod。通过这些方式，可以最大限度地缩短停机时间，并保持基于 Pulsar Functions 的应用程序平稳运行。

9.4   小结

- ❏ 有几种不利事件可能会影响 Pulsar 函数，消息反压则是一种用于检测故障的良好指标。
- ❏ 你可以使用 resilience4j 库在 Pulsar 函数中实现各种常见的弹性模式，特别是那些与外部系统交互的函数。
- ❏ 你可以在同一个 Pulsar 函数中使用多个模式来增强其对故障的弹性。

## 第 10 章

数据访问

本章内容
❑ 使用 Pulsar Functions 存储和检索数据
❑ 使用 Pulsar 的内部状态机制存储和检索数据
❑ 使用 Pulsar Functions 从外部系统访问数据

到目前为止，我们在 Pulsar Functions 中使用的所有信息都是由传入的消息提供的。虽然这是一种有效的信息交换方式，但对于 Pulsar Functions 来说，并不是最高效或最理想的方式。这种方式最大的缺点是，它创建了对消息源的依赖，以提供 Pulsar 函数所需的信息。这违背了面向对象设计的封装原则，该原则规定函数的内部逻辑不应暴露给外部世界。目前，对一个函数内部逻辑的任何更改都可能需要对提供传入消息的上游函数进行更改。

考虑这样一个用例：你正在编写一个需要客户联系信息的函数，包括他们的手机号码。与其传递包含所有相关信息的消息，只传递客户 ID 是否更容易？函数可以使用该 ID 查询数据库并检索所需的信息。实际上，如果函数所需的信息存储于外部数据源（如数据库）中，那么这是一种常见的访问模式。这种方法强制封装并防止对一个函数的更改直接影响其他函数，因为只需依赖每个函数收集所需的信息，而不是在传入消息中提供信息。

本章将介绍几个需要从外部系统存储和检索数据的用例，并演示如何使用 Pulsar Functions 来实现。在此过程中，我将介绍不同的数据存储系统，并描述选择标准。

10.1 数据源

我们在本书中开发的 GottaEat 应用程序是在一个较大的企业架构的背景下托管的。该架构包括多种技术和数据存储平台，如图 10-1 所示。这些数据存储平台被 GottaEat 组织内的多个应用程序和计算引擎使用，并且作为整个企业的唯一真实数据源。

如你所见，Pulsar Functions 可以从各种数据源访问数据，包括低延迟的内存数据网格和基于磁盘的缓存，以及高延迟的数据湖和 Blob 存储。这些数据存储系统让我们能够访问其他应用程序和计算引擎提供的信息。举例来说，我们正在开发的 GottaEat 应用程序有一个专用的 MySQL 数据库，用于存储客户和外卖骑手的信息，如登录凭证、联系信息和家庭地址。这些信息由图 10-1

中的一些非 Pulsar 微服务收集。这些微服务提供非流式服务，比如用户登录、账户更新等。

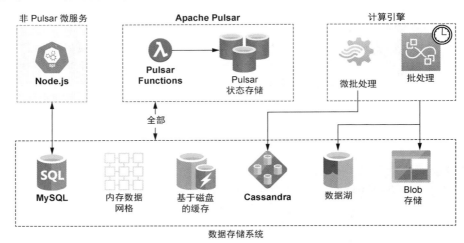

图 10-1   GottaEat 组织的企业架构由各种计算引擎和数据存储系统组成。因此，能够从
Pulsar 函数中访问这些数据存储系统变得非常重要

GottaEat 的企业架构中有分布式计算引擎，用于对存储在数据湖中的超大数据集进行批处理。一个数据集是外卖骑手位置数据集，包含每位登录应用程序的外卖骑手的经纬度坐标。GottaEat 移动应用程序会每 30 秒自动记录一次外卖骑手的位置，并将其转发给 Pulsar，以存储在数据湖中。该数据集被用于机器学习模型的开发和训练。在有足够信息的情况下，这些模型可以准确预测各种关键业务指标，比如预计送达时间或下一小时内最有可能有最多外卖订单的城市区域，以便我们相应地安排外卖骑手。这些计算引擎定期运行，以计算机器学习模型所需的各种数据点，并将其存储在 Cassandra 数据库中，以便 Pulsar 函数访问这些数据，并为机器学习模型提供实时预测。

10.2   数据访问用例

本节将演示如何使用 Pulsar Functions 从各种数据存储系统中访问数据。在开始介绍用例之前，我想先讨论一下如何决定哪种数据存储系统对于特定的用例最合适。从 Pulsar Functions 的角度来看，使用哪种数据存储系统取决于许多因素，包括数据的可用性和分配给特定 Pulsar 函数的最大处理时间。一些函数（例如送达时间估计函数）将直接与客户和外卖骑手进行交互，并需要近实时地响应。对于这些类型的函数，所有数据访问操作都应该限制在低延迟的数据源上，以确保响应时间可预测。

GottaEat 架构中有 4 个数据存储系统可以被归类为低延迟系统，因为它们能够提供亚秒级的数据访问时间。这 4 个数据存储系统分别是由 BookKeeper 支持的 Pulsar 状态存储、由 Ignite 提供的内存数据网格、基于磁盘的缓存，以及由 Cassandra 提供的分布式列存储。内存数据网格保留了所有数据，并且提供了最短的数据访问时间。然而，它的存储容量受到托管 Pulsar 函数的机器上可用 RAM 的限制。它用于在 Pulsar 函数之间传递信息，这些函数没有通过主题直接连接，例如设备验证用例中的双因素身份验证。

10.2.1　设备验证

当首次从应用程序商店下载并在手机上安装 GottaEat 移动应用程序时，用户需要创建一个账户。用户选择用于登录凭证的电子邮件/密码，并提交它们及用于唯一一标识设备的手机号码和设备 ID。如图 10-2 所示，这些信息随后存储在 MySQL 数据库中，以便将来用户登录时用于验证用户身份。

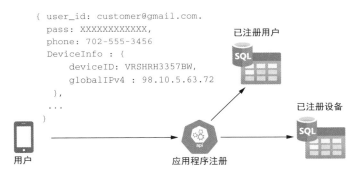

图 10-2　一个非 Pulsar 微服务处理应用程序注册的用例，并将提供的用户凭证和设备信息存储在 MySQL 数据库中

当用户登录 GottaEat 移动应用程序时，我们将使用存储在数据库中的信息来验证提供的凭证和他们用于连接的设备。由于在用户首次注册时记录了设备 ID，因此我们可以将用户登录时提供的设备 ID 与记录中的设备 ID 进行比较。这就像 Web 浏览器中的 cookie 一样，它让我们能够确认用户使用的是可信赖的设备。如图 10-3 所示，在将用户凭证与注册用户表中存储的值进行对比验证后，我们将用户记录放在已登录用户主题中，以便由设备验证函数进一步处理，从而确保用户使用的是可信赖的设备。

这提供了额外的安全级别，并防止身份盗用者使用窃取的用户凭证进行欺诈性下单，因为它还要求提供正确的设备 ID 才能下单。也许你会问：如果用户使用新的或另一台设备，该怎么办？这是完全合理的假设，我们需要处理这种情况，比如用户购买了一部新手机或从不同的设备登录应用程序。在这种情况下，我们将使用基于短信的双因素身份验证。我们会向用户在注册时提供的手机号码发送一个随机生成的 5 位数 PIN 码，并等待他们回复该代码。这是一种用于验证移动用户身份的常用技术。

10

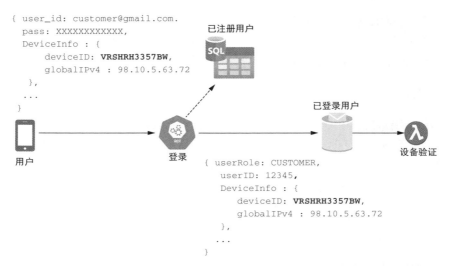

图 10-3   当用户登录到移动应用程序时，会提供设备 ID。我们将设备 ID 和之前与该用
户关联的已知设备 ID 进行交叉验证

如图 10-4 所示，设备验证流程首先尝试从 Pulsar 的内部状态存储中检索用户最近使用的设备 ID。这是一个键-值存储，可以被有状态的 Pulsar 函数用来保留有状态的信息。Pulsar 状态存储使用 BookKeeper 进行存储，以确保写入其中的任何信息都将被持久化到磁盘上并被复制。这确保了数据比读取数据的任何相关 Pulsar 函数实例存活得更久。

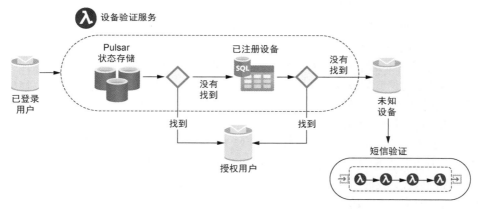

图 10-4   在设备验证服务内部，我们将给定的设备 ID 与用户最近使用的设备 ID 进行
比较，如果相同，就授权用户。否则，我们检查它是否在用户的已知设备列
表中，并在必要时启用双因素身份验证

然而，对存储系统的依赖会牺牲性能，因为数据必须写入磁盘。因此，尽管状态存储提供了与其他数据存储系统（如内存数据网格）相同的键-值语义，但其延迟要高得多。因此，不建议

将状态存储用于经常读写的数据。它更适用于不经常读写的数据，例如设备 ID，每个用户会话只调用一次。

代码清单 10-1 展示了设备验证服务 `DeviceValidationService` 的逻辑流程，它试图从两个数据源中定位设备 ID。基类包含与连接到 MySQL 数据库相关的所有源代码，并且在短信验证成功之后，也被设备注册服务 `DeviceRegistrationService` 用于更新数据库。

代码清单 10-1 `DeviceValidationService` 的逻辑流程

```
public class DeviceValidationService extends DeviceServiceBase implements
    Function<ActiveUser, ActiveUser> {

    ...

    @Override
    public ActiveUser process(ActiveUser u, Context ctx) throws Exception {
      boolean mustRegister = false;

      if (StringUtils.isBlank(u.getDevice().getDeviceId())) {      ←  假设用户根本没有
        mustRegister = true;                                          提供设备 ID
      }

      String prev = getPreviousDeviceId(                          ←  从状态存储中获取此
          u.getUser().getRegisteredUserId(), ctx);                   用户的上一个设备 ID

      if (StringUtils.equals(prev, EMPTY_STRING)) {
        mustRegister = true;
      } else if (StringUtils.equals(prev, u.getDevice().getDeviceId())) {
        return u;                                                 ←  提供的设备 ID 与状态
      } else if (isRegisteredDevice(u.getUser().getRegisteredUserId(),    存储中的值匹配
          u.getDevice().getDeviceId().toString())) {            ←
        ByteBuffer value = ByteBuffer.allocate(                      查看设备 ID 是否在用户
            u.getDevice().getDeviceId().length());                   的已知设备列表中
        value.put(u.getDevice().getDeviceId().toString().getBytes());
        ctx.putState("UserDevice-" + u.getDevice().getDeviceId(), value);  ←
      }
                                                                     这是已知设备，因此使用提供
      if (mustRegister) {                                            的设备 ID 更新状态存储
        ctx.newOutputMessage(registrationTopic, Schema.AVRO(ActiveUser.class))
          .value(u)
          .sendAsync();      ←
        return null;            这是未知设备，因此
      } else {                  发布消息以执行短信
        return u;               验证
      }
    }

    private String getPreviousDeviceId(long registeredUserId, Context ctx) {
      ByteBuffer buf = ctx.getState("UserDevice-" + registeredUserId);   ←
      return (buf == null) ? EMPTY_STRING :
          new String(buf.asReadOnlyBuffer().array());                使用用户 ID 在状态
    }                                                                存储中查找设备 ID
```

没有找到此用户的上一个设备 ID

10

```java
private boolean isRegisteredDevice(long userId, String deviceId) {
  try (Connection con = getDbConnection();
      PreparedStatement ps = con.prepareStatement( "select count(*) "
       + "from RegisteredDevice where user_id = ? "
       + " AND device_id = ?")) {
    ps.setLong(1, userId);
    ps.setNString(2, deviceId);
    ResultSet rs = ps.executeQuery();
    if (rs != null && rs.next()) {
      return (rs.getInt(1) > 0);
    }
  } catch (ClassNotFoundException | SQLException e) {
    // 忽略
  }
  return false;
}
...
}
```

如果提供的设备 ID 与用户关联，则返回 true

如果设备无法与当前用户关联，那么 Pulsar 将向用于提供短信验证流程的未知设备主题发布一条消息。如图 10-5 所示，短信验证流程由一系列必须相互协调以执行双因素身份验证的 Pulsar 函数组成。

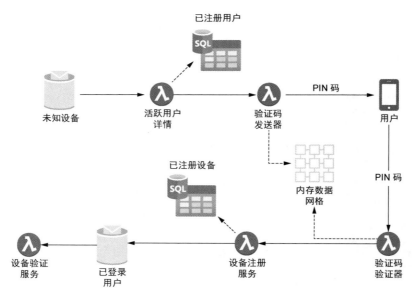

图 10-5　短信验证流程由一组 Pulsar 函数执行，它们向用户注册的手机号码发送一个
5 位数 PIN 码，并验证用户发送回来的代码

短信验证流程中的第一个 Pulsar 函数从未知设备主题中读取消息，并使用已注册用户的 ID 来检索手机号码，以发送短信验证码。这是一种非常直接的数据访问模式，我们使用主键从关系数据库中检索信息并将其转发给另一个函数。尽管这种方法通常被认为是一种反模式，因为它违

背了我之前提到的封装原则，但我决定将其拆分为自己的函数，原因有二。第一个原因是代码本身的可复用性，因为有多个用例需要检索关于特定用户的所有信息，我希望将这个逻辑包含在单独的类中，而不是分散在多个函数中，这样做有利于维护。第二个原因是，我们稍后在设备注册服务中需要使用这些信息，所以我决定将所有信息一起传递，而不是执行两次相同的数据库查询，以降低处理延迟。

如代码清单 10-2 所示，`UserDetailsByActiveUser` 函数将已注册用户 ID 提供给 `User-DetailsLookup` 类。该类执行数据库查询，以检索数据并返回一个 `UserDetails` 对象。

代码清单 10-2 `UserDetailsByActiveUser` 函数

```
public class UserDetailsByActiveUser implements
    Function<ActiveUser, UserDetails> {                    创建执行数据库查询的
                                                           类的实例
    private UserDetailsLookup lookupService = new UserDetailsLookup();  ◄─────

    @Override
    public UserDetails process(ActiveUser input, Context ctx) throws Exception{
        return lookupService.process(
            input.getUser().getRegisteredUserId(),   ◄─── 传入用于查询的
            ctx);   ◄───  传入 Context 对象，以便           主键字段
    }                     查找类访问数据库凭证等
}
```

仅从传入消息中提取主键并将其传递给执行查找操作的类，这种模式可以在任何用例中重复使用。在 GottaEat 移动应用程序中，它被不同的 Pulsar 函数流用于检索给定订单的用户信息，如代码清单 10-3 所示。

代码清单 10-3 `UserDetailsByFoodOrder` 函数

```
public class UserDetailsByFoodOrder implements
    Function<FoodOrder, UserDetails> {                    创建执行数据库查询的
                                                           类的实例
    private UserDetailsLookup lookupService = new UserDetailsLookup();  ◄─────

    @Override
    public UserDetails process(FoodOrder order, Context ctx) throws Exception {
        return lookupService.process(
            order.getMeta().getCustomerId(),   ◄─── 传入用于查询的
            ctx);   ◄───  传入 Context 对象，以便           主键字段
    }                     查找类访问数据库凭证等
}
```

代码清单 10-4 显示了用于提供信息的底层查找类，其中封装了查询数据库表以检索所需信息的逻辑。这种数据访问模式可用于从任何关系数据库表中检索需要从 Pulsar 函数访问的数据。

代码清单 10-4 `UserDetailsLookup` 函数

```
public class UserDetailsLookup implements Function<Long, UserDetails> {

    ...
    private Connection con;
```

```
private PreparedStatement stmt;
private String dbUrl, dbUser, dbPass, dbDriverClass;

@Override
public UserDetails process(Long customerId, Context ctx) throws Exception {

  if (!isInitalized()) {
    dbUrl = (String) ctx.getUserConfigValue(DB_URL_KEY);
    dbDriverClass = (String) ctx.getUserConfigValue(DB_DRIVER_KEY);
    dbUser = (String) ctx.getSecret(DB_USER_KEY);
    dbPass = (String) ctx.getSecret(DB_PASS_KEY);
  }

  return getUserDetails(customerId);
}

private UserDetails getUserDetails(Long customerId) {
  UserDetails details = null;

  try (Connection con = getDbConnection();
       PreparedStatement ps = con.prepareStatement("select ru.user_id,
       + " ru.first_name, ru.last_name, ru.email, "
       + "a.address, a.postal_code, a.phone, a.district,"
       + "c.city, c2.country from GottaEat.RegisteredUser ru "
       + "join GottaEat.Address a on a.address_id = c.address_id "
       + "join GottaEat.City c on a.city_id = c.city_id "
       + "join GottaEat.Country c2 on c.country_id = c2.country_id "
       + "where ru.user_id = ?");) {

    ps.setLong(1, customerId);

    try (ResultSet rs = ps.executeQuery()) {
      if (rs != null && rs.next()) {
        details = UserDetails.newBuilder()
     .setEmail(rs.getString("ru.email"))
     .setFirstName(rs.getString("ru.first_name"))
     .setLastName(rs.getString("ru.last_name"))
     .setPhoneNumber(rs.getString("a.phone"))
     .setUserId(rs.getInt("ru.user_id"))
     .build();
      }
    } catch (Exception ex) {
      // 忽略
    }
  } catch (Exception ex) {
    // 忽略
  }

  return details;
}

  ...

}
```

确保从 Context 对象中获得了所有必需的属性

针对给定用户 ID 执行查找

在准备好的语句的第一个参数中使用用户 ID

将关系数据映射到 UserDetails 对象

　　UserDetailsByActiveUser 函数将 UserDetails 传递给 VerificationCodeSender 函数，后者给用户发送验证码并在内存数据网格中记录相关的事务 ID。VerificationCodeValidator 函数需要此 ID 来验证用户返回的 PIN 码。不过如图 10-5 所示，验证码发送器 Verification-CodeSender 和验证码验证器 VerificationCodeValidator 之间没有 Pulsar 主题，因此我们无法通过消息传递此信息。相反，我们必须依靠外部数据存储来传递这些信息。

　　内存数据网格非常适合这个任务，因为信息的存活时间很短，其保留时间不需要超过代码有效期。如果用户发送的 PIN 码有效，那么下一个函数将把新认证的设备添加到已注册设备表中，以供将来参考。最后，用户信息将被发送回已登录用户主题，以便在状态存储中更新设备 ID。

　　由于 VerificationCodeSender 和 VerificationCodeValidator 使用内存数据网格相互通信，因此我决定让它们共享一个公共基类。该基类提供到共享缓存的连接，如代码清单 10-5 所示。

代码清单 10-5 VerificationCodeBase

```
public class VerificationCodeBase {
                                              用于执行短信验证的
                                              第三方服务的主机名
  protected static final String API_HOST = "sms-verify-api.com";

  protected IgniteClient client;              Ignite 瘦客户端
  protected ClientCache<Long, String> cache;
  protected String apiKey;                    用于存储数据的
  protected String datagridUrl;               Ignite 缓存
  protected String cacheName;
                                              两个服务都将访问
  protected boolean isInitalized() {          的缓存的名称
    return StringUtils.isNotBlank(apiKey);
  }

  protected ClientCache<Long, String> getCache() {
    if (cache == null) {
     cache = getClient().getOrCreateCache(cacheName);
    }
    return cache;
  }

  protected IgniteClient getClient() {
    if (client == null) {
     ClientConfiguration cfg =
     new ClientConfiguration().setAddresses(datagridUrl);
     client = Ignition.startClient(cfg);
    }                                         将瘦客户端连接到
    return client;                            内存数据网格
  }
}
```

　　VerificationCodeSender 使用 UserDetailsByActiveUser 函数提供的 UserDetails 对象中的手机号码来调用第三方短信验证服务，如代码清单 10-6 所示。

代码清单 10-6 `VerificationCodeSender` 函数

用于发送短信验证码的
第三方服务的 URL

```
public class VerificationCodeSender extends VerificationCodeBase
  implements Function<ActiveUser, Void> {

private static final String BASE_URL = "https://" + RAPID_API_HOST +
  "/send-verification-code";
  private static final String REQUEST_ID_HEADER = "x-amzn-requestid";

  @Override
  public Void process(ActiveUser input, Context ctx) throws Exception {
    if (!isInitalized()) {
      apiKey = (String) ctx.getUserConfigValue(API_KEY);
      datagridUrl = ctx.getUserConfigValue(DATAGRID_KEY).toString();
      cacheName = ctx.getUserConfigValue(CACHENAME_KEY).toString();
    }

    OkHttpClient client = new OkHttpClient();
    Request request = new Request.Builder()
      .url(BASE_URL + "?phoneNumber=" + toE164FormattedNumber(
          input.getDetails().getPhoneNumber().toString())
        + "&brand=GottaEat")
      .post(EMPTY_BODY)
      .addHeader("x-rapidapi-key", apiKey)
      .addHeader("x-rapidapi-host", RAPID_API_HOST)
      .build();

    Response response = client.newCall(request).execute();
    if (response.isSuccessful()) {
      String msg = response.message();
      String requestID = response.header(REQUEST_ID_HEADER);
      if (StringUtils.isNotBlank(requestID)) {
        getCache().put(input.getUser().getRegisteredUserId(), requestID);
      }
    }
    return null;
  }
}
```

确保从 **Context** 对象中
获得了所有必需的属性

为第三方服务
构建 HTTP 请
求对象

将请求对象发送
给第三方服务

从响应对象中
检索请求 ID

请求是否
成功

如果我们有请求 ID, 就将
其存储在内存数据网格中

如果 HTTP 调用成功, 第三方服务就会在其响应消息中提供唯一的请求 ID, 可由 Verifi-cationCodeValidator 用于验证用户的响应。我们使用用户 ID 作为键, 将此请求 ID 存储在内存数据网格中。稍后, 当用户用 PIN 值回复时, 我们可以使用此值来验证用户身份, 如代码清单 10-7 所示。

代码清单 10-7 `VerificationCodeValidator` 函数

接受短信验证响应对象

```
public class VerificationCodeValidator extends VerificationCodeBase
  implements Function<SMSVerificationResponse, Void> {
```

```java
public static final String VALIDATED_TOPIC_KEY = "";
private static final String BASE_URL = "https://" + RAPID_API_HOST
    + "/check-verification-code";
private String valDeviceTopic;

@Override
public Void process(SMSVerificationResponse input, Context ctx)
  throws Exception {

  if (!isInitalized()) {
   apiKey = (String) ctx.getUserConfigValue(API_KEY).orElse(null);
   valDeviceTopic = ctx.getUserConfigValue(VALIDATED_TOPIC_KEY).toString();
  }

  String requestID = getCache().get(input.getRegisteredUserId());

  if (requestID == null) {
    return null;
  }
  OkHttpClient client = new OkHttpClient();
  Request request = new Request.Builder()
      .url(BASE_URL + "?request_id=" + requestID + "&code="
          + input.getResponseCode())
      .post(EMPTY_BODY)
      .addHeader("x-rapidapi-key", apiKey)
      .addHeader("x-rapidapi-host", RAPID_API_HOST)
      .build();

    Response response = client.newCall(request).execute();
    if (response.isSuccessful()) {
      ctx.newOutputMessage(valDeviceTopic,
              Schema.AVRO(SMSVerificationResponse.class))
        .value(input)
        .sendAsync();
    }
  return null;
  }
}
```

用于执行短信验证的第三方服务的 URL

向该 Pulsar 主题发布经过验证的设备信息

从内存数据网格中获取请求 ID

如果找不到用户的请求 ID，那么我们就完成了操作

构建到第三方服务的 HTTP 请求

如果用户用正确的 PIN 响应，则说明设备已验证

向经过验证的设备主题发布新消息

以上展示了短信验证流程中的两个函数如何交换信息，这些函数之间没有通过中间主题连接。然而，这种方法的最大局限在于，内存数据网格本身可以保留的数据量有限。对于需要在 Pulsar 函数之间共享的较大数据集，使用基于磁盘的缓存是更好的解决方案。

10.2.2　外卖骑手位置数据集

每 30 秒，外卖骑手的移动应用程序就会向 Pulsar 主题发送一条位置消息。外卖骑手位置数据集是 GottaEat 用途最多、最关键的一个数据集。这些数据不仅需要存储在数据湖中，以用于训练机器学习模型，还可用于多个实时用例，比如在外卖骑手前往取餐地点或送餐地点的途中估算

所需时间，提供导航信息，或者允许客户在派餐期间跟踪外卖骑手的位置。

GottaEat 移动应用程序使用手机操作系统提供的位置服务来确定外卖骑手当前位置的经纬度。在被发布到外卖骑手位置主题中之前，该信息将得到增强（加入当前时间戳和外卖骑手 ID）。外卖骑手位置信息将以多种方式被使用，这反过来决定了应如何存储、增强和排列这些数据。如果要查找某一位外卖骑手的最新位置，那么可以直接通过外卖骑手 ID 访问位置数据。

如图 10-6 所示，位置跟踪服务消费消息并使用它们来更新外卖骑手位置缓存。该缓存是一个全局缓存，它将所有位置更新存储为键–值对，其中键是外卖骑手 ID，值是位置数据。我们决定将这些信息存储在一个基于磁盘的缓存中，以便任何需要这些信息的 Pulsar 函数访问。与内存数据网格不同，基于磁盘的缓存会将无法存储在内存中的数据溢出到本地磁盘进行存储，而内存数据网格会默默丢弃这些数据。考虑到一旦公司开始运营，我们预计会有大量的外卖骑手位置数据，基于磁盘的缓存是存储这些时间关键信息的最佳选择，同时确保不会丢失任何数据。

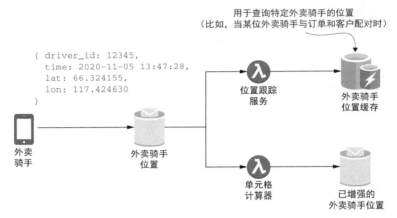

图 10-6　每个外卖骑手定期将其位置信息发送到外卖骑手位置主题中。在经过多个
Pulsar 函数处理后，这些信息将被持久化到数据存储系统中

为简单起见，我们决定继续使用 Ignite 为 GottaEat 提供基于磁盘的缓存。这个决策不仅减少了开发人员需要学习和使用的 API 的数量，还简化了 DevOps 团队的工作，因为他们只需要部署和监控两个运行相同软件的集群，如图 10-7 所示。这两个集群之间唯一的区别是一个名为 persistenceEnabled 的布尔配置项的值，它允许将缓存数据存储到磁盘上，从而存储更多的数据。

图 10-7　在 GottaEat 的企业架构中，有两个 Ignite 集群，其中一个被配置为将缓存数据持久化到磁盘上，另一个则没有

如代码清单 10-8 所示，内存数据网格和基于磁盘的缓存使用相同的 API 访问数据（也就是说，使用单个键来读取和写入值）。区别在于，在检索数据时预期的数据查找时间不同。对于内存数据网格，所有数据都在内存中，因此数据查找时间更短。然而，这样做的代价是无法保证数据在你尝试读取时可用。

代码清单 10-8 LocationTrackingService

```java
public class LocationTrackingService implements
    Function<ActiveUser, ActiveUser> {

  private IgniteClient client;
  private ClientCache<Long, LatLon> cache;

  private String datagridUrl;
  private String locationCacheName;

  @Override
  public ActiveUser process(ActiveUser input, Context ctx) throws Exception {

    if (!initalized()) {
      datagridUrl = ctx.getUserConfigValue(DATAGRID_KEY).toString();
      locationCacheName = ctx.getUserConfigValue(CACHENAME_KEY).toString();
    }

    getCache().put(
      input.getUser().getRegisteredUserId(),    // ← 使用用户 ID 作为键
      input.getLocation());          // ← 将位置添加到基于磁盘的缓存中
```

10

```
    return input;
  }

  private ClientCache<Long, LatLon> getCache() {
    if (cache == null) {
      cache = getClient().getOrCreateCache(locationCacheName);
    }
    return cache;
  }

  private IgniteClient getClient() {
    if (client == null) {
      ClientConfiguration cfg =
        new ClientConfiguration().setAddresses(datagridUrl);
      client = Ignition.startClient(cfg);
    }
    return client;
  }
}
```

创建位置缓存

使用 Ignite 客户端

与内存数据网格不同，基于磁盘的缓存只会在内存中保留最近的数据，并且随着数据量的增长，大部分数据将被存储在磁盘上。鉴于大量数据存储在磁盘上，基于磁盘的缓存的整体数据查找时间将长上几个数量级。因此，最好在数据可用性比数据查找时间更重要时，才使用这种数据存储系统。

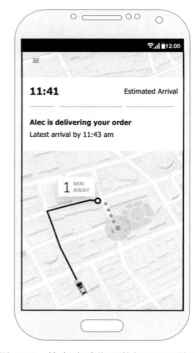

存储在基于磁盘的缓存中的位置信息可用于确定分配给特定订单的外卖骑手的当前位置，然后将其发送给客户手机上的地图软件，以便客户通过可视化方式跟踪订单的状态，如图 10-8 所示。外卖骑手位置数据的另一个用途是确定哪些外卖骑手最适合分配订单。在做这个决定时，一个考虑因素是外卖骑手与客户和/或餐馆的距离。虽然从理论上说是可行的，但每次客户下单时都计算每位外卖骑手与送餐地点之间的距离将耗费太多时间。

图 10-8　外卖骑手位置数据用于更新客户手机上的地图显示，以便客户查看外卖骑手的当前位置及预计的送餐时间

我们需要一种方法来近实时地识别接近送餐地点的外卖骑手。一种方法是将地图分割成较小的逻辑六边形区域，称为单元格，如图 10-9 所示。然后，根据外卖骑手当前所在的单元格将其分组。这样一来，当收到订单后，我们只需要确定送餐地点所在的单元格，然后首先寻找当前在该单元格中的外卖骑手。如果没有找到，我们可以将搜索范围扩大到相邻的单元格。按照这种方式对外卖骑手进行预排序，我们能够进行更高效的搜索。

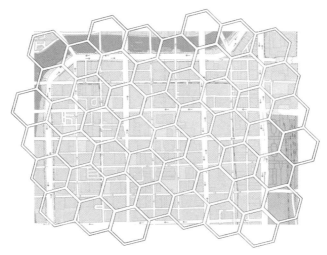

图 10-9　我们使用一个全局的六边形区域网格系统覆盖在二维地图上。经纬度坐标点
对应单元格的中心。然后，根据外卖骑手当前所在的单元格将他们分组

图 10-6 中的另一个 Pulsar 函数是单元格计算器（`GridCellCalculator`），它使用 Uber 开发的 H3 开源项目来确定外卖骑手当前所在的单元格，并在将位置数据发布到 `EnrichedDriver-Location` 主题之前，将相应的单元格 ID 附加到位置数据上。我在本章中省略了该函数的代码，但如果你想了解更多细节，可以在本书的 GitHub repo 中找到它。

如图 10-10 所示，对于基于磁盘的缓存，有一个全局集合（每个单元格 ID 一个缓存），用于保存给定 ID 的单元格内的外卖骑手位置数据。以这种方式对外卖骑手进行预排序，使我们能够将搜索范围缩小到我们感兴趣的几个单元格，并忽略其他所有单元格。除了加快外卖骑手分配速度，按单元格 ID 将外卖骑手分组还使我们能够分析地理信息，以动态地设置价格并在城市级别做出其他决策，比如调整高峰时段的价格和激励外卖骑手进入订单量大的单元格等。

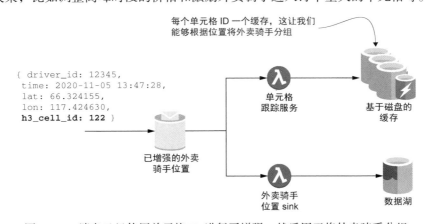

图 10-10　消息已经使用单元格 ID 进行了增强，然后用于将外卖骑手分组

如代码清单 10-9 所示，单元格跟踪服务 `GridCellTrackingService` 使用每条传入消息中的单元格 ID 来确定将位置数据发布到哪个缓存中。基于磁盘的缓存使用以下命名约定：drivers-cell-*XXX*，其中 *XXX* 是单元格 ID。举例来说，当收到一条单元格 ID 为 122 的消息时，我们将其放在名为 drivers-cell-122 的缓存中。

代码清单 10-9　`GridCellTrackingService`

```
import com.gottaeat.domain.driver.DriverGridLocation;
import com.gottaeat.domain.geography.LatLon;

public class GridCellTrackingService
    implements Function<DriverGridLocation, Void> {
  static final String DATAGRID_KEY = "datagridUrl";

  private IgniteClient client;
  private String datagridUrl;

  @Override
  public Void process(DriverGridLocation in, Context ctx) throws Exception {
    if (!initalized()) {
      datagridUrl = ctx.getUserConfigValue(DATAGRID_KEY).toString();
    }
```

获取给定单元格 ID 的缓存

```
    getCache(input.getCellId())
      .put(input.getDriverLocation().getDriverId(),
        input.getDriverLocation().getLocation());
    return null;
  }
```

使用外卖骑手 ID 作为键

将位置添加到基于磁盘的缓存中

```
  private ClientCache<Long, LatLon> getCache(int cellID) {
    return getClient().getOrCreateCache("drivers-cell-" + cellID);
  }
```

返回或创建指定单元格 ID 的缓存

```
  private IgniteClient getClient() {
    if (client == null) {
      ClientConfiguration cfg =
          new ClientConfiguration().setAddresses(datagridUrl);
      client = Ignition.startClient(cfg);
    }
    return client;
  }

  private boolean initalized() {
    return StringUtils.isNotBlank(datagridUrl);
  }
}
```

已增强位置信息的另一个消费者是名为 `DriverLocationSink` 的 Pulsar IO 连接器，它批量处理消息并将其写入数据湖中。在本例中，sink 的最终目的地是 HDFS，这使得组织内的其他团队可以使用各种计算引擎（如 Hive、Storm 或 Spark）对数据进行分析。

由于传入的数据对预估送餐时间的数据模型来说价值更高，因此可以配置 sink，使其将数据写入 HDFS 内的特定目录。这样做可以让我们预先过滤最新的数据并将其分组，以便由使用此数据为 Cassandra 数据库中的送餐时间特征向量预计算数据的进程更快地处理。

10.3　小结

- ❑ Pulsar 的内部状态存储为不经常访问的数据提供了方便的存储位置，而无须依赖外部系统。
- ❑ 可以从 Pulsar 函数内部访问各种外部数据源，包括内存数据网格、基于磁盘的缓存、关系数据库等。
- ❑ 在决定要使用的数据存储系统时，请考虑延迟和数据存储能力。较低延迟的系统通常更适用于流处理系统。

10

## 第 11 章

Pulsar 与机器学习

本章内容
- ❏ 探索如何利用 Pulsar Functions 进行近实时机器学习
- ❏ 开发和维护进行预测的机器学习模型所需的输入集合
- ❏ 在 Pulsar 函数中执行任意支持 PMML 的模型
- ❏ 在 Pulsar 函数中执行非 PMML 模型

机器学习的一大主要目标就是从原始数据中提取重要发现。有了这些重要发现，就能够做出正确的决策，从而帮助客户并提升业务水平。当客户在 GottaEat 移动应用程序中下单时，如果需要提供精确的预计送餐时间，我们就得开发一个机器学习模型，它能根据一系列输入对任意订单的送餐时间进行预测。

通常，重要发现都是通过机器学习模型来获得的。训练好的模型会接受一系列预定义的输入（或者叫作**特征向量**），对送餐时间等进行预测。数据科学团队负责定义特征向量，并开发和训练机器学习模型。由于本书主要介绍 Pulsar 而不是数据科学，因此我们会着重学习如何在 Pulsar Functions 框架中部署机器学习模型，而不是如何训练模型。

11.1　部署机器学习模型

可用于开发机器学习模型的语言和工具包有很多，它们各有优缺点。无论模型是如何被开发和训练的，它们最终都需要被部署到生产环境中，以真正产生价值。总体来说，在生产环境中部署机器学习模型有两种模式：**批处理模式**和**近实时处理模式**。

11.1.1　批处理模式

采用批处理模式意味着机器学习模型会一次性接受一大批数据，并产生大量的预测结果，而不是逐一地处理。批量化的预测结果可以被缓存并复用。

一个例子是电商平台发送的促销邮件。这些邮件包含根据用户的购物历史记录及类似用户的购物记录生成的产品推荐列表。由于推荐列表是根据一个缓慢改变的数据集（用户的购物历史记录）生成的，因此它可以在任何时刻被生成。通常来说，这些邮件可以一天生成一次并且根据用户的当地时间进行推送。由于这类推荐面向的是所有用户，因此这是机器学习模型进行批处理的一个绝佳应用场景。然而，如果推荐需要考虑当前购物车内容等用户的最近行为，那么批处理模式就无法提供很好的支持。此时，我们就需要采用近实时处理模式。

11.1.2　近实时处理模式

近实时处理模式指的是，机器学习模型逐条处理最近接收到的数据并生成预测结果。由于对于预测系统的延迟要求，这类处理通常比批处理复杂得多。

近实时处理的一个实际用例是预测 GottaEat 外卖服务的送餐时间。预测结果不仅依赖于订单中的部分数据（例如送餐地址），还需要在极短的时间（例如几百毫秒）内生成。当选择处理模式时，需要考虑以下这些因素。

❑ 模型的特征向量所需数据的可用性及存储位置。所需的数据是否已经全部可用，还是说部分数据只能由用户请求提供？

❑ 预测准确度随时间的衰减程度。能否预先进行预测并在之后的一段时间内复用？

❑ 访问特征向量所需数据的延迟。数据是存储在内存中，还是存储在诸如 HDFS、传统数据库这类非实时系统中？

Pulsar 函数可以很好地帮助用户部署机器学习模型，以进行近实时处理。它有诸多优点。首先，Pulsar 函数可以在接收到请求时立刻处理请求中包含的数据，从而降低处理和查询数据的延迟。其次，正如第 10 章所述，Pulsar 函数可以访问众多外部数据源，从而获取特征向量所需但不在请求中的其他数据。最后，也是最重要的一点，Pulsar Functions 框架提供了较强的灵活性。团队可以根据需求选择 Java、Python 或 Go 来开发模型，并且仍然可以在 Pulsar 函数内部使用与函数绑定的第三方库来在运行时执行模型部署。

11.2　近实时模型部署

由于机器学习框架众多且都在快速演进，我在此提供一个通用的解决方案，其中包含在 Pulsar Functions 中部署机器学习模型所需的全部要素。Pulsar Functions 的多语言支持使得用户能够选择有第三方库支持的各种机器学习框架进行模型部署。比如，TensorFlow 的 Java 库能帮助用户使用 TensorFlow 相关工具进行模型的部署和执行。如果模型依赖于 Python 的 pandas 库，那么用户可以非常方便地编写基于 Python 的 Pulsar 函数并包含 pandas 库。无论使用何种语言，在 Pulsar Functions 中部署近实时模型都遵循相似的模式。

如图 11-1 所示，一系列 Pulsar 函数负责从外部数据源发送的原始消息中收集模型特征向量所需的数据。它们相当于数据增强工作流，为源数据补全模型预测所需的额外数据信息。在预测送餐时间的例子中，原始消息可能只包含正在准备订单的餐馆的 ID。由 Pulsar 函数组成的工作流会负责补全模型预测所需的餐馆地理位置信息。

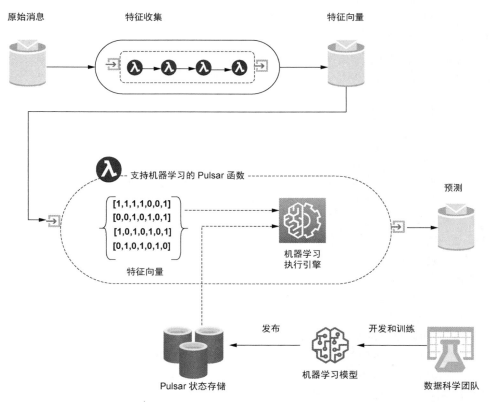

图 11-1 需要进行预测的原始数据经过一系列 Pulsar 函数的处理，从而生成符合机器
学习模型的特征向量。支持机器学习的 Pulsar 函数可以从其他低延迟存储中
获取额外信息，从而进一步增强特征向量，然后将它们和从 Pulsar 状态存储
中获取的模型一起发送给机器学习执行引擎进行处理

一旦数据收集完成，它们就会被发送到能通过第三方库调用相应框架（如 TensorFlow）来执行机器学习模型的 Pulsar 函数中。值得注意的是，机器学习模型本身是通过 Pulsar 函数的 `Context` 对象获取的，这使得我们可以对模型和函数进行解耦，从而获得根据外部条件和因素动态调整模型的能力。

举例来说，对于非高峰时段和午餐时段、晚餐时段等高峰时段，我们需要完全不同的送餐时间预测模型。使用一个外部进程即可根据当前的时间来切换至合适的模型。实际上，数据科学团队可以基于一天中的时间或者一周中的天数来训练同一个模型，使之得到不同的结果。比如，仅用一天中的下午 4 点到 5 点的数据来训练机器学习模型，从而使该模型专门针对此时间段进行预测。

随后，支持机器学习的 Pulsar 函数将对应的机器学习模型及完整的特征向量发送给机器学习执行引擎（如第三方库）。引擎会生成预测结果及相应的置信水平。比如，引擎可能预测送餐需要 7 分钟，且置信水平为 84%。这一结果就可用于为下单的客户预估送餐时间。

尽管 Pulsar 函数会因机器学习框架的不同而不同，但大致的运行流程都是一样的。首先，从 Pulsar 状态存储中获取机器学习模型并加载到内存中。然后，从传入消息中获取预计算的特征并将其映射到特征向量上。计算或调取其他没有预计算的特征之后，使用给定的数据集调用对应语言的机器学习库来执行训练好的模型并返回结果。

11.3　特征向量

在机器学习中，特征指的是代表对象某方面特性的一个数值属性或符号属性。由众多特征组成的一个 n 维向量，或者称为特征向量，被用作预测模型的输入。

特征向量中的每一个特征代表了用于生成预测结果的一部分数据。考虑 GottaEat 外卖服务的预计送餐时间功能。每当有客户在某餐馆下单时，机器学习模型就会预测该订单对应的送餐时间。这个模型的特征包括来自订单请求的信息（例如下单时间或者送餐地址）、历史特征（例如餐馆过去 7 天的平均备餐时间），以及近实时的计算特征（例如餐馆最近 1 小时的平均备餐时间）。如图 11-2 所示，这些特征都被输入机器学习模型中，用以生成预测结果。许多机器学习算法要求用数值表示特征，因为这种表示有益于线性回归等算法的处理和统计分析。因此，特征通常由一系列数值表示，这使其在各种机器学习算法中都非常有用。

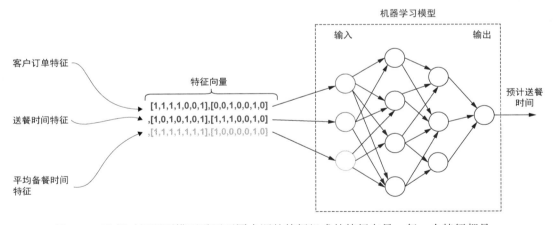

图 11-2　送餐时间预测模型需要不同来源的特征组成的特征向量。每一个特征都是一个由 0 和 1 组成的数组

11.3.1　特征存储

用于近实时处理模式的模型具有严格的延迟限制，因此无法通过访问传统数据存储系统来计算特征。对于传统关系数据库的查询响应时间，通常无法稳定地保持亚秒级。

因此，我们需要建立辅助计算工作流来对模型特征进行预计算并建立索引。如图 11-3 所示，一旦计算完成，结果将被保存在称为**特征存储系统**的低延迟存储系统中。这样一来，我们在进行预测时就能快速地访问这些特征。

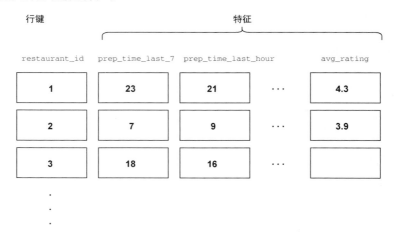

图 11-3　餐馆特征存储系统使用唯一的 `restaurant_id` 字段作为行键，每一行包含
一家餐馆的各种特征，其中某些特征是送餐时间预测模型所独有的

如前所述，特征存储在一个低延迟的列存储系统中。以 Cassandra 为例，它能够在读取数据时高效地提取所有行的某些列而不引入额外的延迟。这使得用户能够将不同的机器学习模型所需的特征存储在同一张表中（比如，平均备餐时间等送餐时间预测模型特征可以和客户平均评分等餐馆推荐模型特征一起存储）。因此，我们不需要为每个模型维护单独的数据表（如 `restaurant_time_delivery_features`）。这不仅简化了特征存储系统的管理工作，也促使不同的机器学习模型共用各种特征。

在大部分组织中，因为主要由数据科学团队使用特征存储系统，所以也主要由他们来设计特征存储系统中的数据表。当组织准备好将模型部署到生产环境中时，用户通常只会收到模型及其所接受的一系列特征。

11.3.2　特征计算

通常，特征与一个实体类型（餐馆、外卖骑手、客户等）相关联。每种特征都代表了实体本身的一种特性。比如，一家餐馆的平均备餐时间是 23 分钟，一位外卖骑手的平均评分是 4.3 星。通过辅助计算工作流就能预计算这些特征（各家餐馆过去 7 天的平均备餐时间、过去 1 小时某城市的平均送餐时间等），并将其存入特征存储系统中。

这些计算工作流需要定时地运行并将结果缓存到特征存储系统中，从而使系统在收到订单请求时能够及时地响应（响应时间在亚秒级）。批处理系统能够高效地处理大量数据，因此非常适合特征的预计算。如图 11-4 所示，Hive 或 Spark 等批处理引擎能够利用标准 SQL 语法对存储在 HDFS 中的大型数据集执行并发查询。这些作业可以异步地计算所有餐馆在特定时间段内的平均备餐时间，并且每小时运行一次以更新数据。

如图 11-4 所示，一个定时作业可以启动多个并发子任务，从而及时完成计算。定时作业可以先查询餐馆的数据表来确定餐馆 ID 的数量，然后向每一个餐馆特征计算子任务提供一部分餐馆 ID。这种分治策略可以加速整个计算过程，从而保证在规定时间内完成特征计算。

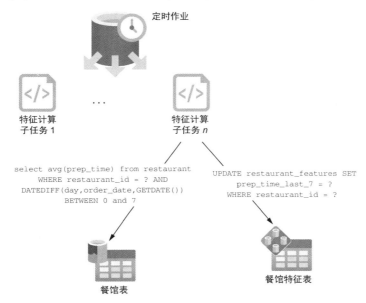

图 11-4　特征计算子任务需要定时根据最近的数据计算并更新特征。Hive 或 Spark 等批处理引擎能帮助用户并发地处理众多任务

此外，需要与相关的团队进行协调来开发、部署和监控这些特征计算子任务。它们对业务来说非常关键，需要持续、稳定地运行。如果特征无法及时得到更新，那么机器学习模型的预测结果就会变差。在机器学习模型中使用过时的数据而导致预测结果的准确度下降，会降低客户的满意度，还会影响业绩。

11.4　预估送餐时间

在了解了背景和理论知识之后，就可以进入部署机器学习模型的环节。本章一直在讨论的送餐时间预测模型就是很好的实例。在向生产环境部署模型之前，数据科学团队需要准备好相应的已训练模型。

11.4.1　导出机器学习模型

与很多数据科学团队一样，GottaEat 的数据科学团队也使用了众多语言和框架来开发各种机器学习模型。最大的挑战是，找到一个通用的执行框架，以支持用各种语言开发的模型。

　　所幸，众多项目正在寻求标准化的机器学习模型格式，从而为训练和部署由不同语言开发的模型提供支持。**预测模型标记语言**（Predictive Model Markup Language，PMML）等项目让数据科学家和工程师可以将由不同语言开发的机器学习模型导出为不针对具体语言的 XML 格式。

　　如图 11-5 所示，PMML 格式可用于表示各种机器学习模型。它可以支持图中任意一种模型。

图 11-5　PMML 支持的编程语言、工具包及模型种类。这些模型都可以导出为 PMML
　　　　　并在 Pulsar 函数中执行

　　GottaEat 团队使用 R 语言开发和训练送餐时间预测模型。然而，由于 Pulsar Functions 并不直接支持 R 语言，因此团队必须先将基于 R 语言的机器学习模型转换成 PMML 格式。如代码清单 11-1 所示，使用 r2pmml 库就能完成这一转换。

代码清单 11-1　将基于 R 语言的机器学习模型转换成 PMML 格式

完成机器学习模型的开发

```
// 模型开发代码                          导入用于转换操作的库

dte <-(distance ~ ., data = df)

library(r2pmml)                          进行从 R 语言到
r2pmml(dte, "delivery-time-estimation.pmml");   PMML 的转换
```

　　r2pmml 库直接将基于 R 语言的模型对象转换成 PMML 格式并保存在本地文件 delivery-time-estimation.pmml 中。PMML 文件格式指定了模型使用的数据字段、进行计算的类型（回归），以及模型的结构。在本例中，模型的结构是一组系数，如代码清单 11-2 所示。我们现在拥有了一个能被部署到生产环境中进行送餐时间预测的模型。

代码清单 11-2　PMML 格式的送餐时间预测模型

```
<?xml version="1.0" encoding="UTF-8" standalone="yes"?>
<PMML version="4.2" xmlns="http://www.dmg.org/PMML-4_2">
    <Header description="deliver time estimation">
        <Application name="R" version="4.0.3"/>
        <Timestamp>2021-01-18T15:37:26</Timestamp>
    </Header>
```

```
    <DataDictionary numberOfFields="4">
      <DataField name="distance" optype="continuous" dataType="double"/>
      <DataField name="prep_last_hour" optype="continuous"
        dataType="double"/>
      <DataField name="prep_last_7" optype="continuous" dataType="double"/>
        ...
    </DataDictionary>
    <RegressionModel functionName="regression">
      <MiningSchema>
        <MiningField name="distance"/>
        ...
      </MiningSchema>
      ...
      <NumericPredicitor name="travelTime" coefficient="7.6683E-4"/>
      <NumericPredicitor name="avgPreptime" coefficient="-2.0459"/>
      <NumericPredicitor name="avgDeliveryTime" coefficient="9.4778E-5"/>
        ...
    </RegressionModel>
  </PMML>
```

一旦训练完成的模型被转换成 PMML 格式，就需要向 Pulsar 状态存储存入一份副本，以方便 Pulsar Functions 在运行时访问。如代码清单 11-3 所示，这可以通过 putstate 命令来完成。它会将模型上传到 Pulsar 状态存储中的指定名字空间中。尤其重要的一点是，部署 Pulsar 函数时用的名字空间和上传模型时用的名字空间必须相同，否则 Pulsar Functions 实例将无法访问上传的 PMML 文件。

代码清单 11-3　将机器学习模型上传到 Pulsar 状态存储中

使用 pulsar-admin 命令行
工具上传 PMML 文件

```
./bin/pulsar-admin functions putstate \
  --name MyMLEnabledFunction \
  --namespace MyNamespace \         需要指定正确的租户名、
  --tenant MyTenant \               名字空间和函数名
  --state "{\"key\":\"ML-Model\",
      \"byteValue\": <contents of delivery-time-estimation.pmml >}"
```

上传生成的 PMML 文件内容

机器学习运维领域非常需要自动将模型变更部署到生产环境的能力，通过遵循持续集成、持续交付、持续部署的敏捷原则来加速和简化机器学习模型的部署。在本例中，我们使用脚本或者持续集成/持续交付工具在模型的版本控制系统中查询最新版本的模型并上传给 Pulsar。此外，也可以调度辅助任务，根据一天中的时间等因素来更换不同版本的模型。

11.4.2　特征向量映射

数据科学团队必须提供模型所需的完整特征向量定义及这些特征的存储位置，以便模型在运行时读取。由于 Protobuf 协议内建了对关联映射的支持，因此将特征向量映射信息存储在

Protobuf 对象中会简化很多问题。它能够帮助我们将数据存储成正确的格式并且将其序列化/反序列化成与 Pulsar 状态存储相兼容的格式（如字节数组）。Protobuf 协议不特定于某一种语言，因此它可以支持 Pulsar Functions 所支持的任意一种语言：Java、Python 和 Go。代码清单 11-4 展示了存储特征向量映射信息的 Protobuf 对象的定义，其中包含三项内容：需要在特征存储中查询的表名、表中存储的一系列特征，以及从特征存储中的特征到特征向量的字段的相关映射。

代码清单 11-4   特征向量映射协议

在特征存储中包含
指定字段的表名

需要从特征存储表中
获取的所有字段名

```
syntax = "proto3";

message FeatureVectorMapping {
  string featureStoreTable = 1;
  repeated string featureStoreFields = 2;
  map<string, string> fieldMapping = 3;
}
```

从字段名到模型中
特征向量的特征名

特征列表用于动态地构建获取特征的 SQL 查询，通过只返回需要的值而非全部内容来尽可能地提高查询效率。同时，特征列表代表了映射中的所有键，我们可以通过遍历特征列表来获取所有映射。

一旦 Protobuf 对象获取了这些信息，就可以使用 `putstate` 命令将其上传到 Pulsar 状态存储中。然而，Pulsar 函数的名称需要与特征提取工作流中为部署的模型进行特征查询的函数名相匹配。在送餐时间预测模型的例子中，特征提取工作流包含一个名为 `RestaurantFeaturesLookup` 的 Pulsar 函数，如代码清单 11-5 所示。它会通过备餐餐馆 ID 来查询特征存储中的餐馆表。

代码清单 11-5 `RestaurantFeaturesLookup` 函数

```
public class RestaurantFeaturesLookup implements
  Function<FoodOrder, RestaurantFeatures> {

    private CqlSession session;
    private InetAddress node;
    private InetSocketAddress address;
    private SimpleStatement queryStatement;

    @Override
    public RestaurantFeatures process(FoodOrder input, Context ctx)
      throws Exception {
      if (!initalized()) {
      hostName = ctx.getUserConfigValue(HOSTNAME_KEY).toString();
      port = (int) ctx.getUserConfigValueOrDefault(PORT_KEY, 9042);
        dbUser = ctx.getSecret(DB_USER_KEY);
        dbPass = ctx.getSecret(DB_PASS_KEY);
        table = ctx.getUserConfigValue(TABLE_NAME_KEY);
        fields = new String(ctx.getState(FIELDS_KEY));
        sql = "select " + fields + " from " + table +
```

从配置信息中获取
特征存储
主机地址

从配置信息中获取
特征存储端口

获取特征
存储密码

获取在特征存储中
要查询的表名

获取所有需要
的特征

```
          " where restaurant_id = ? "
    queryStatement = SimpleStatement.newInstance(sql);
  }
  return getRestaurantFeatures(input.getMeta().getRestaurantId());
}

private RestaurantFeatures getRestaurantFeatures (Long id) {
  ResultSet rs = executeStatement(id);

  Row row = rs.one();
  if (row != null) {
    return CustomerFeatures.newBuilder().setCustomerId(customerId) ...
  .build();
  }
  return null;
}


private ResultSet executeStatement(Long customerId) {
  PreparedStatement pStmt = getSession().prepare(queryStatement);
  return getSession().execute(pStmt.bind(customerId));
}
private CqlSession getSession() {
  if (session == null || session.isClosed()) {
    CqlSessionBuilder builder = CqlSession.builder()
      .addContactPoint(getAddress())
      .withLocalDatacenter("datacenter1")
    .withKeyspace(CqlIdentifier.fromCql("featurestore"));
    session = builder.build();
  }
  return session;
}
}
```

使用表名和字段名构建 SQL 查询

使用特定字段构建查询语句

对给定 ID 执行预先定义的查询语句

对任意 ID 只有一条记录

将字段映射到返回结果

RestaurantFeaturesLookup 函数会连接到特征存储并且只获取数据科学团队上传模型时指定的特征，然后将这些值与返回的结果类型相匹配，并发送消息到下游主题。后续 Pulsar 函数会订阅该主题并预测送餐时间。

11.4.3　部署机器学习模型

要部署近实时处理的机器学习模型，最后一步就是创建 Pulsar 函数。一旦机器学习模型被转换成 PMML 格式，它就可以被 Java 中的许多执行引擎部署到生产环境中。在本例中，我们使用开源库 JPMML 来进行部署。如代码清单 11-6 所示，我们需要将相应的依赖项添加到项目中。

代码清单 11-6　添加 JPMML 依赖项

```
<dependency>
  <groupId>org.jpmml</groupId>
  <artifactId>pmml-evaluator</artifactId>
  <version>1.5.15</version>
</dependency>
```

11

JPMML 库支持导入 PMML 模型并通过它来进行预测。在 JPMML 模型计算类加载 PMML 模型之后，就可以根据收到的外卖订单预测送餐时间。如代码清单 11-7 所示，首先需要从 Pulsar 状态存储中获取 PMML 模型并初始化相应的模型计算类。由于送餐时间预测模型使用线性回归，因此我们需要一个回归模型计算类。

代码清单 11-7　送餐时间预测函数

```java
import org.dmg.pmml.FieldName;
import org.dmg.pmml.regression.RegressionModel;
import org.jpmml.evaluator.ModelEvaluator;
import org.jpmml.evaluator.regression.RegressionModelEvaluator;      ← 对于线性回归模型使用 JPMML
import org.jpmml.model.PMMLUtil;                                        回归模型计算类

import com.gottaeat.domain.geography.LatLon;
import com.gottaeat.domain.order.FoodOrderML;

public class DeliveryTimeEstimator implements
  Function<FoodOrderML, FoodOrderML> {      ← 传入消息包含订单细节及
                                               从特征存储中获取的特征
    private IgniteClient client;
    private ClientCache<Long, LatLon> cache;      ← 模型需要来自内存
    private String datagridUrl;                      数据网格的信息
    private String locationCacheName;

    private byte[] mlModel = null;
    private ModelEvaluator<RegressionModel> evaluator;      ← JPMML 模型
                                                               计算类

    @Override
    public FoodOrderML process(FoodOrderML order, Context ctx)
      throws Exception {

      if (initalized()) {                                  从 Pulsar 状态存储中
        mlModel = ctx.getState(MODEL_KEY).array();      ← 读取模型
        evaluator = new RegressionModelEvaluator(
          PMMLUtil.unmarshal(new ByteArrayInputStream(mlModel)));  ←
      }
                                                                      将模型加载
      HashMap<FieldName, Double> featureVector = new HashMap<>();     到回归模型
                                                                      计算类中
      featureVector.put(FieldName.create("avg_prep_last_hour"),
        order.getRestaurantFeatures().getAvgMealPrepLastHour());

      featureVector.put(FieldName.create("avg_prep_last_7days"),
        order.getRestaurantFeatures().getAvgMealPrepLast7Days());

      ...                                                             在特征向量中填入来
                                                                      自内存数据网格的外
      featureVector.put(FieldName.create("driver_lat"),              卖骑手位置信息
        getCache().get(order.getAssignedDriverId()).getLatitude());

      featureVector.put(FieldName.create("driver_long"),
        getCache().get(order.getAssignedDriverId()).getLongitude());  ←
```

在特征向量中填入所接收消息的内容

```
        Long travel = (Long)evaluator.evaluate(featureVector)          将特征向量传入模型
    .get(FieldName.create("travel_time"));                             并得到预测结果

        order.setEstimatedArrival(System.currentTimeMillis() + travel);
        return order;
    }                                                                  将当前时间加上预测
                                                                       的配送时间，即得出
...                                                                    预计送餐时间

    }
```

一旦模型计算类初始化完成，`DeliveryTimeEstimator` 就会根据收到的消息及其他低延迟存储系统（如内存数据网格）中的数据构建一个特征向量。在本例中，模型需要存储在内存数据网格中的外卖骑手当前位置信息（经纬度）。

11.5 神经网络

尽管 PMML 格式非常灵活且能支持各种语言和机器学习模型，但我们有时仍然需要部署 PMML 无法支持的机器学习模型。神经网络能够执行销售预测、数据验证、自然语言处理等众多任务，但这类模型无法用 PMML 来表示。因此，我们需要用其他方法才能以近实时处理模式部署神经网络。

类似于人类的大脑，神经网络是由众多人造神经元（节点）互联而成的。如图 11-6 所示，目前的很多神经网络是由多层节点构成的。每一个节点都从上一层节点中获取带权重的输入并将计算结果传递给网络中的下一层节点。数据在网络中传递，直到产生最后的结果。

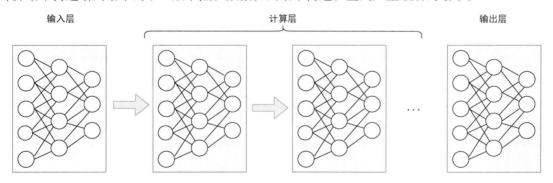

图 11-6　一个神经网络由一个输入层、一个输出层和众多隐藏层（计算层）构成。深度学习指的就是神经网络有多个隐藏层

每一层额外的神经元节点都能提升模型的准确度。事实上，深度学习指的就是神经网络有多个隐藏层。接下来，我会展示如何使用 Keras 这个 Python 神经网络 API 来训练神经网络。

11

11.5.1   训练神经网络

神经网络通过分析大型训练数据集来识别真实数据中的模式。训练神经网络的过程涉及使用训练数据集来确定网络中每个节点的最佳权重。训练数据集通常都是标记好的,其结果是已知的。训练过程会不断调整权重,直至获得理想结果。因此,这些权重对于模型的性能及准确性至关重要。

如代码清单 11-8 所示,第一步是使用训练数据集和 Keras 库来训练神经网络。模型的输入是 10 个二进制特征,它们描述了外卖订单的各个方面,例如客户的平均下单总额,以及送餐地址和餐馆之间的距离。输出是一个用于判断订单是否为欺诈订单的变量。

代码清单 11-8   使用 Keras 库训练神经网络

```
import keras
from keras import models, layers        ◁——┤  使用 Keras 库
# 定义模型结构
model = models.Sequential()             ◁——┤  定义模型结构
model.add(layers.Dense(64, activation='relu', input_shape=(10,)))
...
model.add(layers.Dense(1, activation='sigmoid'))
model.compile(optimizer='rmsprop',loss='binary_crossentropy',
              metrics=[auc])
                                                        编译和拟合模型
history = model.fit(x, y, epochs=100, batch_size=100,
               validation_split = .2, verbose=0)   ◁——

model.save("games.h5")          ◁—— 用 H5 格式来保存模型
```

如图 11-7 所示,神经网络中的每一个节点都接受一个特征向量和一个相关的权重向量作为输入。这些权重帮助我们在预测时给予某些特征更大的重要性,例如送餐地址和餐馆之间的距离。如果一个特征是欺诈交易的指示性指标,就需要给予它更高的权重。训练和拟合模型的过程就是为神经网络中的每一个节点找到最优权重的过程。

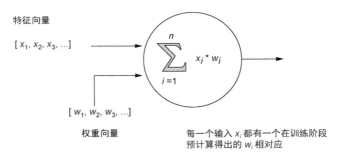

图 11-7   神经网络中的每一个节点都接受一个特征向量和一个预计算好的权重向量作为
输入。这些权重都是在模型训练阶段得出的,对于神经网络的准确性非常重要

一旦模型训练完成（对于每一个节点都计算了最优权重）并准备好部署，我们就可以用 H5 格式（Keras 相关格式）将其保存。这一格式保存了包括架构、权重及训练配置在内的完整模型。如果将 Keras 模型导出成 JSON 格式，就只能保存模型架构，而不能保存权重。因此，当使用基于 Keras 的神经网络时，请使用 H5 格式来保存。

11.5.2　用 Java 部署神经网络

要在 Java 运行时环境中运行 Keras 模型，我们需要用到 Deeplearning4J（DL4J）库。它提供了对 Java 的深度学习支持并且可以加载和使用 Keras 训练的模型。在使用 DL4J 库前需要熟悉一个关键概念，那就是**张量**。由于 Java 并没有原生库支持高效的张量运算，因此我们在 Maven 依赖项中包含了 DL4J 库以解决此问题，如代码清单 11-9 所示。

代码清单 11-9　DL4J 库依赖

```
<dependency>
    <groupId>org.deeplearning4j</groupId>
    <artifactId>deeplearning4j-core</artifactId>
    <version>1.0.0-M1</version>
</dependency>
<dependency>
    <groupId>org.deeplearning4j</groupId>
    <artifactId>deeplearning4j-modelimport</artifactId>
    <version>1.0.0-M1</version>
</dependency>
<dependency>
    <groupId>org.nd4j</groupId>
    <artifactId>nd4j-native-platform</artifactId>
    <version>1.0.0-M1</version>
</dependency>
```

如代码清单 11-10 所示，配置好 DL4J 库之后，我们可以将神经网络包含在 Pulsar 函数中，以进行近实时预测。

代码清单 11-10　在基于 Java 的 Pulsar 函数中部署神经网络

```
import org.deeplearning4j.nn.modelimport.keras.KerasModelImport;
import org.deeplearning4j.nn.multilayer.MultiLayerNetwork;      ◁──┐ 使用 DL4J 库
import org.nd4j.linalg.api.ndarray.INDArray;
import org.nd4j.linalg.factory.Nd4j;

public class FraudDetectionFunction implements        输入是用于欺诈
  Function<FraudFeatures, Double> {                    检测的特征集合
  public static final String MODEL_KEY = "key";
  private MultiLayerNetwork model;          ◁───── 机器学习模型

  public Double process(FraudFeatures input, Context ctx)
    throws Exception {                               从状态存储中获取
    if (model == null) {                             训练好的模型
      InputStream modelHdf5Stream = new ByteArrayInputStream(
        ctx.getState(MODEL_KEY).array());
```

11

使用 HDF5
文件初始化
模型

```
    model = KerasModelImport.importKerasSequentialModelAndWeights(
      modelHdf5Stream);
  }
```

创建一个可含 10 个
特征的空特征向量

向特征
向量中
填入值

```
    INDArray features = Nd4j.zeros(10);
    features.putScalar(0, input.getAverageSpend());
    features.putScalar(1, input.getDistanceFromMainAddress());
    features.putScalar(2, input.getCreditCardScore());
    ...

    return model.output(features).getDouble(0);
  }
}
```

使用给定的特征向量
运行模型,并返回预
测的欺诈概率

模型对象提供了预测方法和输出方法。预测方法返回一个预测类别(是欺诈交易或不是欺诈交易),输出方法则返回一个表示具体概率的数值。在本例中,代码返回了一个数值,以便于后续计算(比如,与预定义的阈值相比较,以判断其是否为欺诈交易)。

11.6 小结

❑ Pulsar Functions 可以在流数据上进行近实时机器学习,从而挖掘数据价值。

❑ 进行近实时预测需要一个预训练完成且接受特征集合的机器学习模型。

❑ 特征是某个具体对象的某方面特性的数字表示,例如一家餐馆的平均备餐时间。

❑ 特征向量中的很多特征无法根据单一的传入消息计算,也不可能被实时地计算出来。因此,通常会有一系列的辅助计算任务在后台对这些特征进行预计算并将结果存储在低延迟的数据存储系统中。

❑ 对于由不同语言开发的机器学习模型来说,预测模型标记语言(PMML)是标准的表示格式。它有助于增强模型的可移植性。

❑ Pulsar Functions 可以借助 Java 开源项目来运行 PMML 模型。

❑ Pulsar Functions 也可以通过其他语言的库来运行非 PMML 模型。

## 第 12 章

边缘分析

本章内容
- 使用 Pulsar 进行边缘计算
- 使用 Pulsar 进行边缘分析
- 使用 Pulsar Functions 进行边缘端异常检测
- 使用 Pulsar Functions 进行边缘端统计分析

大多数人在听到"物联网"（Internet of Things，IoT）这个词时会首先想到智能恒温器、互联网冰箱，以及 Alexa 等智能语音助手。尽管这些面向消费者的设备拥有较高的曝光度，但物联网其实还包括一类工业物联网（Industrial Internet of Things，IIoT）设备。这类设备常见于交通、能源和工业领域，专门使用传感器与设备和载具相连。公司通过嵌入在设备中的传感器来监控、调节和预测各种工业过程和产出。

从这些 IIoT 传感器收集到的数据有众多实际用途，比如能源行业监控千里之外的设备以防止重大事故对环境造成严重污染。传感器数据也可以从动态 IIoT 设备上获取，比如用于运输对温度有严格要求的疫苗的冷链运输卡车。这些传感器一旦监控到任一卡车冷藏库内的温度上升，我们就需要让司机去附近的维护中心进行修理。

我们必须能够尽早地监控到温度的变化，以便于修复冷藏设备。如果一直等到卡车到达目的地之后才发现出了问题，那么所有的疫苗都已经失效了。这一现象被称为**数据的时间价值递减**。在事件发生时的数据价值最高，随着时间的流逝，价值迅速衰减。在疫苗运输的例子中，我们应对温度升高的速度越快，疫苗就越有可能被保存下来。如果我们在数小时之后才发现问题，那么疫苗很可能早已被损坏，即使此时知道了温度信息也没有任何补救办法。如图 12-1 所示，对于灾难性事件的应对时间越长，补救措施能带来的改进就越少。

在事件发生和采取相应措施之间的时间被称为**决策延迟**。它包含两部分：**捕获延迟**和**分析延迟**。捕获延迟指的是将数据传输回分析软件的时间。分析延迟指的是分析数据以确定应对措施的时间。

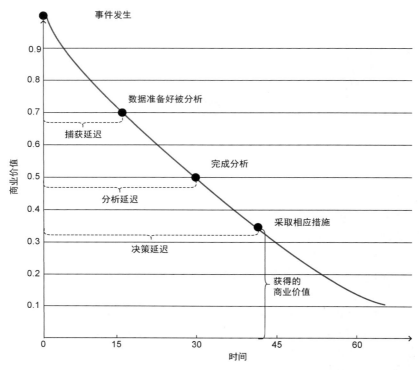

图 12-1   信息的价值随着时间的流逝而快速递减。边缘计算的目标就是通过消除数据
从本地传输到云端进行分析的延迟来降低整个决策的延迟

从技术角度来看，IIoT 提供了和面向普通消费者的智能设备同样的基本能力——赋予物理设备以前不具备的自动监控能力和上报能力。比如，智能恒温器的最大特征就是能够将当前温度上报给用户的智能手机并让用户能够通过移动应用程序远程调节温度。相比之下，IIoT 的规模通常要比普通用户的恒温器温度调节系统大得多。

在一家工厂内部或者整个冷链运输车队中可能装载了数以百万计的传感器，它们每时每刻都在产生监控数据，从而生成海量的高频 IIoT 数据集。处理这些数据集的常用方法是首先收集所有的数据，然后将其传送到云端，最后使用 Hive 或其他传统数仓等 SQL 分析系统进行分析。这种方法确保了所有传感器构成的完整数据集能得到分析，从而确保各种传感器数据之间的关系能被观察和分析（比如，能够追踪和分析温度传感器数据和湿度传感器数据的相关性）。

然而，这种方法存在一些严重的问题，比如决策延迟很高，为了提供足够的网络带宽和分析数据所需的计算资源而大幅增加成本，以及保存所有信息而带来的存储开销。

从实际的角度来看，将数据从 IIoT 传感器传送到云端环境进行分析所带来的延迟使我们几乎不可能及时采取措施以应对突发的灾难性事件。尽管检测电厂事故、飞机失事等例子非常极端，但是对于大部分 IIoT 应用来说，数据分析速度仍然非常重要。

为了解决这一问题，IIoT 系统中的某些数据处理和分析工作可以在离数据源更近的物理基础设施上进行。将计算放在离数据源更近的地方能够降低捕获延迟，允许应用程序在事件发生时就立刻应对，而不是等待其被传输到云端再处理。这种在数据生成处直接进行处理而不是等到传回数据中心或云端再处理的方式通常被称为**边缘计算**。

本章将展示如何在边缘计算环境中部署 Pulsar Functions 来进行近实时数据处理和分析，以便及时应对 IIoT 系统的各种事件，并且极大地降低决策延迟。

12.1　IIoT 架构

IIoT 系统在现实世界的工业设备和数字世界的自动控制系统之间扮演着桥梁角色。IIoT 系统的主要目标就是收集和处理各种安装在工业设备上的传感器产生的数据。尽管 IIoT 系统的细节各不相同，但它们都由图 12-2 所示的三层逻辑架构组成。这三层架构在数据获取和分析处理中扮演了重要角色。

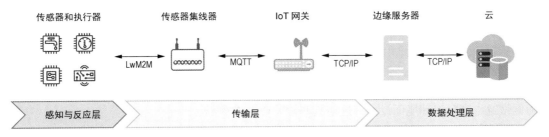

图 12-2　IIoT 架构的三个逻辑层收集并分析数据，然后将信息呈现给人类或自动化系统，
　　　　　以便进行相关的实时决策

在 IIoT 环境内，一个工厂的各种工业设备中可能部署了数以百万计的传感器、控制器和执行器。由于所有的传感器和设备帮助人类或系统感知正在发生的一切事件，因此它们共同被称为**感知与反应层**。

12.1.1　感知与反应层

感知与反应层包含所有的硬件（物联网中的所有设备）。作为每一个 IIoT 系统的基础，这些联网设备对工业设备和周围环境的物理情况进行感知，通过嵌入在装置内或者单独部署的众多传感器进行监测。这些传感器生成连续、实时的传感器数据流，并通过蓝牙、Zigbee、Z-Wave 等轻量级设备通信协议（LwM2M）或者 MQTT、LoRa 等长距离协议进行传输。

事实上，大部分 IIoT 环境需要多种网络协议来支持其中的各种设备。举例来说，使用电池的传感器只能通过轻量级协议进行短距离通信。一般来说，信号传输距离越远，设备需要的电力就越多。使用电池的传感器无法通过长距离协议来发送它们的数据。

感知与反应层的一项重要任务就是通过传感器感知周围环境并将其读数传输给数据处理层。

12

它的另一项重要任务就是对数据处理层生成的可执行结果进行反应并在潜在的危险情况出现时将其转换成实际的物理行动。如果只能检测到危险情况而无法合理应对,那么这样的系统并不能提供很大的商业价值。

在 IIoT 出现的很多年之前,多数的大型工厂投入了大量的时间和资源来开发监督控制与数据采集(SCADA)系统等专用软件,以监控和控制工业设备。这些系统包括控制网络,其中的执行器能够执行各种操作,比如打开压力阀或完全关闭某个设备。

通过利用这些 SCADA 系统中已有的控制网络,我们能够以编程的方式在 IIoT 程序中通过发送正确的命令来激活执行器并利用它们。传感器是这一层的"眼睛",执行器则是同样重要的"手",帮助我们应对事件。如果没有执行器,我们就无法应对传感器监测到的灾难性事件。感知与反应层收集到的信息通过传输层进行传输。传输层主要负责将传感器数据安全地传输到数据处理层。

12.1.2　传输层

传感器集线器会检测在感知与反应层生成并且通过 LwM2M 协议传输的传感器数据。集线器处于传输层的最边缘位置。它们可以接收低功耗设备通过 LwM2M 协议广播的传感器数据。

传感器集线器的主要作用是桥接短距离通信技术和长距离通信技术。使用电池的 IoT 设备通过蓝牙、Zigbee、Z-Wave 等短距离无线传输方式与集线器进行通信。集线器接收到数据之后会立刻通过 CoAP、MQTT、LoRa 等长距离协议转发信息给 IoT 网关。在这些长距离协议中,MQTT专为低带宽、高延迟环境而设计,这使其非常适合 IIoT 领域。

IoT 网关是连接云和传感器集线器的物理设备。它为 MQTT 协议和 Pulsar 消息协议提供了通信桥梁,对通过轻量级二进制 MQTT 协议传输的传感器数据进行聚合,然后再使用 Pulsar 消息协议发送给数据处理层。

12.1.3　数据处理层

如图 12-2 所示,数据处理层本身由两层构成:与工业设备非常近的边缘服务器和远端的数据中心或者云基础设施。边缘服务器负责将 IIoT 系统生成的海量数据进行聚合、过滤和排序,从而最小化需要传输到云端的数据量。这一数据预处理过程降低了传输成本,同时缩短了响应时间。从硬件的角度看,边缘处理层由一台或多台位于工厂内部的传统服务器组成。尽管其计算能力受限于部署环境的物理空间,但是它们通常可以访问互联网,并将收集到的数据发送到公司的数据中心或者云平台上进行分析和存档。

12.2　基于 Pulsar 的数据处理层

在了解 IIoT 架构的基础知识之后,我们学习如何利用 Pulsar 来更靠近传感器和执行器,从而提高整个架构的数据处理能力。让我们先来复习一下 IIoT 平台内部的各种硬件设备的计算能力。如图 12-3 所示,每一层部署的设备数量和每台设备的计算能力之间存在反比关系。在感知与反应层内的传感器、执行器和其他智能设备都基于仅有有限内存和处理能力的微处理器。它们通常由电池驱动，因此计算能力并不强。尽管可以通过能量收集装置来增强它们的电能，但这些额外的电能最好还是用于与集线器进行无线通信，而不是计算。

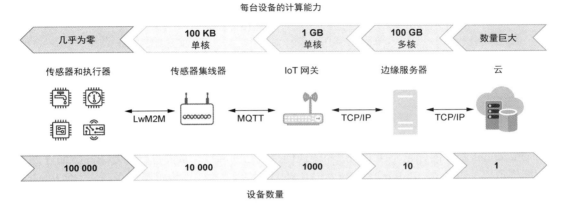

图 12-3　每一层部署的设备数量和每台设备的计算能力之间存在反比关系

传感器集线器通常被安置在稍大一些的片上系统（system on a chip，SoC）上。它拥有传统计算机的部分或者全部组件，包括 CPU、内存和外部存储系统，但容量会稍小。由于数量众多，它们的配置通常会尽可能地低以确保能够大规模地部署。它们通常被用于接收和传输数据，且只需要少量的内存来缓存需要被进一步传输的数据。

IoT 网关也被安置在 SoC 硬件上，其中最流行的是树莓派。它们具备最大 8 GB 的内存、4 核 CPU 及高达 1 TB 容量的 MicroSD 卡槽。这些设备能运行 Linux 等操作系统，这使得它们能够安装 Pulsar 之类的复杂软件。

最后一层硬件是边缘服务器，该层硬件在 IIoT 架构中是可选的。根据工业环境的特点，设备的规模可能不同，小到远程钻井现场的单台桌面计算机，大到安装在工厂内部的众多高性能服务器。与 IoT 网关类似，这一层的设备都运行传统的操作系统，与传统认知里的计算机非常相似。

从计算角度来看，任何具有足够资源运行传统操作系统和进行网络连接的设备（8 GB 内存、多核 X86 处理器）都是运行 Pulsar broker 的潜在平台。在 IIoT 架构中，这不仅包括边缘服务器和 IoT 网关设备，还包括运行在具备足够资源的 SoC 设备上的传感器集线器。

在这些设备上安装 Pulsar broker 能帮助我们在上面直接部署 Pulsar 函数，从而在更接近数据源的地方进行计算和分析。如图 12-4 所示，这样做能够将数据处理层扩展到传感器数据的产生点，从而使边缘更接近工业设备，创造了一个能够跨两层部署 Pulsar 函数的大规模分布式计算网络来进行数据并行化计算。

图 12-4 展示的关键点是，我们可以在 IIoT 环境中的任何能运行 Pulsar broker 的设备上部署 Pulsar 函数，从而在边缘进行复杂的数据分析。而在传统的 IIoT 环境中，这些设备通常只能收集信息并上传到远端进行处理。

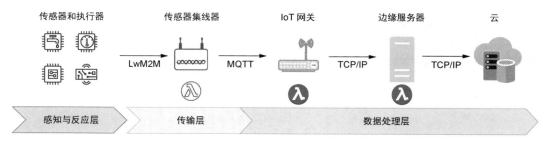

图 12-4　通过在 IoT 网关及边缘服务器上安装 Pulsar broker，我们可以将数据处理层扩
　　　　展到离数据源更近的地方，从而更快地应对各种事件

　　某些 IIoT 厂商在 IoT 网关设备上也提供了数据处理软件，但通常都只提供像过滤和聚合这样的基础运算功能。并且，这些软件都是闭源的，不允许用户对其进行拓展来实现自己的处理函数。Pulsar Functions 则不同，它能帮助用户简便地创建自己的函数，从而进行更复杂的数据分析。

　　同样值得一提的是，Pulsar 通过插件支持 MQTT 协议，这使得传感器集线器这类使用 MQTT 协议的设备能够直接将消息发布到 Pulsar 主题中。如图 12-5 所示，这使得 Pulsar 能够直接作为 IoT 网关，而不需要额外的软件来进行 MQTT 消息转换。基于 Pulsar 的 IoT 网关支持基于 MQTT 协议的双向通信，这使得 Pulsar 函数能够在监测到危险情况时直接向执行器发送消息。

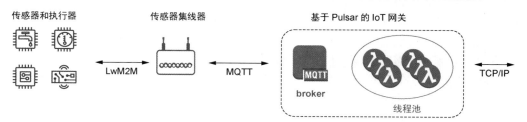

图 12-5　启用 MQTT 插件的 Pulsar broker 可以提供完整的 IoT 网关功能。它能够从传
　　　　感器集线器接收消息，Pulsar 函数则可以通过 TCP/IP 连接来管理

　　TCP/IP 连接不仅使用户能够在 IoT 网关设备上部署、更新和管理 Pulsar 函数，而且允许 Pulsar broker 和在远端的 BookKeeper 存储层进行通信。最后，TCP/IP 连接允许 IIoT 架构内的不同 Pulsar 集群互相通信，尤其是部署在边缘服务器上的 Pulsar 集群。这允许我们将 IoT 网关处生成的数据发送到一个集中的地方进行额外的边缘计算，之后再统一发送到云端进行存储。

12.3　边缘分析概览

　　边缘分析通常是指在传统数据中心与云计算环境之外的基础设施上进行数据分析。我们在设计总体的分析策略时需要牢记它与传统数据分析的几个不同点。分析是在流数据上进行的，每一条数据都只会被发送给 Pulsar 函数一次。由于边缘环境中的物理硬盘空间非常有限，传感器数值都不会被保留，因此无法在以后被读取。如果想在云环境中得到过去一小时的传感器平均读数，那么只需在历史数据上执行 SQL 查询即可。但是在边缘分析中就无法做到这一点。另一个巨大的差别是，处理功能越接近传感器，可计算的信息就越少。这使得无法在不同 IoT 网关内的传感器数据之间找到模式。

12.3.1 遥测数据

为了更好地理解边缘分析及在进行边缘分析时所期望达到的目标，我们需要先理解在 IIoT 环境中处理的数据类型。IIoT 系统的主要功能就是收集传感器数据，从而监控和管理工业基础设施。一旦收集了数据，就可以对其进行分析，以确定需要解决的潜在问题。

这些传感器通过持续、反复地测量同一个变量来生成数据流，比如某个传感器每秒对设备的温度进行一次测量。这类按照固定的时间间隔生成的数据序列被称为**时序数据**。以测量或者统计方法收集时序数据并且发送到远端的过程被称为**遥测**。与所有其他时序数据类似，遥测数据通常具备以下一个或多个特性。

- ❑ **趋势**：数据在一定时间内具有明显的单向轨迹。一个例子就是不停增长的网络流量。
- ❑ **波动**：无固定时间间隔的重复且可预测的数据波动。
- ❑ **周期**：如果数据中存在与时间相对应的固定可预测循环，那么数据就具备周期性。与趋势的不同在于，它会在短时间内由于外部因素的影响而波动，比如电商网站的购物节带来的网络流量暴增。
- ❑ **噪点**：脱离趋势的随机数据点。噪点通常是非系统性且短期存在的，需要被过滤以降低对预测结果的影响。对于过去一小时内读数稳定在 200 华氏度的传感器来说，如果某个读数明显不同于其前一个和后一个读数，那么我们可以认为该读数是一个噪点。

如图 12-6 所示，在 IIoT 中，边缘分析被用于检测数据的这些特性，并以此根据历史观测值来预测未来的数值。有了实际观测值之后，就能将其与预测值进行比较，从而判断是否需要进行任何操作。如果一个压力数值不断下降，那么这可能意味着线路失压，需要派遣维护小队进行维修。

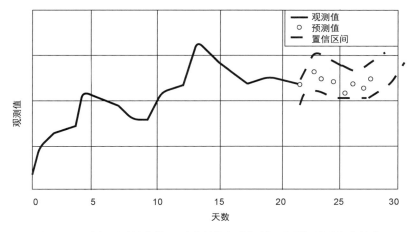

图 12-6　时序预测是指使用时序数据根据历史观测值预测未来的值

12.3.2   单变量与多变量

遥测数据的另一方面是其追踪的变量数。最常见的是包含单一变量的观测数据（例如同一个传感器的读数）。这类数据更正式的名称是**单变量数据**，我们接下来会假设所有的 IoT 网关层收集的数据都是单变量数据。所有记录多于一个变量的数据被称为**多变量数据**，其能帮助我们记录多个传感器在同一时间段内的关系。这类数据在任意时间点上都包含多个数值。如图 12-7 所示，在以 Pulsar 为基础的 IIoT 架构中，多变量数据集由 Pulsar Functions 组合多个单变量数据集所得，通过将三个传感器在某一时刻的读数组合得到一个三元数组。

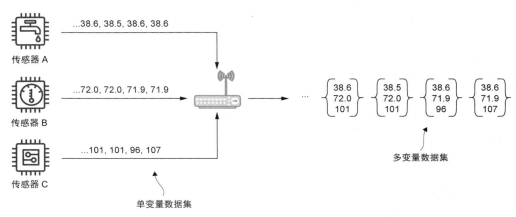

图 12-7   每个传感器以固定的时间间隔不停地生成数据。被 IoT 网关接收之后，这些单
变量数据集被组合成一个多变量数据集。这让用户能够检测到数据之间的模
式和相互关系

通过包含来自多个数据源的强相关的数据，多变量数据集可被用于更复杂、更精确的分析。由于对变量的数目并没有限制，因此一个多变量数据集可以包含任意多的变量。事实上，这些数据集非常适合作为需要部署到边缘的机器学习模型的特征存储。第 11 章讲过，特征存储包含机器学习模型所需的一系列预计算值。这些特征值通过依赖于历史数据的外部计算进程获得。在 Pulsar 支持的 IIoT 环境中，这些多变量数据集由在边缘收集的单变量数据集组合而来，这确保了机器学习模型用于预测的数据都是最新的。

12.4   单变量数据分析

从单个传感器中获取的持续数据流是边缘分析的基础。这些单变量数据集包含可用于对 IIoT 数据进行总体分析的所有原始数据。因此，我们将从单变量数据分析开始学习。图 12-8 展示了对于单变量数据集常用的各种分析处理类型。

这些计算都通过部署在离数据源最近的 IoT 网关上的 Pulsar 函数完成。因此，这些函数都需要尽可能少的内存和 CPU 资源来进行分析。

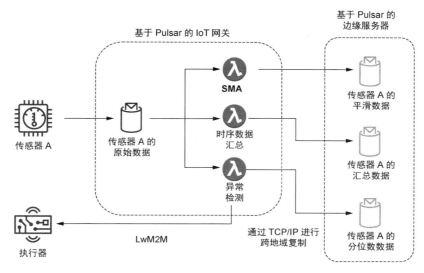

图 12-8　传感器将数据发布到"传感器 A 的原始数据"主题，作为 3 个 Pulsar 函数的输入。
SMA 函数和时序数据汇总函数使用这些数据来计算统计值并将其发送到本地主题
中，再借由跨地域复制功能将数据传给运行在边缘服务器上的 Pulsar 集群。第 3 个
函数判断传感器读数是否异常，并需要激活执行器来解决潜在问题

12.4.1　降噪

前文提到，传感器数据可能包含噪点。为了更好地给出预测结果，一个重要的预处理步骤就是去除单变量数据集中的噪点。常用的降噪方法是计算一个时间窗口内的平均数值，用所得到的移动平均值取代原始数值并保存下来。这样做可以尽可能降低单个传感器读数对于上报值的影响。（如果有 99 个读数是 70，同时有 1 个读数是 100，那么使用平均值 70.3 能够降低单一异常值的影响并反映出检测间隔内的实际读数。）

尽管有众多移动平均模型，但为简单起见，本章只讨论简单移动平均数。简单移动平均数通过只保存最近的一部分时序数据计算获得，例如最近 100 个读数。当新的读数到达时，它会替代集合中最旧的读数。当添加最新的值之后，Pulsar 函数就会计算并返回平均数，如代码清单 12-1 所示。

代码清单 12-1　计算简单移动平均数的 Pulsar 函数

```
public class SimpleMovingAverageFunction implements Function<Double, Void> {

    private CircularFifoQueue<Double> values;
    private PulsarClient client;
    private String remotePulsarUrl, topicName;
    private boolean initalized;
    private Producer<Double> producer;
```

自动移除最旧项的
循环缓冲区

连接运行在边缘服务器上的 Pulsar
集群的 Pulsar 客户端

12

```
@Override
 public Void process(Double input, Context ctx) throws Exception {
   if (!initalized) {
      initalize(ctx);
   }

   values.add(input);
   double average = values.stream()
      .mapToDouble(i->i).average().getAsDouble();
   publish(average);
   return null;
}

private void publish(double average) {
   try {
      getProducer().send(average);
   } catch (PulsarClientException e) {
      e.printStackTrace();
   }
}

private PulsarClient getEdgePulsarClient() throws PulsarClientException {
   if (client == null) {
      client = PulsarClient.builder().serviceUrl(remotePulsarUrl).build();
   }
   return client;
}

private Producer<Double> getProducer() throws PulsarClientException {
   if (producer == null) {
         producer = getEdgePulsarClient()
                  .newProducer(Schema.DOUBLE)
            .topic(topicName).create();
   }
   return producer;
}

private void initalize(Context ctx) {
   initalized = true;
   Integer size = (Integer) ctx.getUserConfigValueOrDefault("size", 100);
   values = new CircularFifoQueue<Double> (size);
   remotePulsarUrl = ctx.getUserConfigValue("pulsarUrl").get().toString();
   topicName = ctx.getUserConfigValue("topicName").get().toString();
   }
}
```

将传感器读数添加
到队列中

计算简单移动
平均数

将计算结果发布到边缘
服务器的主题中

　　使用 Pulsar Functions 来计算移动平均数是比较简单的。如代码清单 12-1 所示，关键是使用循环缓冲区来保存计算移动平均数所需的最近 n 个数值。我们可以使用这个 Pulsar 函数来预处理传感器读数并发布计算好的简单移动平均数。它能够保证后续的分析所用的数据尽可能不受噪点的影响。

12.4.2　统计分析

单变量数据集不仅限于计算移动平均数。事实上，使用 Pulsar Functions 可以简便地计算统计分析常用的所有统计量。如代码清单 12-2 所示，用单个函数即可计算这些统计量：几何平均值、总体方差、峰度、均方根偏差、偏度和标准差。

代码清单 12-2　计算多个统计量的 Pulsar 函数

将数据从集合转换成二维数组

```
import org.apache.commons.math3.stat.descriptive.DescriptiveStatistics;
import org.apache.commons.math3.stat.descriptive.SummaryStatistics;
import org.apache.commons.math3.stat.regression.*;        ◁─────┐
import org.apache.pulsar.functions.api.Context;                 │  该函数依赖外部库
import org.apache.pulsar.functions.api.Function;                │  进行统计计算

public class TimeSeriesSummaryFunction implements
  Function<Collection<Double>, SensorSummary> {

  @Override
   public SensorSummary process(Collection<Double> input, Context context)
     throws Exception {                    ◁────────────┐
                                                        │  输入数据集合包含
     double[][] data = convertToDoubleArray(input);     │  在特定窗口内的所
     SimpleRegression reg = calcSimpleRegression(data); │  有传感器读数
     SummaryStatistics stats = calcSummaryStatistics(data);
     DescriptiveStatistics dstats = calcDescriptiveStatistics(data);
      double rmse = calculateRSME(data, reg.getSlope(), reg.getIntercept());
     SensorSummary summary =
       SensorSummary.newBuilder()                       使用各种统计
         .setStats(TimeSeriesSummary.newBuilder()       计算结果生成
           .setGeometricMean(stats.getGeometricMean())  ◁─ 返回值
             .setKurtosis(dstats.getKurtosis())
             .setMax(stats.getMax())
             .setMean(stats.getMean())
             .setMin(stats.getMin())
             .setPopulationVariance(stats.getPopulationVariance())
             .setRmse(rmse)
             .setSkewness(dstats.getSkewness())
             .setStandardDeviation(dstats.getStandardDeviation())
             .setVariance(dstats.getVariance())
             .build())
       .build();

     return summary;
  }

  private SimpleRegression calcSimpleRegression(double[][] input) {
     SimpleRegression reg = new SimpleRegression();
     reg.addData(input);
     return reg;
  }
```

```java
    private SummaryStatistics calcSummaryStatistics(double[][] input) {
      SummaryStatistics stats = new SummaryStatistics();
      for(int i = 0; i < input.length; i++) {
        stats.addValue(input[i][1]);
      }
      return stats;
    }

    private DescriptiveStatistics calcDescriptiveStatistics(double[][] in)
  {
      DescriptiveStatistics dstats = new DescriptiveStatistics();
      for(int i = 0; i < in.length; i++) {
        dstats.addValue(in[i][1]);
      }
      return dstats;
    }

    private double calculateRSME(double[][] input, double slope, double
      intercept) {
      double sumError = 0.0;
      for (int i = 0; i < input.length; i++) {
        double actual = input[i][1];
        double indep = input[i][0];
        double predicted = slope*indep + intercept;
              sumError += Math.pow((predicted - actual),2.0);
              }
          return Math.sqrt(sumError/input.length);
    }

        private double[][] convertToDoubleArray(Collection<Double> in)
          throws Exception {
          double[][] newIn = new double[in.size()][2];
          int i = 0;
          for (Double d : in) {
          newIn[i][0] = i;
          newIn[i][1] = d;
          i++;
          }
          return newIn;
      }
  }
```

　　显然，这些统计量都不可能由时序数据中的单个数据点计算得到，而是需要基于大量的数据点。计算单个数值的几何平均值没有任何意义。因此，我们需要指定策略来将无限的读数数据流切分成单独的窗口，以便计算这些统计量。如何定义窗口的边界呢？在 Pulsar Functions 中，可以用两种策略来控制窗口的边界。

　　❑ **触发策略**：它用于指定何时执行函数代码。Pulsar Functions 框架使用这一配置来通知用户处理在窗口内收集到的数据。

　　❑ **替换策略**：它用于控制在窗口内保留的数据量。这些规则用于确定是保留数据，还是替换数据。

以上两种策略都与窗口的时间或者其中的数据量相关,用户可以借由时间的长短和数据量的多少来指定策略。我们接下来学习这两种策略的区别及它们如何相互影响。尽管有很多窗口种类,但最著名的当属滚动窗口和滑动窗口。

滚动窗口是连续的非重叠窗口,具有固定的大小(例如 100 个元素)或者固定的时间间隔(例如每 5 分钟)。滚动窗口始终禁用替换策略,以确保它能够包含所有数据。因此,用户只需将触发策略指定为长度触发或时间触发即可。图 12-9 展示了一个滚动窗口,其触发策略被设置为长度触发且长度为 10。当窗口中有 10 个元素时,Pulsar 函数的代码就会被执行,窗口则会被清空。这一触发行为与时间无关,窗口可能需要 5 秒甚至 5 小时才会收到 10 条数据。从图中可以看到,第一个窗口用了 15 秒变满,而最后一个窗口用了 25 秒才变满。

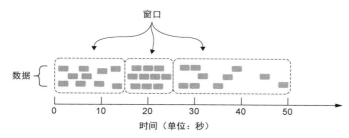

图 12-9　当使用长度触发时,每一个滚动窗口都含有数量相同的元素,但是可能会经过不同的时间

滑动窗口则结合了定义滑动间隔的触发策略和限制数据量的替换策略。图 12-10 展示了一个滑动窗口,其中替换策略被设置为 20 秒,这意味着 20 秒之前的任何数据都不会被保留,也都不会被用于计算。触发策略同样被设置为 20 秒,这意味着每过 20 秒,相应的 Pulsar 函数就会被执行一次。我们能访问窗口内的所有数据并将其用于计算。

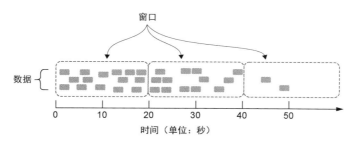

图 12-10　使用基于时间的滑动窗口时,每一个窗口都会覆盖相同的时间间隔,但是基本上包含不同的数据量

在图 12-10 所示的场景中,第一个窗口包含 15 条数据,而最后一个窗口只有 2 条数据。在这个例子中,替换策略和触发策略都基于时间定义;不过,我们也可以根据长度来定义。此外,窗口长度和滑动间隔无须相等。如果需要计算简单移动平均数,那么我们可以将窗口长度设置为100,而将滑动间隔设置为 1。

12

一旦计算出所需的统计量之后，就可以将数值传给边缘服务器，并与来自类似设备的统计值进行比较以检测异常，或者传到云端的数据库存储起来用于后续分析。在将数据存储到数据库之前就完成计算可以帮助我们避免在后续分析时再进行昂贵的重复计算。如表 12-1 所示，Pulsar Functions 提供了多个窗口配置参数，合理使用的话，就能实现上述所有窗口策略。

表 12-1   窗口配置参数

窗口种类	参数
基于时间的滚动窗口	--windowLengthDurationMS==xxx
基于长度的滚动窗口	--windowLengthCount==xxx
基于时间的滑动窗口	--windowLengthDurationMS==xxx
	--slidingIntervalDurationMs=xxx
基于长度的滑动窗口	--windowLengthCount==xxx
	--slidingIntervalCount=xxx

在 Pulsar Functions 中实现任意一种窗口函数都非常直观，只需指定 java.util.Collection 为输入类型即可。如果想运行代码清单 12-2 所示的 Pulsar 函数，在滑动窗口上进行统计计算，我们只需使用代码清单 12-3 所示的命令提交函数即可，Pulsar Functions 框架会帮助我们处理其他的内容。

代码清单 12-3   在滑动窗口上进行统计计算

```
$ bin/pulsar-admin functions create \
    --jar edge-analytics-functions-1.0.0.nar \
    --classname com.manning.pulsar.iiot.analytics.TimeSeriesSummaryFunction \
    --windowLengthDurationMS==20000 \              ◄─┐ 定义 20 秒的替换策略
    --slidingIntervalDurationMs=20000.
```

定义 20 秒的触发策略

这使得我们不需要花费大量的时间和精力编写收集和留存事件的代码就能进行各种窗口运算。相反，我们可以专注于业务逻辑的实现。

12.4.3   近似估计

在分析流数据时，我们无法在边缘端进行某些类型的运算，因为这些运算需要大量的计算资源和时间。这样的例子包括为不同元素计数、计算分位数、计算最高频元素、join 运算、矩阵运算，以及图分析。这类运算通常不会在流数据集上进行。然而，如果仅需得到近似的结果，那么我们就能采用特定的流算法进行近似估计，对海量的或者快速流动的数据进行统计分析。

这些流算法利用被称为**草图**（sketch）的小型数据结构存储信息，草图通常只有数 KB。基于草图的算法只需要读取流数据中的单点数据一次。这些特性使得此类算法非常适合用于边缘设备。一共有 4 类草图算法，其中每一类都旨在解决特定的问题。

❏ **基数草图算法**：对于数据流中的每一个独特元素都进行近似计数，比如在特定时间段内各个网页的浏览数。

- ❑ **频率草图算法**：记录数据流中最常见的元素列表，比如一定时间内 10 个浏览最频繁的网页。
- ❑ **采样草图算法**：使用储水池采样法（reservoir sampling）从数据流中获取均匀的随机样本，以便后续分析。
- ❑ **分位数草图算法**：提供可用于异常检测的数据分布频率直方图。

开源项目 Apache DataSketches 提供了这些算法的 Java 实现，使得它们可用于 Pulsar Functions。代码清单 12-4 展示了使用分位数草图算法来检测传感器数据是否存在异常。

代码清单 12-4　用于异常检测的 Pulsar 函数

```
import org.apache.datasketches.quantiles.DoublesSketch;
import org.apache.datasketches.quantiles.                 该函数依赖 DataSketches 库
[CA]UpdateDoublesSketch;                                  来进行统计计算
...
public class AnomalyDetector implements Function<Double, Void> {

    private UpdateDoublesSketch sketch;
    private double alertThreshold;
    private boolean initalized = false;

    @Override
    public Void process(Double input, Context ctx) throws Exception {
        if (!initalized) {
            init(ctx);
        }
        sketch.update(input);            将监测值添加到
                                         草图中
                                                        获取监测值的排位，将
                                                        其与阈值进行比较
        if (sketch.getRank(input) >= alertThreshold)
            react();
                                     如果监测值大于阈值，
        }                            则告警
        return null;
    }

    protected void init(Context ctx) {
        sketch = DoublesSketch.builder().build();
        alertThreshold = (double) ctx.getUserConfigValue ("threshold");
        initalized = true;
    }

    protected void react() {
        // 实现细节
    }                              这与执行器使用的
}                                  LwM2M 相关
```

该函数的逻辑非常直观。我们首先添加数据以更新分位数草图，然后获取数据在整体分布中的排位。接着，我们通过比较监测值的排位和预配置的告警阈值来判断是否存在异常。如果检测到异常，就通过 LwM2M 客户端向感知与反应层中的执行器发送消息来采取补救措施，包括关闭某台机器或者打开压力阀。代码清单 12-4 所示的 react 函数根据所用的 LwM2M 协议及需要发送的控制命令的不同而不同。

分位数

单词 quantile（分位数）从 quantity（数量）一词衍生而来，指的是将概率分布或一系列观测值分为大小相同的集合。你可能已经非常熟悉一些常用的分位数，例如中位数、三分位数、四分位数等。在统计学和概率论中，分位数是指分割点，它们将一个随机变量的概率分布范围分为几个具有相同概率的连续区间。

举例来说，在图 12-11 中有 3 个值，分别是 Q1、Q2 和 Q3，它们将数据集分成均等的四部分。图中两个值之间的区域就是分位，在本例中是四分位。

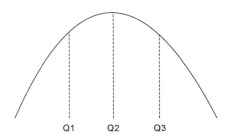

图 12-11　一个数据集被分为大小相等的四部分。小于或者等于 Q1 的值属于第一分位；
在 Q1 和 Q2 之间的属于第二分位；在 Q2 和 Q3 之间的属于第三分位；大于
或者等于 Q3 的属于第四分位

我们可以处理无穷的监测数据流并用它来动态地构建分位数。这使得我们在需要判断某个值是否异常时，可以将其与之前的监测值进行比较，完全根据实际观测值来进行决策。当一个新的监测值到达 Pulsar 函数时，我们首先将其加入分位数草图以更新分布模型，然后计算监测值的排位。排位指的是给定值在整体数据分布中大于或等于其他数的比例。如果一个监测值大于 79% 的观测值，则它的排位就是 79。排位帮助我们判断一个监测值是否常见，并且我们需要配置一个阈值来定义异常。

12.5　多变量数据分析

到目前为止，我们学习了很多针对单一传感器的数据分析技巧。尽管单变量数据分析能够帮助我们针对单个传感器进行异常检测和趋势分析，但正如图 12-7 所示，如果能将多个传感器的数据结合起来，我们就能进行更深入、更有趣的分析。本节大致介绍如何将不同的 IoT 网关收集的数据进行结合、分析和处理。

12.5.1　创建双向消息网格

为了创建一个能从 IoT 网关向边缘服务器上传数据的消息框架，我们首先需要在初始配置时将所有的 Pulsar 集群添加到同一个 Pulsar 实例中。如第 2 章所述，一个 Pulsar 实例可以包含多个 Pulsar 集群。同属一个 Pulsar 实例是使用集群间跨地域复制功能的前提。如图 12-8 所示，跨地域复制是从 IoT 网关向边缘服务器发送统计数据的首选机制。

　　配置的第一步是将所有基于 IoT 网关的 Pulsar 集群添加到运行在边缘服务器上的 Pulsar 集群所属的 Pulsar 实例中。这一步可以通过 pulsar-admin 命令行工具或者 REST API 来实现。如代码清单 12-5 所示，通过命令可以将一个 IoT 网关集群添加到 Pulsar 实例中。

代码清单 12-5　将一个 IoT 网关集群添加到 Pulsar 实例中

名字必须是唯一的

```
$ pulsar-admin clusters create iot-gateway-1 \
    --broker-url http://<IoT-Gateway-IP>:6650 \
    --url http://<IoT-Gateway-IP>:8080

$ pulsar-admin clusters list
```

在网关上的 TCP broker
的 URL

确认集群已经
被正确添加

网关的服务 URL

　　我们需要对 IIoT 环境中的每一个 IoT 网关集群执行这一命令。一旦添加完成，这些集群就能够通过 Pulsar 的跨地域复制机制来获取数据，而无须用户编写任何数据复制代码。

　　下一步是在 IoT 网关和边缘服务器之间建立跨地域复制机制，这需要创建一个可以用于双向通信的租户。这一步可以通过 pulsar-admin 命令行工具或者 REST API 来实现。如代码清单 12-6 所示，我们创建了一个 Pulsar 租户，它可以被所有的 IoT 网关集群和运行在边缘服务器上的 Pulsar 集群访问。

代码清单 12-6　创建跨地域复制租户

```
$ pulsar-admin tenants create iiot-analytics-tenant \
    --allowed-clusters iot-gateway-1, iot-gateway-2, ... \
    --admin-roles analytics-role
```

提供所创建的 IoT 网关
集群的完整列表

为该名字空间指定管理员角色

　　最后一步是创建一个可以在 IoT 网关集群和边缘服务器集群之间进行跨地域复制的名字空间。这一步可以通过 pulsar-admin 命令行工具或者 REST API 来实现。如代码清单 12-7 所示，我们创建了一个可以被所有 IoT 网关集群和运行在边缘服务器上的 Pulsar 集群访问的名字空间。需要注意的是，该名字空间必须在之前创建的租户下面。（附录 B 提供了关于在 Pulsar 集群之间进行跨地域复制的更多配置细节。）

代码清单 12-7　创建跨地域复制名字空间

```
$ pulsar-admin namespaces create \
  iiot-analytics-tenant/analytics-namespace \
  --clusters iot-gateway-1, iot-gateway-2, ...
```

提供所创建的 IoT 网关
集群的完整列表

　　一旦创建完成跨地域复制名字空间后，消费者或生产者在该名字空间中创建的任何主题都会自动在所有集群上复制。因此，任何发布给该名字空间中的主题的消息都会从 IoT 网关集群异步地自动复制到运行在边缘服务器上的集群中。但遗憾的是，这也会导致消息被复制到 IIoT 基础设施的其他 IoT 网关集群中。这并不是我们所期望的，跨网关的数据复制不但会浪费宝贵的网络带宽，也会浪费 IoT 网关的磁盘空间。由于这些消息永远不会在其他网关被消费，因此存储它们纯粹是浪费磁盘空间。

我们需要开启选择复制功能，以确保发布的消息只被复制到边缘服务器上，而不会被复制给其他网关。如图 12-12 所示，我们可以通过实现一个简单的 Pulsar 函数来达到目的。该函数从本地网关的非跨地域复制主题消费消息并将其发布到一个跨地域复制主题中，但是复制的目的地仅限于边缘服务器。

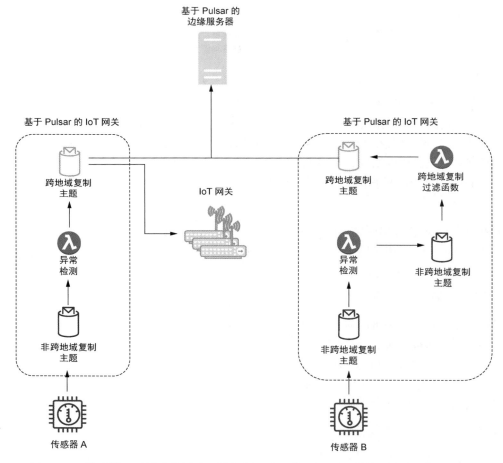

图 12-12   传感器 A 处没有使用跨地域复制过滤函数，因此它的数据会被复制到所有的
          IoT 网关和边缘服务器上；传感器 B 的数据只会被复制到运行在边缘服务器
          上的 Pulsar 集群中

如代码清单 12-8 所示，进行消息转发的 Pulsar 函数会使用已有的生产者 Java API 来限制消息只能被复制到边缘服务器上。消息首先会进入一个本地主题，然后经过过滤函数进入复制主题，最后只被复制到了边缘服务器上。

代码清单 12-8 跨地域复制过滤函数

```
public class GeoReplicationFilterFunction implements Function<byte[],Void> {

  private boolean initialized = false;
  private List<String> restrictReplicationTo;
  private Producer<byte[]> producer;
  private PulsarClient client;
  private String serviceUrl;
  private String topicName;

  @Override
  public Void process(byte[] input, Context ctx) throws Exception {
    if (!initialized) {
      init(ctx);
    }
    getProducer().newMessage()
        .value(input)                                      ← 使用输入字节
        .replicationClusters(restrictReplicationTo)        创建新消息
        .send();                                           ← 限制在复制消息
                                                              时的目标集群
    return null;
  }

  private void init(Context ctx) {                         向本地复制主题
    serviceUrl = "pulsar://localhost:6650";     ←          发布消息
    topicName = ctx.getUserConfigValue("replicated-topic").get().toString(); ←
    restrictReplicationTo = Arrays.asList(                 目标主题必须位于
        ctx.getUserConfigValue("edge").get().toString()); ←  复制名字空间中
    initalized = true;
  }                                                        这是运行在边缘服务器上
                                                           的 Pulsar 集群的名称
  private Producer<byte[]> getProducer() throws PulsarClientException {
    if (producer == null) {
      producer = getClient().newProducer()
              .topic(topicName)
              .create();
    }
    return producer;
  }

  private PulsarClient getClient() throws PulsarClientException {
    if (client == null) {
      client = PulsarClient.builder().serviceUrl(serviceUrl).build();
    }
    return client;
  }
}
```

12

Pulsar 函数向本地复制主题中写入消息，然后通过 Pulsar 提供的跨地域复制机制来实现消息转发，而不是直接向边缘服务器发送消息。这样做可以避免进行同步调用。在掌握消息网格的上行方向之后，我们再来学习这个双向网格的下行方向。这一过程专注于将边缘服务器通过对多个传感器的数据进行分析之后得到的结果返回给 IoT 网关上的 Pulsar 函数。事实上，这一过程非常直观，边缘服务器只需要将结果发送到复制主题中，并且让相关组件订阅该主题。尽管主题是跨地域复制的，但只有当网关节点上对应的主题有活跃的订阅者时，消息才会被发送。

12.5.2　构造多变量数据集

设想下面的场景：有多个温度传感器在不停测量整个数据中心的环境温度。我们想将某一读数与其他传感器上报的读数进行比较，而不是与它自己的历史读数比较。这样的比较更能发现问题，尤其是在读数逐渐升高或者逐渐降低而不是突然变化的时候。如果一台设备逐渐变得过热，那么温度读数会缓慢地从安全范围过渡到危险范围。在此情况下，没有一个传感器的温度读数能反映出如此的异常，但是通过相互比较不同的传感器，我们就能发现某个传感器的读数显著地高于其他传感器。

要进行涉及大量数据集的比较，我们需要先将多达几百个传感器的数据组合起来。因此，我们必须首先将所有数据汇集到一处，将其作为整体来进行统计计算。所幸，在 AnomalyDetector 函数中使用的数据草图可以被简便地合并以提供所需的统计量。由一个传感器的监控数据生成的数据草图可以被用于确定任意读数在当前的所有数据中的排位。如果要合并 100 份草图，那么我们可以使用结果草图来确定任意读数在这 100 个传感器接收到的所有数据中的排位。这样的结果更具意义，并且可以帮助我们解决之前的问题，因为现在与单个读数比较的是工厂内所有传感器的监控数据。

为了实现这一点，我们必须首先修改现有的 AnomalyDetector 函数，如代码清单 12-9 所示，定期向边缘服务器发送其草图的副本，以便将其与运行在不同 IoT 网关上的所有 BiDirectional-AnomalyDetector 函数实例的草图合并。

代码清单 12-9　更新 AnomalyDetector 函数

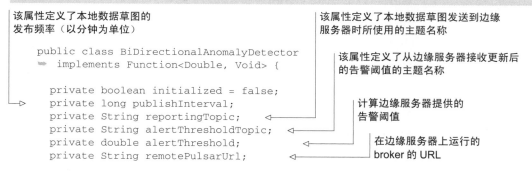

该属性定义了本地数据草图的
发布频率（以分钟为单位）

该属性定义了本地数据草图发送到边缘
服务器时所使用的主题名称

该属性定义了从边缘服务器接收更新后
的告警阈值的主题名称

计算边缘服务器提供的
告警阈值

在边缘服务器上运行的
broker 的 URL

```java
public class BiDirectionalAnomalyDetector
    implements Function<Double, Void> {

    private boolean initialized = false;
    private long publishInterval;
    private String reportingTopic;
    private String alertThresholdTopic;
    private double alertThreshold;
    private String remotePulsarUrl;
```

向边缘服务器接收更新后的
告警阈值的消费者

向边缘服务器发送
数据草图的生产者

帮助消费者线程在后台
运行的本地线程池

```
private PulsarClient client;
private Producer<byte[]> producer;
private Consumer<Double> consumer;
private ExecutorService service = Executors.newFixedThreadPool(1);
private ScheduledExecutorService executor =
  Executors.newScheduledThreadPool(1);
private UpdateDoublesSketch sketch;

@Override
public Void process(Double input, Context ctx) throws Exception {
  if (!initialized) {
    init(ctx);
    launchReportingThread();
    launchFeedbackConsumer();
  }

  synchronized(sketch) {
    getSketch().update(input);

    if (getSketch().getRank(input) >= alertThreshold) {
      react();
    }
  }
  return null;
}

private void launchReportingThread() {
  Runnable task = () -> {
    synchronized(sketch) {
      try {
        if (getSketch() != null) {

  getProducer().newMessage().value(getSketch().toByteArray()).send();
          sketch.reset();
        }
      } catch(final PulsarClientException ex) { /* Handle */}
    }
  };
  executor.scheduleAtFixedRate(task,
    publishInterval, publishInterval, TimeUnit.MINUTES);
}

private void launchFeedbackConsumer() {
  Runnable task = () -> {
    Message<Double> msg;
    try {
    while ((msg = getConsumer().receive()) != null) {
      alertThreshold = msg.getValue();
      getConsumer().acknowledge(msg);
    }
```

以固定的时间间隔（如每 5 分钟）
调用发布线程的本地线程池

在写数据
时对数据
草图创建
独占锁

启动数据草图发布
线程一次

启动告警阈值消费
线程一次

在发布数据时对数据
草图创建独占锁

清理草图
中的所有
数据

调度发布任务以配置的
固定时间间隔运行

等待接收
告警阈值
消息

根据提供的值
更新告警阈值

12

```
      } catch (PulsarClientException ex) {*/ Handle */ }
    };
    service.execute(task);          ◁─── 在后台启动告警
}                                         阈值消费线程
private UpdateDoublesSketch getSketch() {
  if (sketch == null) {
    sketch = DoublesSketch.builder().build();
  }
  return sketch;
}

private Producer<byte[]> getProducer() throws PulsarClientException {
  if (producer == null) {
    producer = getEdgePulsarClient().newProducer(Schema.BYTES)
      .topic(reportingTopic).create();
  }
  return producer;
}

private Consumer<Double> getConsumer() throws PulsarClientException {
  if (consumer == null) {
    consumer = getEdgePulsarClient().newConsumer(Schema.DOUBLE)
      .topic(alertThresholdTopic).subscribe();
  }
  return consumer;
}

private void react() {
  // 实现细节
}

private PulsarClient getEdgePulsarClient() throws PulsarClientException {
  ...
}

protected void init(Context ctx) {
  ...
}
}
```

新的 `BiDirectionalAnomalyDetector` 函数会监听传感器读数，并且在将其与异常阈值比较之前添加到本地数据草图对象中。它还会创建两个后台线程来与边缘服务器上运行的 `SketchConsolidator` 函数进行通信。该函数依赖 Java 的 `ScheduledThreadExecutor` 来确保本地数据草图按照固定的时间间隔（如每 5 分钟）发布，另一个线程则用于持续监控反馈主题，以随时接收关于告警阈值的更新。如代码清单 12-10 所示，接下来，我们创建一个新的 Pulsar 函数，它会运行在边缘服务器上，接收数据草图，并将这些数据草图合并成包含所有传感器数据的更大、更精确的草图。

代码清单 12-10　数据草图合并函数

```
import org.apache.datasketches.memory.Memory;
import org.apache.datasketches.quantiles.DoublesSketch;
import org.apache.datasketches.quantiles.DoublesUnion;
import org.apache.pulsar.functions.api.Context;
import org.apache.pulsar.functions.api.Function;

public class SketchConsolidator implements Function<byte[], Double> {

  private DoublesSketch consolidated;          ◁── 包含所有传感器
                                                    数据的数据草图
  @Override
  public Double process(byte[] bytes, Context ctx) throws Exception {
    DoublesSketch iotGatewaySketch =
      DoublesSketch.wrap(Memory.wrap(bytes));   ◁── 将接收的数据转换
                                                    成数据草图
    DoublesUnion union = DoublesUnion.builder().build();  ◁──  构建用于合并数据
    union.update(iotGatewaySketch);                            草图的对象
    union.update(consolidated);      ◁── 将当前的 consolidated 数据
    consolidated = union.getResult();     草图添加到 union 对象中
    return consolidated.getQuantile(0.99);  ◁── 发布新计算的
  }                                              99 分位阈值
}
```

将收到的数据草图添加到 union 对象中

更新 consolidated 数据草图，使其等于合并结果

图 12-13 展示了两个 Pulsar 函数之间的交互，即从所有 IoT 网关上运行的 BiDirectionalAnomalyDetector 函数向边缘服务器上的 SketchConsolidator 函数发送数据的通信通道，以及将 SketchConsolidator 函数新计算的阈值发送回 BiDirectionalAnomalyDetector 函数实例的通道。

SketchConsolidator 函数需要监听 BiDirectionalAnomalyDetector 函数用于发布数据草图的跨地域复制主题。如代码清单 12-10 所示，一旦数据草图合并完成，我们就可以使用这个新对象来确定所有传感器读数的 99 分位阈值。然后，将该阈值而不是整份草图（这样做是为了节省网络带宽）返回给 BiDirectionalAnomalyDetector 函数，以便其能有更精确的全局告警阈值而非局部告警阈值。

12

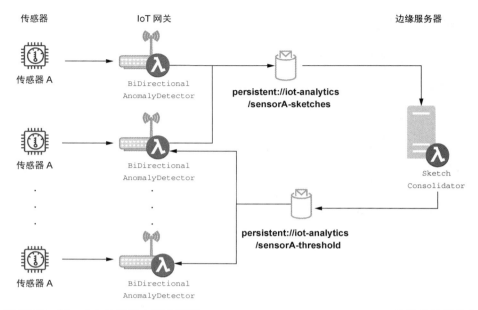

图 12-13   每一个 IoT 网关上都会运行 `BiDirectionalAnomalyDetector` 函数的实例并向
同一个跨地域复制主题发布其在本地计算的数据草图。`SketchConsolidator`
函数接收这些草图并将它们合并以得到 99 分位阈值，然后将该值发布给另一个
跨地域复制主题。`BiDirectionalAnomalyDetector` 函数会从该主题读取返回
阈值并将其作为新的传感器读数异常阈值

12.6　本书之外

你即将读完本书的终章。我希望你享受阅读本书的过程，并从中获得启发。感谢许多读者在 Manning 的在线论坛上与我交流并提供大量反馈。令我欣慰的是，大家不但认为本书非常有用，还打算在自己的公司内使用 Pulsar 来解决实际问题。

和其他所有技术一样，Pulsar 会基于不断壮大的开发人员社区和用户社区持续、快速地演进。事实上，事务支持等很多新特性已经在我写作本书的过程中被添加和完善。Pulsar 被各行各业的众多公司广泛采用，这体现了这一技术的强大。然而，Pulsar 的不断演进意味着书中的内容会变得过时。我建议你参考以下资源来了解 Pulsar 最新的信息和特性。

❏ Pulsar 项目官网和文档。

❏ Pulsar slack 频道，Pulsar committer 和我每天都会在其中参与回复。Pulsar slack 频道包含对于初学者来说非常有用的信息，以及活跃的开发人员社区。

❏ StreamNative 网站上的众多博客文章，其中许多出自 Pulsar committer。

如果你希望在公司内引入流计算技术或在云计算平台上使用基于消息的微服务架构，那么可以参考 Pulsar 的以下优势：Pulsar 是云原生架构，可以独立地调整计算层和存储层的规模，从而更高效地使用昂贵的云端资源；Pulsar 的另一大优势就是它作为单一的系统，既可以像 RabbitMQ 那样作为基于队列的消息系统，也可以像 Kafka 那样作为流式消息平台。

你也可以为采用微服务的新项目引入 Pulsar 作为底层技术。比如，你可以通过将 Pulsar Functions 作为底层技术来开发微服务应用程序。开发团队将受益于 Pulsar Functions 提供的简洁编程模型，从而避免使用收费的私有化 API。相比于 AWS Lambda 等众多云服务供应商提供的无服务器计算技术，Pulsar Functions 提供了相同的功能，但是只需用户支付少量费用，同时避免了供应商锁定问题。此外，所有的开发和测试都能够在本地完成，而无须消耗云端的计算资源。

如果你的公司已经在使用 Kafka 等技术，那么与其争辩说之前的决定不明智，不如向公司的决策者着重强调 Pulsar 可以为公司带来的独特好处。这样的话，Pulsar 可以被视为能与已有技术共存的方案，而不是需要公司耗费大量精力去取代已有技术的新方案。完全取代已有技术的策略会遇到已有技术团队及相应客户团队的巨大阻力。专注于 Pulsar 的长处而不是其他技术的短处，更有助于提高引入 Pulsar 的成功率。

再次感谢你对 Pulsar 的兴趣。我希望本书能启发你在自己的项目中开始使用 Pulsar，也期待能在 Pulsar 开源社区的众多活动中与你进行交流。

12.7　小结

- 在事件发生和得到响应之间的时间就是数据的时间价值。这一价值随着时间快速衰减，因此能够快速响应非常重要。
- Pulsar Functions 可以在由众多资源有限的设备组成的边缘计算环境中提供对 IoT 数据的近实时分析。
- 在 IoT 网关上运行 Pulsar 函数可以最大化数据的时间价值。
- Pulsar 的跨地域复制机制可用于在 IoT 网关上运行的 Pulsar 集群和在边缘服务器上运行的 Pulsar 集群之间创建双向通信网络。

在 Kubernetes 中运行 Pulsar

Kubernetes 是用于大规模部署和运行容器化应用程序的开源平台。它原本由 Google 开发，通过对应用程序的相关部署和管理进行自动化来解决 Google 内部繁多的基础设施管理问题。由 Marko Lukša 所著的《Kubernetes in Action 中文版》提供了更多关于 Kubernetes 的内容。

Kubernetes 的主要作用是对容器进行调度，使其运行在由物理机或虚拟机组成的集群中，同时要满足集群中已有资源的限制及每个容器对资源的需求限制。容器中包含运行一个应用程序所需的所有内容。如第 3 章所述，Docker 是最流行的一种容器技术。因此，Kubernetes 自然可以调度和运行 Docker 容器，包括由 Pulsar 生成的所有容器。这使得我们能够在 Kubernetes 中运行整个 Pulsar 集群，也包括 ZooKeeper、BookKeeper、Pulsar proxy 等组件。本附录会介绍相应的步骤。

A.1　创建 Kubernetes 集群

集群是运行容器化应用程序的基础。如图 A-1 所示，在 Kubernetes 中，一个集群包含至少一个主节点及一系列工作节点。主节点运行 Kubernetes 的控制平面组件，用于所有与集群管理相关的功能，工作节点则运行容器。

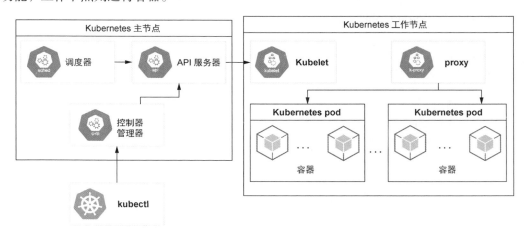

图 A-1　Kubernetes 主节点用于控制节点池中的所有工作节点。每一个工作节点可以运行多个 pod，每个 pod 则可以运行一个或多个容器

所有工作节点的计算资源会注册到主节点上,并且形成一个用于运行容器的资源池。如果用户的某个数据库应用程序容器需要 8 GB 内存和 4 个 CPU 内核,那么主节点会在资源池中寻找能满足这一条件的工作节点来运行该容器。相应的内存和内核资源数量就会从资源池中被减去,以表明它们被分配给了该容器。一旦资源池的资源被耗尽,就会导致新的容器无法被调度和运行。

在 Kubernetes 中,可以通过添加新的工作节点来轻松地增加调度资源。这使得用户可以根据实际需求来高效地调整集群规模。几乎所有的云服务供应商都会提供 Kubernetes 的调度服务来帮助用户运行应用程序。此外,开源项目 OpenShift 也能帮助用户在自己的物理机上运行 Kubernetes 集群。尽管这些选项都能很好地服务生产环境,但是对于本地开发来说,它们的门槛还是有些高。大部分用户不愿意仅仅因为开发或测试而支付大笔 Kubernetes 集群费用,因此 minikube 就成了开发人员的优先选项。Pulsar 能流畅地运行在 Kubernetes 这类容器化环境中。用户可以根据需求简便地增减 Pulsar broker 容器或者 BookKeeper bookie。

A.1.1 安装依赖项

要与 Kubernetes 集群进行交互,首先需要安装 Kubernetes 命令行工具 kubectl。我们需要它来部署应用程序,检查和管理集群资源,以及查看日志。如果之前没有安装过 kubectl,那么可以根据操作系统下载并安装。

如代码清单 A-1 所示,你可以在 MacBook 上使用 Homebrew 包管理工具的命令来安装 kubectl。如果你使用的是其他操作系统,则需要查阅在线文档来确定安装指令。我们必须确保 kubectl 的版本号与 Kubernetes 集群的版本号相差不超过一个小版本。因此,使用最新版本的 kubectl 能够尽量避免兼容性问题。

代码清单 A-1 在 MacBook 上安装 kubectl

```
brew install kubectl    ◁—— 使用 Homebrew 安装 kubectl
...
==> Downloading https://homebrew.bintray.com/bottles/
    ➥ kubernetes-cli-1.19.1.catalina.bottle.tar.gz     ◁——    下载并安装 1.19.1
==> Pouring kubernetes-cli-1.19.1.catalina.bottle.tar.gz        版本的 kubectl
==> Caveats
Bash completion has been installed to:
  /usr/local/etc/bash_completion.d

zsh completions have been installed to:
  /usr/local/share/zsh/site-functions
==> Summary
    /usr/local/Cellar/kubernetes-cli/1.19.1: 231 files, 49MB
```

A.1.2 minikube

kubectl 安装完成之后,下一步是创建运行 Pulsar 集群的 Kubernetes 集群。尽管所有主流云服务供应商都提供了适用于生产环境的 Kubernetes 服务,但我们在此使用更便宜的 minikube。minikube 可以在用户的开发机上运行 Kubernetes 集群。

minikube 是一个可以在用户的个人计算机上运行单节点 Kubernetes 集群的工具。它非常适用于需要运行容器化应用程序的日常开发。对于想通过在 Kubernetes 环境中开发及测试应用程序来熟悉 Kubernetes API 的用户来说，minikube 是非常好的选择。

如果没有安装 minikube，那么你应该先下载它。如代码清单 A-2 所示，Mac 用户可以通过 Homebrew 包管理工具来进行安装。如果你使用的是其他操作系统，则需要查阅在线文档来确定安装指令。

代码清单 A-2   在 MacBook 上安装 minikube

```
brew install minikube        ◁——— 使用 Homebrew 安装 minikube                     下载并安装 1.13.0
...                                                                              版本的 minikube
==> Downloading https://homebrew.bintray.com/bottles/minikube-
    ⇒ 1.13.0.catalina.bottle.tar.gz                           ◁
Already downloaded: /Users/david/Library/Caches/Homebrew/downloads/
    ⇒ b4e7b1579cd54deea3070d595b60b315ff7244ada9358412c87ecfd061819d9b--
    ⇒ minikube-1.13.0.catalina.bottle.tar.gz
==> Pouring minikube-1.13.0.catalina.bottle.tar.gz
==> Caveats
Bash completion has been installed to:
  /usr/local/etc/bash_completion.d

zsh completions have been installed to:
  /usr/local/share/zsh/site-functions
==> Summary
🍺  /usr/local/Cellar/minikube/1.13.0: 8 files, 62.2MB
```

在安装 minikube 之后，下一步是使用代码清单 A-3 所示的命令来创建 Kubernetes 集群。第一行命令创建了集群并指定了需要为资源池保留的计算资源。我们必须对 kubectl 进行配置以使其能找到并访问对应的 Kubernetes 集群。这一对应关系通过 kubeconfig 文件来控制。该文件在我们部署 minikube 集群时会被自动创建在~/.kube/config 目录下。如代码清单 A-3 所示，我们可以使用 kubectl config use-context <集群名称>来配置 kubectl 指向刚创建的 minikube 集群。此外，我们可以通过 kubectl cluster-info 命令来确认 kubectl 的配置正确。该命令会返回 Kubernetes 集群的基本信息。

代码清单 A-3   使用 minikube 创建 Kubernetes 集群

```
  minikube start \
--memory=8192 \          ◁——| 为集群预留 8 GB 内存
--cpus=4 \               ◁——| 为集群预留 4 个 CPU 内核
--kubernetes-version=v1.19.0   ◁
                               |___ 指定 Kubernetes 的版本
┌─▷ kubectl config use-context minikube
│
配置 kubectl 使用 minikube
```

A.2　Pulsar Helm chart 概览

在启动 Kubernetes 集群后，我们就能通过提供包含所有容器信息的部署配置文件来运行容器化应用程序。配置文件是遵循一定结构的简单 YAML 文件。代码清单 A-4 展示了如何配置基于 Nginx 的 Web 服务器，该服务器监听 80 端口。

代码清单 A-4　Kubernetes 部署配置文件

指定配置文件的 API 版本

```
apiVersion: apps/v1            指定配置文件定义的
kind: Deployment               资源类型
metadata:
  name: mysite        应用程序名
  labels:
    name: mysite
spec:
  replicas: 1         创建的 pod 数量
  template:
    metadata:
      labels:
        app: mysite
    spec:                      指定每个 pod 中的
      containers:              所有容器
        - name: mysite
          image: nginx         使用的 Docker 镜像名
          resources:
            limits:
              memory: "128Mi"
              cpu: "500m"
            ports:
            - containerPort: 80          容器暴露的端口
```

Nginx 容器需要的资源

创建完这个文件后，就可以使用 `kubectl apply -f <文件名>` 命令将其部署到 Kubernetes 集群中。尽管这一方法非常直接，但手动创建并编辑所有文件仍然有些烦琐。如代码清单 A-4 所示，一个简单的单容器应用程序的部署文件需要 22 行 YAML 配置代码。可以预见，对于复杂如 Pulsar 的系统（由 broker、bookie、ZooKeeper 等多个组件构成），部署文件会有多复杂。

Kubernetes 调度的容器化应用程序在部署时可能非常复杂。开发人员可能使用错误的配置文件输入或者没有足够的专业知识从 YAML 模板中运行应用程序。因此，社区开发了 Helm 这一部署工具来简化在 Kubernetes 中部署容器化应用程序的过程。

A.2.1　什么是 Helm

Helm 是 Kubernetes 的一个包管理工具，它能帮助开发人员简便地打包、配置及部署应用程序和服务到 Kubernetes 集群中。它与 YUM 或 APT 等 Linux 包管理工具非常相似，后者帮助用户通过简单的命令来安装软件及其依赖项。

稍后，我们会使用 Helm 来安装 Pulsar 集群，因此首先需要安装 Helm。如代码清单 A-5 所示，

Mac 用户可以使用 Homebrew 来安装它。如果你使用的是其他操作系统，则可以查询在线文档来进行安装。

代码清单 A-5　在 MacBook 上安装 Helm

```
brew install helm        ←── 使用 Homebrew 安装 Helm        下载并安装 3.3.1
...                                                         版本的 Helm
==> Downloading https://homebrew.bintray.com/bottles/
    ➥ helm-3.3.1.catalina.bottle.tar.gz          ◁
Already downloaded: /Users/david/Library/Caches/Homebrew/downloads/
➥ 77e13146a8989356ceaba3a19f6ee6a342427d88975394c91a263ae1c35a3eb6--helm-
➥ 3.3.1.catalina.bottle.tar.gz
==> Pouring helm-3.3.1.catalina.bottle.tar.gz
==> Caveats
Bash completion has been installed to:
  /usr/local/etc/bash_completion.d

zsh completions have been installed to:
  /usr/local/share/zsh/site-functions
==> Summary
🍺  /usr/local/Cellar/helm/3.3.1: 56 files, 40.3MB
```

Helm 允许用户将 Kubernetes 应用程序打包成被称为 chart 的预配置 Kubernetes 资源。Helm chart 提供了一键式部署和删除应用程序的功能，这极大地降低了开发和部署 Kubernetes 应用程序的复杂度。

Helm chart 结构解析

Helm chart 本质上是在一个目录下的一系列文件。目录名称就是 chart 的名称。如代码清单 A-6 所示，该目录包含一个名为 Chart.yaml 的自描述符文件、一个名为 values.yaml 的文件，以及一个或多个存储在模板文件夹中的清单文件。

代码清单 A-6　Helm chart 目录结构

```
package-name/
    charts/
    templates/          ◁──── 清单文件所在的文件夹
    Chart.yaml          ◁──── 自描述符文件
    values.yaml
    requirements.yaml   ◁──── 模板中使用的默认值

额外的依赖内容
```

Helm chart 使用 YAML 模板来配置应用程序。values.yaml 文件则用于存储所有值，该文件中的内容会在安装时被插入 YAML 模板中。本质上，Helm chart 可以被看成参数化的 Kubernetes 文件。

当 chart 的部署工作准备就绪时，我们可以使用 `helm package <chart 名称>` 命令来创建一个包含所有文件的 tar 压缩包文件。一旦所有内容都被打包进了 Helm chart，任何人就都可以使用它。用户可以使用 `helm install` 命令并且提供具体的配置值来创建具体的 Kubernetes 应用程序。配置值可以由外部的 values 文件或者 `helm install` 命令的参数来提供。

A.2.2　Pulsar Helm chart

前文介绍了如何使用 Helm chart 部署整个应用程序。令人欣慰的是，Pulsar 已经有了对应的 Helm chart。如代码清单 A-7 所示，可以通过使用 `git clone` 来克隆该 GitHub repo。

代码清单 A-7　下载 Pulsar Helm chart

```
git clone https://github.com/apache/pulsar-helm-chart    ◁  克隆 Pulsar Helm chart
                                                            的 GitHub repo
cd pulsar-helm-chart    ◁  更改到 repo 所在的目录
```

在克隆 repo 之后，就可以检查 chart 子目录下的内容，如代码清单 A-8 所示。这个目录结构与代码清单 A-6 所示的 Helm chart 目录结构基本一致。Chart.yaml 和 values.yaml 在根目录下，另有一个包含所有模板文件的子目录。

代码清单 A-8　Pulsar Helm chart 目录结构

```
ls ./charts/pulsar/
Chart.yaml      templates       values.yaml    ◁  检查生成的 Pulsar Helm chart
                                                   目录结构

ls ./charts/pulsar/templates/*.yaml
./charts/pulsar/templates/autorecovery-configmap.yaml        列出生成的所有模板
./charts/pulsar/templates/autorecovery-service.yaml
./charts/pulsar/templates/autorecovery-statefulset.yaml
./charts/pulsar/templates/bookkeeper-cluster-initialize.yaml
./charts/pulsar/templates/bookkeeper-configmap.yaml
./charts/pulsar/templates/bookkeeper-pdb.yaml
./charts/pulsar/templates/bookkeeper-podmonitor.yaml
./charts/pulsar/templates/bookkeeper-service.yaml
./charts/pulsar/templates/bookkeeper-statefulset.yaml
./charts/pulsar/templates/bookkeeper-storageclass.yaml
./charts/pulsar/templates/broker-cluster-role-binding.yaml
./charts/pulsar/templates/broker-configmap.yaml
./charts/pulsar/templates/broker-pdb.yaml
./charts/pulsar/templates/broker-podmonitor.yaml
./charts/pulsar/templates/broker-rbac.yaml
./charts/pulsar/templates/broker-service-account.yaml
./charts/pulsar/templates/broker-service.yaml
./charts/pulsar/templates/broker-statefulset.yaml
./charts/pulsar/templates/dashboard-deployment.yaml
./charts/pulsar/templates/dashboard-ingress.yaml
./charts/pulsar/templates/dashboard-service.yaml
./charts/pulsar/templates/function-worker-configmap.yaml
./charts/pulsar/templates/grafana-admin-secret.yaml
./charts/pulsar/templates/grafana-configmap.yaml
./charts/pulsar/templates/grafana-deployment.yaml
./charts/pulsar/templates/grafana-ingress.yaml
./charts/pulsar/templates/grafana-service.yaml
./charts/pulsar/templates/keytool.yaml
./charts/pulsar/templates/namespace.yaml
./charts/pulsar/templates/prometheus-configmap.yaml
```

```
./charts/pulsar/templates/prometheus-deployment.yaml
./charts/pulsar/templates/prometheus-pvc.yaml
./charts/pulsar/templates/prometheus-rbac.yaml
./charts/pulsar/templates/prometheus-service.yaml
./charts/pulsar/templates/prometheus-storageclass.yaml
./charts/pulsar/templates/proxy-configmap.yaml
./charts/pulsar/templates/proxy-ingress.yaml
./charts/pulsar/templates/proxy-pdb.yaml
./charts/pulsar/templates/proxy-podmonitor.yaml
./charts/pulsar/templates/proxy-service.yaml
./charts/pulsar/templates/proxy-statefulset.yaml
./charts/pulsar/templates/pulsar-cluster-initialize.yaml
./charts/pulsar/templates/pulsar-manager-admin-secret.yaml
./charts/pulsar/templates/pulsar-manager-configmap.yaml
./charts/pulsar/templates/pulsar-manager-deployment.yaml
./charts/pulsar/templates/pulsar-manager-ingress.yaml
./charts/pulsar/templates/pulsar-manager-service.yaml
./charts/pulsar/templates/tls-cert-internal-issuer.yaml
./charts/pulsar/templates/tls-certs-internal.yaml
./charts/pulsar/templates/toolset-configmap.yaml
./charts/pulsar/templates/toolset-service.yaml
./charts/pulsar/templates/toolset-statefulset.yaml
./charts/pulsar/templates/zookeeper-configmap.yaml
./charts/pulsar/templates/zookeeper-pdb.yaml
./charts/pulsar/templates/zookeeper-podmonitor.yaml
./charts/pulsar/templates/zookeeper-service.yaml
./charts/pulsar/templates/zookeeper-statefulset.yaml
./charts/pulsar/templates/zookeeper-storageclass.yaml
```

如代码清单 A-8 所示，有众多包含 chart 逻辑的模板。让我们通过检查 Pulsar broker 的相关模板来更好地理解这些模板所包含的细节。

如代码清单 A-9 所示，Pulsar broker 部署配置文件依赖于参数化的值。这些值都由 values.yaml 文件提供，该文件是在我们运行脚本生成 Pulsar Helm chart 时生成的。代码清单 A-10 展示了 values.yaml 文件中包含 Pulsar broker 定义的对应部分。

代码清单 A-9   Pulsar broker 部署配置文件

```
cat ./charts/pulsar/templates/broker-service.yaml    ◄──  包含 Pulsar broker
...                                                        服务定义的文件

{{- if .Values.components.broker }}
apiVersion: v1
kind: Service
metadata:
  name: "{{ template "pulsar.fullname" . }}-{{ .Values.broker.component }}"
  namespace: {{ .Values.namespace }}
  labels:
    {{- include "pulsar.standardLabels" . | nindent 4 }}
    component: {{ .Values.broker.component }}
  annotations:
{{ toYaml .Values.broker.service.annotations | indent 4 }}
```

```
spec:
  ports:
  # prometheus needs to access /metrics endpoint
  - name: http
    port: {{ .Values.broker.ports.http }}              ◄────┤  使用的 HTTP 端口
  {{- if or (not .Values.tls.enabled) (not .Values.tls.broker.enabled) }}
  - name: pulsar
    port: {{ .Values.broker.ports.pulsar }}            ◄──────  使用的数据端口
  {{- end }}
  {{- if and .Values.tls.enabled .Values.tls.broker.enabled }}  ◄─┐
  - name: https                                                   │ broker 是否需要
    port: {{ .Values.broker.ports.https }}    ◄───┤ 使用的安全 HTTPS  │ 使用 TLS
  - name: pulsarssl                                 端口
    port: {{ .Values.broker.ports.pulsarssl }}  ◄───┤
  {{- end }}                                            使用的安全数据端口
  clusterIP: None
  selector:
    app: {{ template "pulsar.name" . }}
    release: {{ .Release.Name }}
    component: {{ .Values.broker.component }}
{{- end }}
```

代码清单 A-10　values.yaml 中的 Pulsar broker 相关值

```
## Pulsar: Broker cluster
## templates/broker-statefulset.yaml
##
broker:
  # use a component name that matches your grafana configuration      ┌─ 指定有 3 个 broker
  # so the metrics are correctly rendered in grafana dashboard        │  实例
  component: broker
  replicaCount: 3                                             ◄───────┘
  # If using Prometheus-Operator enable this PodMonitor to discover broker
    scrape targets
  # Prometheus-Operator does not add scrape targets based on k8s annotations
  podMonitor:
    enabled: false
    interval: 10s
    scrapeTimeout: 10s
  ports:                          ◄───┤ 指定各个端口值的
    http: 8080                         字段
    https: 8443
    pulsar: 6650
    pulsarssl: 6651
  # nodeSelector:
  # cloud.google.com/gke-nodepool: default-pool
...
  resources:                      ◄───┤ 指定 pod 资源的
  requests:                            字段
    memory: 512Mi
    cpu: 0.2
## Broker configmap
## templates/broker-configmap.yaml    ◄───┤ broker 的配置
##                                         映射
```

```
configData:
  PULSAR_MEM: >
    -Xms128m -Xmx256m -XX:MaxDirectMemorySize=256m        ← broker pod 的 JVM
  PULSAR_GC: >                                                内存设置
    -XX:+UseG1GC
    -XX:MaxGCPauseMillis=10
    -Dio.netty.leakDetectionLevel=disabled
    -Dio.netty.recycler.linkCapacity=1024
    -XX:+ParallelRefProcEnabled
    -XX:+UnlockExperimentalVMOptions
    -XX:+DoEscapeAnalysis
    -XX:ParallelGCThreads=4
    -XX:ConcGCThreads=4
    -XX:G1NewSizePercent=50
    -XX:+DisableExplicitGC
    -XX:-ResizePLAB
    -XX:+ExitOnOutOfMemoryError                   broker pod 的 JVM
    -XX:+PerfDisableSharedMem        ←             垃圾回收设置
  managedLedgerDefaultEnsembleSize: "2"
  managedLedgerDefaultWriteQuorum: "2"    ←       Pulsar ledger 的写
  managedLedgerDefaultAckQuorum: "2"              quorum 大小
```

Pulsar ledger 的 ensemble 大小

Pulsar ledger 的确认 quorum 大小

如代码清单 A-10 所示，这些设置对于资源来说都不多。这是由于默认的 Pulsar Helm chart 是特别针对 minikube 部署环境设计的。用户可以根据实际需求进行更改。

A.3　使用 Pulsar Helm chart

在下载和检查完 Pulsar Helm chart 之后，下一步就是部署 Pulsar 集群。如代码清单 A-11 所示，我们首先需要将 Pulsar Helm chart 添加到本地 Helm 仓库中并对其初始化。这使得本地 Helm 客户端能够定位和下载 Pulsar Helm chart。

代码清单 A-11　在本地 Helm 仓库中添加 Pulsar Helm chart

将 Pulsar Helm 添加到本地 Helm 仓库中

```
→ helm repo add apache https://pulsar.apache.org/charts
  ./scripts/pulsar/prepare_helm_release.sh \      让 Helm 创建 Kubernetes
  --create-namespace \                             名字空间
  --namepsace pulsar \        ←       Kubernetes 名字
→ --release pulsar-mini                空间的名称
  namespace/pulsar created                         生成公共和私有的
  generate the token keys for the pulsar cluster ← 令牌文件
  The private key and public key are generated to /var/folders/zw/
⮑ x39hv0dd7133w9v9cgnt1lvr0000gn/T/tmp.QT3EjywR and
⮑ /var/folders/zw/x39hv0dd7133w9v9cgnt1lvr0000gn/T/tmp.YkhhbAyG
⮑ successfully.
  secret/pulsar-mini-token-asymmetric-key created
  generate the tokens for the super-users: proxy-admin,broker-admin,admin
```

Pulsar release 名称

```
generate the token for proxy-admin
secret/pulsar-mini-token-proxy-admin created
generate the token for broker-admin
secret/pulsar-mini-token-broker-admin created
generate the token for admin
secret/pulsar-mini-token-admin created
------------------------------------

The jwt token secret keys are generated under:
    - 'pulsar-mini-token-asymmetric-key'

The jwt tokens for superusers are generated and stored as below:
    - 'proxy-admin':secret('pulsar-mini-token-proxy-admin')
    - 'broker-admin':secret('pulsar-mini-token-broker-admin')
    - 'admin':secret('pulsar-mini-token-admin')
```

为多个管理员用户
生成令牌

生成 JWT 密钥

生成 JWT
访问令牌

如代码清单 A-12 所示，最后一步是使用 Helm chart 安装 Pulsar 集群。在首次安装 Pulsar release 时指定 `initialize=true` 非常重要。这样做能确保集群的 BookKeeper 元数据和 Pulsar 元数据被正确地初始化。

代码清单 A-12　使用 Helm chart 安装 Pulsar 集群

集群的唯一名称

```
helm install \
--set initialize=true \
--values examples/values-minikube.yaml \
pulsar-mini \
apache/pulsar

kubectl get pods -n pulsar -o name
pod/pulsar-mini-bookie-0
pod/pulsar-mini-bookie-init-94r5z
pod/pulsar-mini-broker-0
pod/pulsar-mini-grafana-6746b4bf69-bjtff
pod/pulsar-mini-prometheus-5556dbb8b8-m8287
pod/pulsar-mini-proxy-0
pod/pulsar-mini-pulsar-init-dmztl
pod/pulsar-mini-pulsar-manager-6c6889dff-q9t5q
pod/pulsar-mini-toolset-0
pod/pulsar-mini-zookeeper-0
```

要求集群元数据
被初始化

要使用的 values 文件

要使用的 Helm chart

显示为 Pulsar 集群
创建的所有 pod

在使用 Helm chart 完成安装过程之后，可以使用 kubectl 来显示创建的所有 Pulsar 集群 pod，验证所需的服务都已启动并运行，还可以获取 IP 地址。

A.3.1　在 Kubernetes 中管理 Pulsar

一旦将 Pulsar 集群部署到 Kubernetes 中之后，首先需要决定如何管理该集群。所幸，Pulsar Helm chart 创建了一个名为 pulsar-mini-toolset-0 的 pod，其中包含 pulsar-admin 命令行工具，并且已经被配置好访问部署的 Pulsar 集群。因此，如代码清单 A-13 所示，管理集群所要做的就是使用 kubectl exec 命令访问该 pod 并执行相应的命令。

代码清单 A-13   在 Kubernetes 中管理 Pulsar

```
kubectl exec -it -n pulsar pulsar-mini-toolset-0 /bin/bash

bin/pulsar-admin tenants create manning

bin/pulsar-admin tenants list

"manning"
"public"
"pulsar"
```

由于 pulsar-admin 命令行工具对 Kubernetes 集群和 Docker standalone 容器都是一样的，因此如果选择使用 Docker 而不是 Kubernetes，那么你可以使用 docker exec 来替代 kubectl exec。更多关于 pulsar-admin 命令行工具的信息，可以参阅文档。

A.3.2   配置客户端

要连接到 Kubernetes 环境中的 Pulsar 集群，最大的挑战就是找到集群监听的端口。默认的 6650 数据端口和 8080 HTTP 端口并没有暴露给 Kubernetes 之外的环境。因此，我们首先需要决定这些端口被映射到哪里。

默认情况下，Pulsar Helm chart 通过 Kubernetes 负载均衡器来暴露 Pulsar 集群。在 minikube 中，可以使用代码清单 A-14 所示的命令来检查 proxy 服务。命令的输出结果显示了 Pulsar 集群的数据端口和 HTTP 端口被映射到哪些节点端口。在 80: 后面的就是 HTTP 端口，在 6650: 后面的就是数据端口。

代码清单 A-14   确定 Pulsar 客户端端口

确定端口映射的命令

```
$kubectl get services -n pulsar | grep pulsar-mini-proxy

pulsar-mini-proxy          LoadBalancer   10.110.67.72    <pending>
   80:30210/TCP,6650:32208/TCP   4h16m

$minikube service pulsar-mini-proxy -n pulsar --url
http://192.168.64.3:30210          proxy 的 HTTP URL
http://192.168.64.3:32208          proxy 的数据 URL
```

该命令用于找到 minikube 中被暴露端口的 IP 地址

输出结果显示，80 端口被映射到了 30210 端口，6650 端口被映射到了 32208 端口

至此，我们得到了将客户端连接到运行在 minikube 中的 Pulsar 集群所需的服务地址。我们可以使用它们及之前配置 Pulsar 客户端时生成的安全令牌来与 Pulsar 集群进行交互。

跨地域复制

跨地域复制是多数据中心备灾恢复的常用机制。其他的发布/订阅消息系统需要额外的进程在数据中心之间复制数据，而 Pulsar broker 可以自动地进行跨地域复制，并且可以在运行时打开、关闭或者更新。传统的跨地域复制可以分为同步或者异步两类。作为一个完整的特性，Pulsar 提供的跨数据中心复制可以同时支持这两种类型。在下面的例子中，我们假设 Pulsar 集群被部署到了 3 个地域的云服务平台上：美国西部（US-West）、美国中部（US-Central）和美国东部（US-East）。

B.1 同步跨地域复制

如图 B-1 所示，支持同步跨地域复制的 Pulsar 集群包括一个跨地域运行的 bookie 集群、一个跨地域运行的 broker 集群，以及一个 ZooKeeper 集群以形成实际跨地域的单一逻辑集群。存储了所有 managed ledger 信息的全局 ZooKeeper 集群在这其中非常重要。

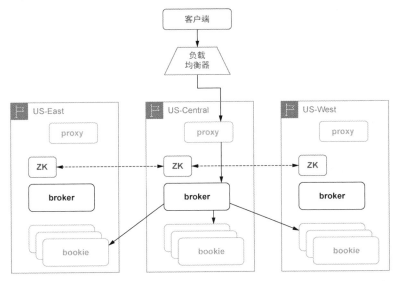

图 B-1 客户端通过一个负载均衡器访问同步跨地域复制集群。负载均衡器会将写入请求转发给 proxy。proxy 会将请求转发给对应处理该主题的 broker。broker 会根据配置的数据放置策略将数据发布给不同地域的 bookie

在同步跨地域复制集群中，当客户端向某个地域的 Pulsar 集群发起写请求时，数据会同时被写入在不同地域的多个 bookie 节点中。只有当预定数量的数据中心确认数据被保存时，该写请求才会被确认。尽管该方法提供了最高等级的数据保障，但也引入了每条数据都要跨数据中心的网络延迟。

同步跨地域复制实质上是由 BookKeeper 在 Pulsar 的存储层中实现的。它依赖数据放置策略在多个数据中心内存储数据并且提供可用性保障。如代码清单 B-1 所示，用户可以根据集群运行环境（裸机环境或者云环境）的不同，在 broker.conf 文件中配置 broker 采用不同的数据放置策略（机架感知或者地域感知）。

代码清单 B-1 配置数据放置策略

```
# 如果集群跨单个数据中心的多个机架或者跨同一个地域的多个可用区，则将该选项设置为 true
bookkeeperClientRackawarePolicyEnabled=true

# 如果集群跨多个数据中心或者跨云服务供应商的多个地域，则将该选项设置为 true
bookkeeperClientRegionawarePolicyEnabled=true
```

如果采用地域感知策略，那么 BookKeeper 会在形成 ensemble 时选择不同地域的 bookie，以确保主题数据能够被均匀地分布到各个地域中去。注意，当上述两个选项都被设置为 true 时，地域感知的优先级会高于机架感知。

在使用单个 ZooKeeper 集群实现同步跨地域复制时，需要一些额外的配置来确保不同地域的 broker 节点和 bookie 节点能够作为一个整体运行。如代码清单 B-2 所示，我们需要在不同地域的每个 ZooKeeper 节点的 conf/zookeeper.conf 文件中添加 server.n 配置，其中 n 是 ZooKeeper 的节点数量。

代码清单 B-2 ZooKeeper 同步跨地域复制配置

```
server.1=zk1.us-west.example-url:2888:3888
server.2=zk1.us-central.example-url:2888:3888
server.3=zk1.us-east.example-url:2888:3888
```

除了修改 conf/zookeeper.conf 文件，我们还需要修改 conf/bookkeeper.conf 文件中的 zkServers 配置。如代码清单 B-3 所示，要添加所有的 ZooKeeper 节点。

代码清单 B-3 BookKeeper 同步跨地域复制配置

```
zkServers= zk1.us-west.example-url:2181, zk1.us-central.example-url:2181,
zk1.us-east.example-url:2181
```

由于 proxy 和服务发现机制都依赖 ZooKeeper 提供的 Pulsar 集群的最新元数据，因此我们也需要更新 conf/discovery.conf 和 conf/proxy.conf 中的 zookeeperServers 配置。

相比于异步跨地域复制，同步跨地域复制总是跨数据中心同步数据，从而提供了更强大的数据一致性保证，使得用户能够运行应用程序而无须关心数据被发布到了何处。同步跨地域复制的 Pulsar 集群可以在某个数据中心完全不可用的状态下持续正常地与通过负载均衡器连接的应用程序交互。这使得同步跨地域复制对于能接受一定发布延迟的重要场景来说非常有用。

B.2 异步跨地域复制

异步跨地域复制的 Pulsar 服务包括在不同地域的两个或更多个 Pulsar 集群。每一个 Pulsar 集群都包含与其他集群完全隔离的 broker 节点、bookie 节点和 ZooKeeper 节点。在异步跨地域复制中,当数据被发布到某个主题中时,它首先会被保存到本地集群,然后会被异步地复制到其他集群。如图 B-2 所示,复制过程通过跨 broker 通信来完成。

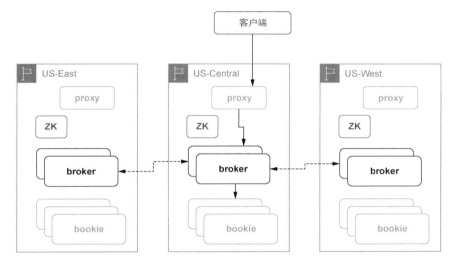

图 B-2 客户端通过最近的 proxy 来访问异步跨地域复制集群。proxy 会将请求转发给管理对应主题的 broker。broker 则会将数据发送给在同一地域的 bookie。之后,broker 会将数据复制给在其他地域的 broker

在异步跨地域复制的场景中,生产者并不会等待多个 Pulsar 集群的确认。相反,生产者会在最近的集群完成数据存储之后立刻收到确认。而数据会在后台以异步的方式复制到其他 Pulsar 集群中。在正常情况下,消息会在分发给本地消费者的同时进行复制。

由于客户端不需要等待其他数据中心的响应,因此异步跨地域复制在提供低延迟的同时降低了数据的一致性保证。数据复制存在一定的延迟,在任一时刻总会存在一些数据还没有被复制到目标数据中心。因此,如果用户选择了这一模式,那么应用程序必须能忍受一定的数据不完整以换取更低的延迟。通常来说,端到端复制延迟由数据中心之间的网络往返时间来决定。

在 Pulsar 中,异步跨地域复制是基于租户的机制,而非全集群机制。这使得用户可以只针对需要复制的主题集合启用这一功能,从而允许各个部门或各个团队能够控制各自的数据复制策略。异步跨地域复制在名字空间层面进行管理,因而针对需要复制的数据提供了更加精细化的控制。这对于某些由于监管或者安全原因而无法将数据传送出本地数据中心的场景非常有用。

配置异步跨地域复制

第 2 章讲过，一个 Pulsar 实例由一个或多个 Pulsar 集群共同组成。如图 B-3 所示，这些集群如同一个整体般协同合作并且在一处统一管理。事实上，使用 Pulsar 实例的一个主要理由就是进行跨地域复制，只有在同一个实例的集群之间才能进行数据复制。因此，我们首先需要创建一个 Pulsar 实例才能启用异步跨地域复制功能。

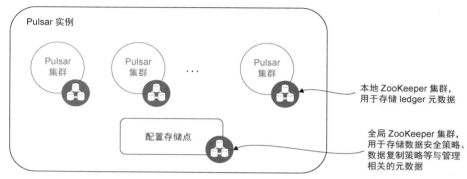

图 B-3   由多个不同地域的 Pulsar 集群组成的 Pulsar 实例

Pulsar 实例使用一个被称为**配置存储点**的全局 ZooKeeper 集群来保存与多个 Pulsar 集群相关的信息，例如跨地域复制策略、租户级安全策略等。这使得用户可以仅在一处管理这些全局策略。尽管网上有详细的文档，但不妨仔细阅读下面的内容，以了解其中的某些步骤。

全局 ZooKeeper 集群需要完全独立于实例中的各个 Pulsar 集群。这样一来，即使全局 ZooKeeper 集群的部分节点无法工作，也不会影响单个 Pulsar 集群的正常运行。

1. 部署配置存储点

要创建一个多集群的 Pulsar 实例，除了安装单独的 Pulsar 集群，还需要部署一个单独的 ZooKeeper 集群用作配置存储点。这一系统需要将 ZooKeeper 节点部署到至少 3 个地域中。由于配置存储点的读写压力非常小，因此用户可以复用本地 ZooKeeper 集群的机器来进行部署，但是根据不同的部署环境，要确保它们是独立的进程或 Kubernetes pod。此外，还需要配置不同的端口以避免两个进程之间发生冲突。

ZooKeeper 的文档详细地解释了如何创建独立的 ZooKeeper quorum。单个 ZooKeeper 服务所需的代码都包含在一个 JAR 文件中，因此安装过程包含下载、解压并创建配置文件等步骤。配置文件的默认路径是 conf/zoo.cfg。如代码清单 B-4 所示，在一个 ZooKeeper quorum 中的所有节点需要有相同的配置。

代码清单 B-4   用作配置存储服务的 ZooKeeper 配置

```
tickTime=2000
dataDir=/var/lib/zookeeper      ◀────┐ 使用不同的路径来存储事务日志
clientPort=2185      ◀────┐
initLimit=5              使用与本地 ZooKeeper
                         实例不同的端口
```

```
syncLimit=2
server.1=zk2.us-west.example-url:2185:2186
server.2=zk2.us-central.example-url:2185:2186
server.3=zk2.us-east.example-url:2185:2186
```

quorum 由位于 3 个
地域、监听同一端口
的服务器组成

2. 初始化集群元数据

在第二个 ZooKeeper quorum 正常启动之后，下一步就是设置 Pulsar 实例中的所有集群的信息。如代码清单 B-5 所示，这一元数据可以通过 initialize-cluster-metadata 命令来初始化。

代码清单 B-5　初始化集群元数据

设置数据复制策略时所用的集群名称

本地 ZooKeeper 连接地址

配置存储点的连接地址

```
$ /pulsar/bin/pulsar initialize-cluster-metadata \
  --cluster us-west \
  --zookeeper zk1.us-west.example-url:2181 \
  --configuration-store zk1.us-west.example-url:2184 \
  --web-service-url http://pulsar.us-west.example-url:8080/ \
  --web-service-url-tls https://pulsar.us-west.example-url:8443/ \
  --broker-service-url pulsar://pulsar.us-west.example-url:6650/ \
  --broker-service-url-tls pulsar+ssl://pulsar.us-west.example-url:6651/
```

这一命令将各种连接 URL 关联到一个给定的集群名称，并且将这一信息放入配置存储点中。要进行数据复制的 broker 需要这些信息进行互相连接。用户需要对每一个加入 Pulsar 实例的 Pulsar 集群都执行这一命令。

3. 配置服务使用配置存储点

在将一个 Pulsar 实例中所有的 Pulsar 集群信息都存入配置存储点之后，用户需要更改每个集群中的一些配置来启用跨地域复制功能。由于跨地域复制是通过 broker 之间的通信来完成的，如代码清单 B-6 所示，因此最重要的就是 conf/broker.conf 文件。

代码清单 B-6　为异步跨地域复制更新 broker.conf 文件

```
# 本地 ZooKeeper 服务器
zookeeperServers=zk1.us-west.example-url:2181,zk2.us-
  west.example-url:2181,zk3.us-west.example-url:2181
```

与之前一样，使用本地
ZooKeeper quorum

```
# 配置存储点的连接地址
configurationStoreServers=zk2.us-west.example-url:2185,zk2.us-
  central.example-url:2185,zk2.us-east.example-url:2185
```

使用另一个 ZooKeeper
quorum 作为配置存储点

```
clusterName=us-west
```

指定 broker 所属
集群的名称

用户需要确保 zookeeperServers 参数指向了本地 ZooKeeper quorum，而 configura-tionStoreServers 参数指向了配置存储点 quorum。用户还需要通过 clusterName 参数来指定 broker 属于哪个集群，这个值应该与用户在 initialize-cluster-metadata 命令中提供的值一致。最后，确保 broker 和 Web 服务端口与在 initialize-cluster-metadata 命令中提

供的值一致。否则，数据复制过程会由于源 broker 连接到错误的端口而失败。

如果用户使用 Pulsar 提供的服务发现功能，则需要更改 conf/discovery.conf 中的一些配置。具体来说，用户需要确保 `zookeeperServers` 参数指向了本地 ZooKeeper quorum，而 `configurationStoreServers` 参数指向了配置存储点 quorum。一旦更新完成全部的配置文件，所有的服务都需要重启来使其生效。

B.3   异步跨地域复制模式

针对异步跨地域复制，Pulsar 提供给租户非常大的灵活度来调整数据复制策略。这意味着用户可以设置跨数据中心的多主跨地域复制、主备跨地域复制和聚合跨地域复制等模式。下面会逐一简述 Pulsar 内部如何实现各种模式。

B.3.1   多主跨地域复制模式

在 Pulsar 中，异步跨地域复制以租户为单位进行控制。这意味着只有在创建了允许访问所有相关集群的租户后，才能在集群之间启用跨地域复制。要配置多主跨地域复制，用户需要通过 pulsar-admin 命令行工具来指定一个租户可以访问的集群。如代码清单 B-7 所示，用户创建了一个新的租户并且使其能够访问 US-East 和 US-West 这两个集群。

代码清单 B-7   授权租户访问集群

创建名为 **customers** 的新租户

给予新租户只能访问
这两个集群的权限

```
$ /pulsar/bin/pulsar-admin tenants create customers \
  --allowed-clusters us-west,us-east \
  --admin-roles test-admin-role
```

在创建租户之后，需要在名字空间层面配置跨地域复制。首先需要使用 pulsar-admin 命令行工具来创建名字空间并使用 `set-clusters` 命令将其分配给一个或多个集群，如代码清单 B-8 所示。

代码清单 B-8   为集群分配名字空间

```
$ /pulsar/bin/pulsar-admin namespaces create customers/orders

$ /pulsar/bin/pulsar-admin namespaces set-clusters customers/orders \
  --clusters us-west,us-east,us-central
```

默认情况下，一旦在多个集群之间配置了数据复制策略，所有发送到某个集群的任意主题的数据都会被异步地复制到其他的相关集群中。因此，如图 B-4 所示，默认采用全连通跨地域复制，数据可以在多处发布并复制到所有集群。当只有两个 Pulsar 集群时，默认采用多主集群配置。数据可以由任意一个集群提供给客户端，而当其中一个集群不可用时，所有的客户端都可以无缝地切换到另一个可用的集群。

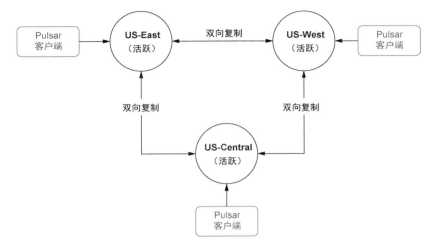

图 B-4　默认在所有集群之间采用全连通跨地域复制。发布到 US-East 集群的数据会被
　　　　复制到 US-West 集群和 US-Central 集群

除了全连通跨地域复制，用户还可以使用其他跨地域复制模式。另一种常用于容灾的模式是
主备跨地域复制模式。

B.3.2　主备跨地域复制模式

假设用户希望能有一个在不同地域的完整数据备用集群，从而在灾害来临时能够以最少的数
据丢失量和最快的速度恢复服务。由于 Pulsar 不支持名字空间之间的单向数据复制，因此唯一的
方法就是限制客户端平时只访问主集群，而在主集群出现故障时转而访问备用集群。如图 B-5 所
示，用户可以通过负载均衡器或者其他网络层机制来实现主备集群无缝切换。Pulsar 客户端向主
集群发送消息，然后数据被复制到备用集群作为备份。

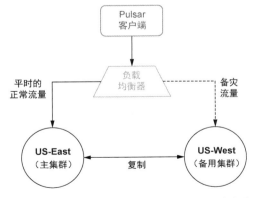

图 B-5　用户可以使用异步跨地域复制实现主备复制。在一个名字空间中的所有数据会
　　　　被发送到另一个备用集群。备用集群只有在主集群出现故障时才被启用

Pulsar 数据的备份仍然是双向的，备用集群 US-West 会尝试将其接收到的消息发送给不可用的主集群 US-East。如果 US-East 集群的网络无法访问或者集群内部的多个组件出现了问题，那么会给这种模式带来问题。因此，用户需要在 Pulsar 生产者中添加选择性复制代码，以阻止备用集群 US-West 尝试将数据复制到主集群 US-East 中。

用户可以在应用程序中直接指定复制列表来实现选择性复制。代码清单 B-9 展示了一个主备跨地域复制的例子，被发布的消息只会被复制到备用集群 US-West 中。

代码清单 B-9　对每一条消息进行选择性复制

```
List<String> restrictDatacenters = Lists.newArrayList("us-west");

Message message = MessageBuilder.create()
    ...
    .setReplicationClusters(restrictDatacenters)
    .build();

producer.send(message);
```

有时，用户希望能将消息从多个集群汇总到一个集群中。收集不同地域的所有支付信息并用于处理和分析就是这样一种场景。

B.3.3　聚合跨地域复制模式

如图 B-6 所示，假设我们有 3 个面向客户且位于不同地域的活跃集群，以及一个只能由内部员工访问的独立集群（名为 Internal）。Internal 集群用于聚合来自其他集群的数据。要在这 4 个集群中实现聚合跨地域复制，用户需要使用代码清单 B-10 所示的命令。首先需要创建 E-payments 租户并授权其能访问所有集群。

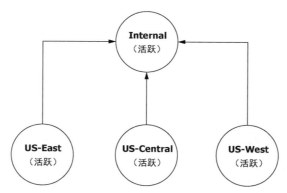

图 B-6　从 3 个面向客户的 Pulsar 集群向一个内部集群进行聚合跨地域复制

然后，用户需要在每一个面向客户的集群中创建一个名字空间（如 E-payments/us-east-payments）。记住，不能创建像 E-payments/payments 这种名字空间，由于每一个集群都会有名字空间，因此如果使用这样的名字，就会变成全连通复制。对于聚合跨地域复制模式，必须为每个集群创建单独的名字空间。

代码清单 B-10　聚合跨地域复制

创建用于支付服务的全局租户

创建集群自己的
名字空间

```
/pulsar/bin/pulsar-admin tenants create E-payments \
--allowed-clusters us-west,us-east,us-central,internal

/pulsar/bin/pulsar-admin namespaces create E-payments/us-east-payments
/pulsar/bin/pulsar-admin namespaces create E-payments/us-west-payments
/pulsar/bin/pulsar-admin namespaces create E-payments/us-central-payments

/pulsar/bin/pulsar-admin namespaces set-clusters \
E-payments/us-east-payments --clusters us-east,internal

/pulsar/bin/pulsar-admin namespaces set-clusters \
E-payments/us-west-payments --clusters us-west,internal

/pulsar/bin/pulsar-admin namespaces set-clusters \
E-payments/us-central-payments --clusters us-central,internal
```

配置 US-East 集群复制
到 Internal 集群

配置 US-West 集群复制
到 Internal 集群

配置 US-Central 集群复
制到 Internal 集群

如果确定要使用这一模式，并且不同集群的应用程序代码是统一的，那么用户需要确保主题名是可配置的，以帮助应用程序在与不同的集群交互时能将数据发送到正确的名字空间中。比如，当需要向 US-East 集群发送数据时，应用程序知道应该发给 us-east-payments 中的主题。如果主题名不可配置，就无法正常复制数据。

GottaEat 外卖订单录入用例

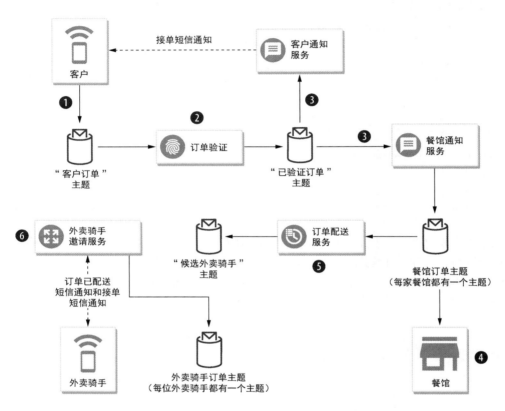

❶客户使用公司网站或移动应用程序提交订单。

❷订单验证服务订阅"客户订单"主题并验证订单信息，包括客户提供的付款信息。

❸验证后的订单被发布到"已验证订单"主题中，并由客户通知服务（比如，向客户发送短信，确认已在移动应用程序中下单）和餐馆通知服务使用。餐馆通知服务将订单发布给各个餐馆订单主题。

❹餐馆从自己的主题中查看传入的订单，将订单状态从"新订单"更新为"已接单"，并根据实际情况提供取餐时间窗口。

❺订单配送服务负责将已接受的订单分配给外卖骑手。

❻外卖骑手邀请服务向列表中的每位外卖骑手推送订单通知。当有外卖骑手接单时，外卖骑手邀请服务会收到一条通知消息。